加工中心仿真实训教程

何平 主编

国防工业出版社
·北京·

内 容 简 介

本书介绍了加工中心仿真实训的相关内容,包括加工中心仿真实训涉及的软件和硬件的安装、FANUC 系统编程指令、虚拟机床的操作、典型二维零件的手工编程与仿真练习、宏程序编程、典型曲面零件的自动编程和四轴零件的自动编程,以及相关的仿真加工训练。以典型零件的工艺分析和编程为重点,既强调了零件的编程训练,又具有很强的数控实训的可操作性。

本书适合加工中心操作方面的职业培训;既可作为大学、高职和职业中专的机械类专业数控机床操作与编程的实训教程,也可供从事数控机床相关工作的科研、工程技术人员参考。

图书在版编目(CIP)数据

加工中心仿真实训教程/何平主编. —北京:国防工业出版社,2015.8
ISBN 978-7-118-10222-2

Ⅰ.①加… Ⅱ.①何… Ⅲ.①加工中心 – 教材
Ⅳ.①TG659

中国版本图书馆 CIP 数据核字(2015)第 219344 号

※

*国防工业出版社*出版发行
(北京市海淀区紫竹院南路 23 号 邮政编码 100048)
北京奥鑫印刷厂印刷
新华书店经售

*

开本 787×1092 1/16 印张 20¾ 字数 472 千字
2015 年 8 月第 1 版第 1 次印刷 印数 1—5000 册 定价 48.00 元

(本书如有印装错误,我社负责调换)

国防书店:(010)88540777 发行邮购:(010)88540776
发行传真:(010)88540755 发行业务:(010)88540717

前　言

随着我国装备制造业的迅速发展,数控机床已经成为机械工业设备更新和技术改造的首选。数控机床的技术发展与普及应用,需要大批高素质的数控机床编程与操作人员,为此全国许多院校设立了数控专业,但缺乏实用性和可操作性强的实训教材。

本书是天津职业技术师范大学实训中心多年加工中心教学和实训的经验总结,在这套实训教学体系中,引入了仿真实训的理念,在加工中心实训中增加了仿真实训环节,通过多年的加工中心教学和实训的验证,仿真实训环节可显著提高实训效果,同时降低实训成本。其教学成果"本科＋技师"培养高等技术应用人才的创新培养模式,于2004年获天津市教学成果一等奖,2005年获国家教学成果一等奖。

本书由天津职业技术师范大学的教师、上海宇龙软件工程有限公司的专家和天津领智科技有限公司的专家合作编写。全书由何平组织和统稿,参加编写的有刘晖、周彧(第1章),吴立国(第2章),缪亮(第3章),何平、刘俊峰(第4章),王燕玲(第5章),何平、王力强(第6章),郭建峰(第7章),何平、王林建(第8章),李杰(第9章),何欣(第10章)。编者从事数控加工技术实践与教学多年,其操作技能等级为技师或高级技师,绝大多数编者参加过全国技能大赛并取得过优异成绩,多名教师荣获"全国技术能手"称号,多次为国家级数控大赛担任裁判,实践经验丰富。

天津职业技术师范大学阎兵教授认真审阅了全书,并提出了许多宝贵意见和建议,在此谨致谢意。

本书在编写过程中,上海宇龙软件工程有限公司和天津领智科技有限公司提供了大力支持和帮助,在此特向他们表示感谢。

本书在编写过程中,还得到了天津职业技术师范大学的张永丹教授、蔡玉俊教授、戚厚军教授、杨慧教授的关心、支持和帮助,在此特向他们表示感谢。

由于编者的水平有限,书中难免存在一些疏漏和不足之处,恳请读者批评指正。

编　者

2015 年 7 月

目　　录

第1章 加工中心仿真实训教学环境的构建

要点：
- 掌握数控仿真模拟器配套软件的安装和硬面板仿真器的硬件连接

1.1 概 述

在教高〔2006〕16号文件《教育部关于全面提高高等职业教育教学质量的若干意见》第六条中指出，加强实训、实习基地建设是提高教学质量的重点。充分利用现代信息技术，开发虚拟工厂、虚拟车间、虚拟工艺、虚拟实验的指导思想，按照国家对中高职示范校建设中提出的培养模式和教学模式改革等要求，参照国外工业培训标准，天津职业技术师范大学在实训教学中，根据加工中心职业技能教学、实训的实际教学需求，以校企合作的模式，研发了数控仿真模拟器的教学设备并将该设备用于加工中心实训教学中。

数控仿真模拟器拥有与真实机床一样的数控硬面板，硬面板与真实机床的操作面板练习效果完全相同。通过硬面板的学习，可以解决实际教学中数控机床数量严重不足的问题。

数控仿真模拟器的使用情况如图1-1所示。

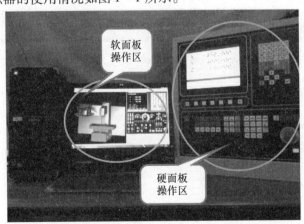

图1-1 数控仿真模拟器

数控仿真模拟器集成的数控加工仿真系统实现了对数控铣床和加工中心加工全过程的仿真，其中包括毛坯的定义，夹具的选用，加工刀具的定义与选用，用户坐标系的测量和设置，加工程序的输入、编辑和调试，加工过程的实时仿真、加工后的零件测量以及各种加工错误的检测等功能。

利用数控仿真模拟器将手工编制的NC程序或由NX、PowerMILL、MasterCAM自动编程软件生成的NC程序输入到数控仿真模拟器中执行，可在计算机上看到与真实机床加工零件的教学效果完全一致的三维切削的实时效果。让学生达到"学中做,做中学"的目的,教学过程中理论与实践交替进行,在学生快速提升数控机床操作技能的同时,还减少了数控机床、刀具和零件材料的损耗。

数控仿真模拟器符合当前国家示范校建设当中提出的理论实践一体化要求,实践"项目化"和"任务化"教学理念,具有仿真效果好、针对性强、宜于普及等特点。

1.2 数控仿真模拟器软件部分的安装

1.2.1 系统要求

硬件配置:

Intel(R) Core(TM) i3 CPU 2.0GHz 或以上;内存 2.0GB 或以上。

操作系统:

Windows XP 或 WIN7;必须安装有 TCP/IP 网络协议。

1.2.2 网络要求

局域网内部必须畅通,即局域网内部计算机之间可以互相访问。

1.2.3 数控仿真软件的安装

数控仿真模拟器软件部分集成了上海宇龙机械加工仿真软件,软件安装的步骤如下:

第 1 步,打开"宇龙机械加工仿真软件 V1.0"的安装包,如图 1 - 2 所示。

图 1 - 2 软件部分的安装程序

第 2 步,双击 setup. exe 程序进行安装,此时系统弹出图 1 - 3 所示的"Installshield Wizard(一)"对话框,单击"下一步"按钮。

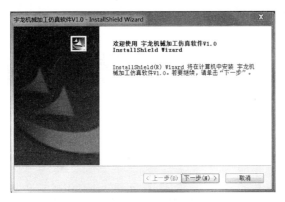

图 1 - 3 "Installshield Wizard(一)"对话框

第 3 步,系统弹出如图 1 - 4 所示的"Installshield Wizard(二)"对话框,选择"教师机"或者"学生机",单击"下一步"按钮。

图 1 - 4 "Installshield Wizard(二)"对话框

注:此处选择"教师机",则包含安装软件加密锁驱动程序和管理程序,适用于教师使用的计算机,一般使用选择"学生机"即可。

第 4 步,系统弹出如图 1 - 5 所示的"Installshield Wizard(三)"对话框,选择"我接受许可证协议中的条款(A)",单击"下一步"按钮。

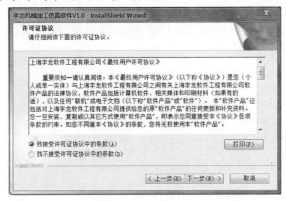

图 1 - 5 "Installshield Wizard(三)"对话框

第5步,系统弹出如图1-6所示的"Installshield Wizard(四)"对话框,单击"浏览"按钮可以选择软件的安装路径,此处默认C盘,单击"下一步"按钮。

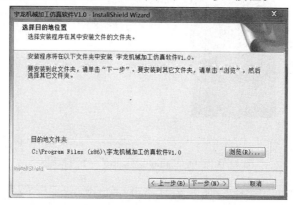

图1-6 "Installshield Wizard(四)"对话框

第6步,系统弹出如图1-7所示的"Installshield Wizard(五)"对话框,单击"安装"按钮,进行下一步的安装。

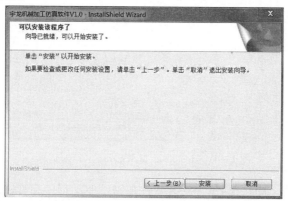

图1-7 "Installshield Wizard(五)"对话框

第7步,系统弹出如图1-8所示的"Installshield Wizard(六)"对话框,等待"安装"进度完成。

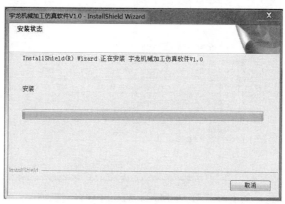

图1-8 "Installshield Wizard(六)"对话框

第8步,系统弹出如图1-9所示的"驱动安装向导(一)"对话框,单击"下一步"按钮。

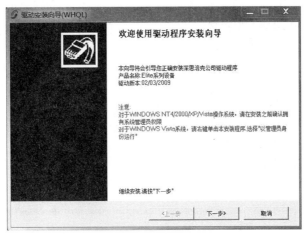

图1-9 "驱动安装向导(一)"对话框

第9步,系统弹出如图1-10所示的"驱动安装向导(二)"对话框,此时单击 ... 按钮可以选择驱动的安装路径,选择"驱动安装程序",单击"下一步"按钮(此处单击"高级设置"按钮可以安装虚拟读卡器)。

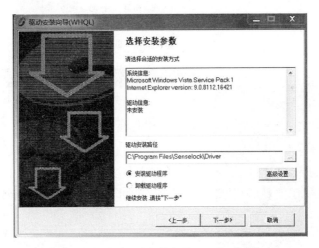

图1-10 "驱动安装向导(二)"对话框

注意:若第3步选择学生机,则此处省略第8步和第9步。

第10步,系统弹出如图1-11所示的"驱动安装向导(三)"对话框。稍等片刻,当"进度"完成后,单击"完成"按钮。

第11步,系统会弹出如图1-12所示的"问题"对话框,提示用户是否在桌面上创建快捷方式,单击"是"按钮,进行下一步。

第12步,系统弹出如图1-13所示的"Installshield Wizard(七)"对话框,单击"完成"按钮,完成安装。

图 1 - 11　"驱动安装向导(三)"对话框

图 1 - 12　"驱动安装向导(四)"对话框

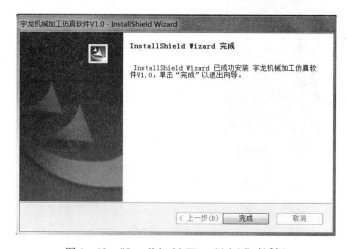

图 1 - 13　"Installshield Wizard(七)"对话框

1.2.4　程序的卸载

如果需要卸载加工仿真系统,单击桌面菜单"开始"→"设置"→"控制面板"的"添加/删除程序";选中程序列表中的"数控加工仿真系统",单击"添加/删除(R)…"即可删除本程序。

1.3 数控仿真模拟器硬面板的安装和使用

第1步,在关闭电源开关的情况下,参照图1-14所示方法将该系统的硬件操作面板与计算机连接。

第2步,打开硬件操作面板上的开关,此时该硬面板内置的操作系统自动启动,显示屏处显示计算机桌面如图1-15所示,使用硬面板上接的鼠标双击 **M** 图标,打开硬面板上硬件控制程序。

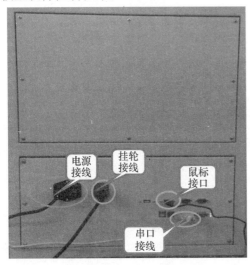

图1-14 硬件操作面板接线图

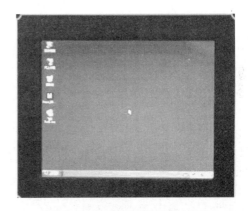

图1-15 硬件操作面板桌面

第3步,先在计算机上打开宇龙机械加工仿真软件,选择与硬面板对应的机床类型后,打开硬面板仿真器连接软件 NCControlYL. exe,系统弹出如图1-16所示的对话框,在"串口"下拉菜单中选择"COM1",再单击"打开串口"。宇龙机械加工仿真软件就和硬面板内置的硬件控制程序完成了交互链接,数控仿真模拟器就可以使用了。

图1-16 "Form1"对话框

1.4 数控仿真模拟器的使用

启动数控加工仿真系统,需要有软件授权才能使用。在教师机的数控加工仿真系统上装有加密锁管理程序,用来管理加密锁、控制仿真系统运行状态。只有加密锁管理程序运行后,教师机和学生机的数控加工仿真系统才能运行。单机版用户操作与教师机操作相同。

1.4.1　启动加密锁管理程序

如图 1 – 17 所示,用鼠标左键依次单击"开始"→"宇龙机械加工仿真软件 V1.0"→"加密锁管理程序"。

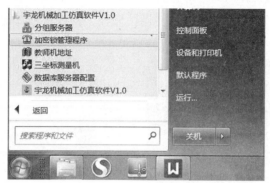

图 1 – 17　"开始"菜单

加密锁程序启动后,屏幕右下方的工具栏中将出现"📞"图标。

1.4.2　运行宇龙机械加工仿真软件

依次单击"开始"→"宇龙机械加工仿真软件 V1.0",系统将弹出如图 1 – 18 所示的"用户登录"界面。

图 1 – 18　"用户登录"界面

此时,可以直接单击"快速登录"按钮进入宇龙机械加工仿真软件的操作界面,或通过输入用户名和密码,再单击"登录"按钮,进入加工仿真软件。

一般用户名:guest。密码:guest。管理员用户名和密码,请联系系统管理员。

注:一般情况下,通过单击"快速登录"按钮登录即可。

使用网络版的宇龙机械加工仿真软件时,必须按上述方法先在教师机上启动"加密锁管理程序"。等到教师机屏幕右下方的工具栏中出现"![图标]"图标后,才可以给学生机提供软件使用授权。

如果前面安装软件时,选择的是学生机,则需要等教师机上的加密锁管理程序启动,提供网络授权后,学生机上才能启动宇龙机械加工仿真软件。

如果找不到网络授权,学生机上就启动不了加工仿真软件。此时可能需要配置一下教师机的地址,在学生机上用鼠标左键依次单击"开始"→"宇龙机械加工仿真软件V1.0"→"教师机地址",启动程序后出现如图1-19所示的对话框。

有加密锁的教师机设置

没有加密锁的学生机设置

图1-19　设置教师机的地址

如果本机是安装有加密锁的教师机,此配置界面的内容无需改动。如果本机是学生机,则需要去除图中打勾的选项,在下面的对话框中,填写安装有加密锁的教师机的计算机名字或教师机的IP地址(图中的192.168.1.2为举例)。单击"确定"按钮后,学生机再启动仿真软件时将根据这个地址去寻找网络授权,得到软件授权后,学生机上的宇龙机械加工仿真软件就可以顺利启动并能正常使用了。

1.5　工作界面

1.5.1　状态显示区

宇龙机械加工仿真软件的机床及零件加工状态显示区如图1-20所示。

1.5.2　工具栏

工具栏中包括了"宇龙机械加工仿真软件"的机床类型、毛坯定义、夹具安放、毛坯安放、刀具选择、视图方向等命令,如图1-20所示。

1.5.3　下拉菜单栏

下拉菜单栏中包括文件、视图、机床、装夹、零件、塞尺检查、测量、互动教学、机床维

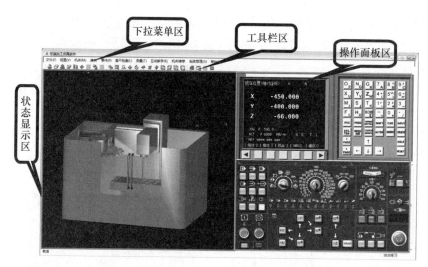

图 1 – 20　宇龙机械加工仿真软件工作界面

修、系统管理和帮助,如图 1 – 20 所示。

1.5.4　操作面板区

操作面板区包括 CRT 面板、MDI 键盘和机床操作面板,如图 1 – 20 所示。
宇龙机械加工仿真软件的具体操作请参考本书后续章节。

第2章 宇龙机械加工仿真软件的操作

要点:

● 掌握数控仿真模拟器集成软件宇龙机械加工仿真软件的使用

2.1 概 述

数控仿真模拟器软件部分集成了上海宇龙机械加工仿真软件。使用数控仿真模拟器,首先需要掌握软面板操作区的宇龙机械加工仿真软件。

宇龙机械加工仿真软件的操作界面,如图2-1所示。

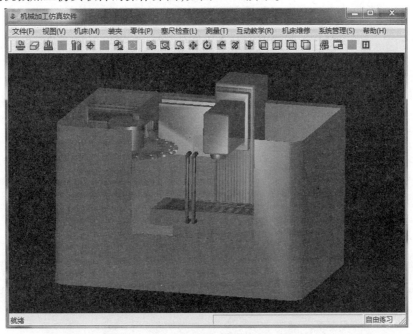

图2-1 宇龙机械加工仿真软件的界面

宇龙机械加工仿真界面采用了标准的 Windows 窗口界面,最上面是标题栏,第2行是菜单,第3行是快捷键,中间最大的区域是虚拟机床,最下面是状态提示栏。

下面是菜单中各命令的介绍。

2.2 文件菜单

"文件"下拉菜单如图2-2所示,该菜单主要实现项目文件的管理。

项目文件主要用来保存操作结果,但不包括过程。保存的内容包括机床、毛坯、加工完成的零件、选用的刀具和夹具、在机床上的安装位置和方式、输入的数控程序、用户坐标系和刀具长度及半径补偿值等内容。下面简单介绍项目文件管理的相关命令。

图 2 - 2 "文件"下拉菜单

2.2.1 新建项目文件

打开菜单"文件(F)"→"新建项目(N)"就相当于重新选择机床的状态。

在新建项目文件时,如果当前文件有所改动或者没有保存,系统会弹出如图 2 - 3 所示的对话框,提示用户是否保存当前修改的项目文件。

图 2 - 3 对话框

2.2.2 打开项目文件

打开菜单"文件(F)"→"打开项目(O)",系统弹出如图 2 - 4 所示的"打开"对话框。在"搜寻(I)"下拉列表中选择相应的路径,然后在"打开"对话框中选择要打开的文件,单击"打开"按钮即可打开该文件。

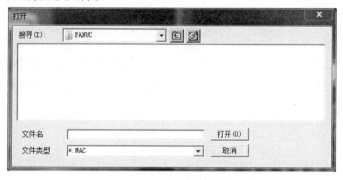

图 2 - 4 "打开"对话框

2.2.3 保存项目文件

保存文件很重要,间隔一定时间就应该对所做的工作进行保存,这样能避免一些操作中的失误。

打开菜单"文件(F)"→"保存项目(S)"或"另存项目(A)",选择需要保存的内容,按下"确认"按钮。如果保存一个新的项目或者需要以新的项目名保存,选择"另存项目",系统弹出如图2-5所示的"另存为"对话框,在"搜寻(I)"下拉列表中选择要保存文件的路径,输入项目名称。单击"保存"按钮即可保存该文件。

保存项目时,系统自动以用户给予的文件名建立一个文件夹,内容都放在该文件夹之中,默认保存在用户工作目录相应的机床系统文件夹内。

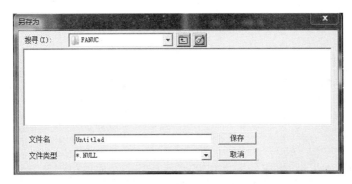

图2-5 "另存为"对话框

2.2.4 导出零件模型

导出零件模型相当于保存加工后的零件模型,利用这个功能,可以把经过部分加工的零件作为成型毛坯予以保存。如图2-6所示,此毛坯已经过部分加工,称为零件模型。可通过导出零件模型功能予以保存,将来可作为其他项目的毛坯。

如果需要将成型毛坯作为零件模型予以保存,打开菜单"文件(F)"→"导出零件模型(I)",系统弹出如图2-7所示的"另存为"对话框,在对话框中输入文件名,单击保存按钮,此成型毛坯即被保存。可在以后放置零件时调用。

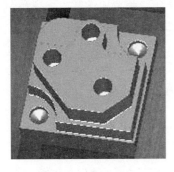

图2-6 零件模型

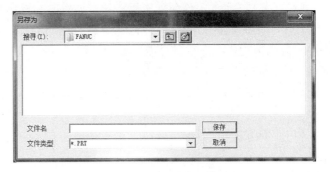

图2-7 "另存为"对话框

13

2.2.5　导入零件模型

机床在加工零件时,除了可以使用完整的毛坯,还可以对经过部分加工的毛坯进行再加工。经过部分加工的毛坯称为零件模型,可以通过导入零件模型的功能调用零件模型。

打开菜单"文件(F)"→"导入零件模型(I)",系统首先弹出如图2-3所示的对话框提示用户是否保存当前修改的项目文件,选择后弹出如图2-8所示的"打开"对话框,在此对话框中选择并且打开所需的后缀名为"PRT"的零件文件,则选中的零件模型被放置在工作台面上。此类文件是通过"文件"/"导出零件模型"所保存的成型毛坯。

图2-8　"打开"对话框

注:车床的零件模型、铣床的零件模型和加工中心的零件模型可以相互调用,满足车铣复合加工的需求。

2.3　视图与窗口

在使用宇龙机械加工仿真软件进行仿真时,常常需要对屏幕上机床模型进行平移、缩放、旋转等操作,以方便对模拟机床进行操作和观看零件的加工细节。"视图"的下拉菜单或显示区内右键浮动菜单中或工具栏中提供了基本的视图操作功能,如图2-9对话框所示,下面简单介绍"视图"菜单中各主要命令的功能。

2.3.1　视图视角

(1)"复位"命令。该命令用于将状态显示区的视角快速还原到机床的初始化视角。

(2)"局部放大"命令。选择该命令后,鼠标指针变成放大镜形状,此时用鼠标在状态显示区内拖动鼠标左键选择需要放大的部位,系统会根据选区的大小按比例放大显示区域,便于零件模拟加工时更好地观察加工过程。

(3)"动态平移"命令。该命令用于在状态显示区内对模拟机床位置进行平行移动调整。

(4)"动态旋转"命令。该命令用于在状态显示区内对模拟机床位置进行旋转角度调整。

(5)"绕 X 轴旋转"命令。选择该命令后,在机床模型显示区拖动鼠标,模拟机床将绕机床的 X 轴做旋转运动。

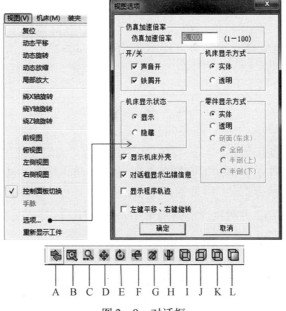

图 2-9　对话框

A—复位；B—局部放大；C—动态缩放；D—动态平移；E—动态旋转；F—绕 X 轴旋转；
G—绕 Y 轴旋转；H—绕 Z 轴旋转；I—左侧视图；J—右侧视图；K—俯视图；L—前视图。

（6）"控制面板切换"命令。选择"视图（V）"→"控制面板切换"或在浮动菜单中选择"控制面板切换"，或在工具条中单击 ，机床控制面板将隐藏（显示），当控制面板隐藏时模拟机床将处于全屏显示状态。

2.3.2　视图选项

选择"视图（V）"→"选项"或在浮动菜单中选择"选项"，或在工具条中选择 图标，系统弹出如图 2-10 所示的"视图选项"对话框，在对话框中进行设置，其中透明显示

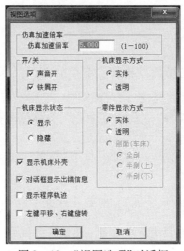

图 2-10　"视图选项"对话框

方式可方便观察内部加工状态。

"仿真加速倍率"中的速度值是用以调节仿真速度,有效数值范围从 1 到 100。如果选中"对话框显示出错信息",出错信息提示将出现在对话框中。否则,出错信息将出现在屏幕的右下角。

2.4　机床管理

在使用宇龙机械加工仿真软件进行仿真时,首先需要确定要使用的机床类型、加工刀具和对刀时要用的基准工具等。下面简单介绍"机床"菜单中各主要命令的功能,机床下拉菜单如图 2 - 11 所示。

注:灰色部分的菜单,表明在当前的机床中不能被使用,需要在特定机床下才能被激活使用。

图 2 - 11　对话框

2.4.1　选择数控机床

选择"机床(M)"→"选择数控机床"或者单击工具条上的 ⬚ 图标,系统弹出如图2 - 12所示的"选择机床"对话框,在该对话框中,控制系统选择"FANUC",具体型号为"FANUC 0i",在机床类型处选择"立式加工中心",具体型号是"JOHNFORD VMC - 850",最后单击"确定"按钮即可。

2.4.2　选择刀具

选择"机床(M)"→"选择刀具"或者单击工具条上的 图标,系统弹出如图 2 - 13所示的对话框。系统自带的刀具有 300 多把,很难直接找到所需要的刀具,通过设置过滤条件,可以快速找到所需的刀具。

16

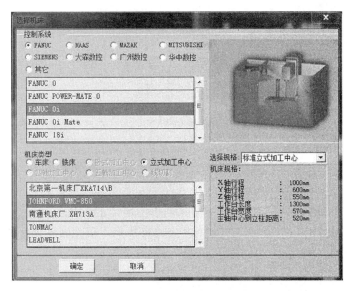

图 2 - 12　"选择机床"对话框

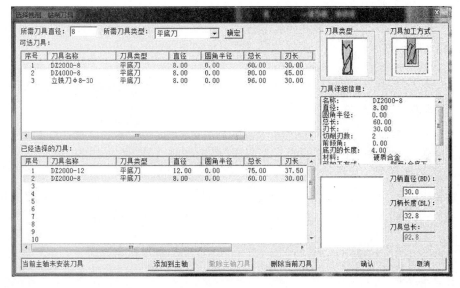

图 2 - 13　对话框

1）按条件列出工具清单

筛选的条件是所需刀具的直径和类型：

（1）在"所需刀具直径"输入框内输入数值,如果不把直径作为筛选条件,请输入数字"0"。

（2）在"所需刀具类型"选择列表中选择刀具类型。可供选择的刀具类型有平底刀、平底带 R 刀（圆鼻刀）、球头刀、钻头、镗刀、T 形刀等。

（3）按下"确定"按钮,符合条件的刀具在"可选刀具"列表中显示。

2）指定序号

在对话框的下半部分中指定序号（图 2 - 13 对话框）,这个序号就是刀库中的刀位号。

3）选择需要的刀具

卧式加工中心装载刀位号最小的刀具。其余刀具放在刀架上,通过程序调用。先单击"已经选择刀具"列表中的刀位号,再单击"可选刀具"列表中所需的刀具,选中的刀具对应显示在"已经选择刀具"列表中选中的刀位号所在行,按下"确定"按钮完成刀具选择。刀位号最小的刀具被装在主轴上。

立式加工中心暂不装载刀具。刀具选择后放在刀架上,用换刀指令调用。先单击"已经选择刀具"列表中的刀位号,再单击"可选刀具"列表中所需的刀具,选中的刀具对应显示在"已经选择刀具"列表中选中的刀位号所在行,按下"确定"按钮完成刀具选择。刀具按选定的刀位号放置在刀架上。

铣床只需在刀具列表中单击"可选刀具"列表中所需的刀具,选中的刀具就会显示在"已经选择刀具"列表中,按下"确定"按钮完成刀具选择。所选刀具直接安装在主轴上。

4）输入刀柄参数

操作者可以按需要输入刀柄参数。参数有直径和长度。总长度是刀柄长度与刀具长度之和。刀柄直径的范围为 0 ~ 1000mm;刀柄长度的范围为 0 ~ 1000mm。

5）添加到主轴

在"已经选择的刀具"中选择需要安装到主轴的刀具,单击"添加到主轴"即可将已选刀具装载到主轴上。

6）撤除主轴上的刀具

在"已经选择的刀具"中选择已经装载到主轴的刀具,单击"撤除主轴刀具"即可将主轴上已经装载的刀具拆除。

7）删除当前刀具

按"删除当前刀具"键可删除光标停留在"已选择的刀具"列表中的刀具。

8）确认选刀

选择完刀具,完成刀尖半径(钻头直径),刀具长度修改后,按"确认"按钮完成选刀,刀具被装在主轴上或按所选刀位号放置在刀架上;按"取消"按钮退出选刀操作。

2.4.3 基准/拆除工具

1）基准工具

选择"机床(M)"→"基准工具"或者单击工具条上的 ⊕ 图标,系统弹出如图 2 - 14 所示的对话框。

单击"确定"按钮后电子寻边器将自动添加到主轴。电子寻边器的使用如图 2 - 15 所示。

注意:在装载基准工具时应保证主轴上为装载刀具,否则系统将弹出"警告"提示信息。

2）拆除工具

选择"机床(M)"→"拆除基准"命令,主轴上的基准工具将被拆除。

注意:应保证主轴此时处于停转状态。

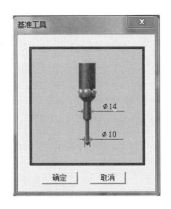

图2-14 对话框

图2-15 使用电子寻边器

2.4.4 程序传输

"程序传输"命令,用于模拟真实机床的程序传输功能。选择"机床(M)"→"程序传输"或者单击工具条上的 小图标,系统弹出如图2-16所示的"打开"对话框。

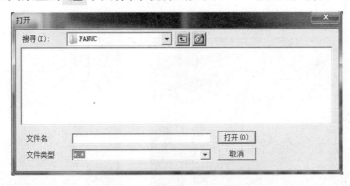

图2-16 "打开"对话框

由于该命令需配合机床操作面板使用,具体应用请参考本书第4章的操作实例。

2.5 机床夹具管理

机床夹具主要是将工件固定在机床工作台上,以保证工件和刀具相对位置关系。宇龙机械加工仿真软件提供了平口钳、三爪卡盘和垂直工艺板3种夹具类型,辅助夹具的压板和支撑等零件。另外,增加了分度头装置,用于零件旋转分度加工仿真。夹具相关功能主要集中在如图2-17所示的"装夹"下拉菜单中,下面介绍各主要命令功能。

图 2 – 17 "装夹"下拉菜单

2.5.1 安装/拆除夹具

1) 安装夹具

选择"装夹"→"安装夹具"命令或者在工具条上选择 凸 图标,系统将弹出图 2 – 18 所示的选择夹具对话框。根据加工毛坯的外形选择合适的夹具,以平口钳为例,用鼠标单击平口钳图标,单击"确定"按钮,模拟机床工作台上将自动添加平口钳工具,如图 2 – 19 所示。

注意: 只有铣床和加工中心可以安装夹具。

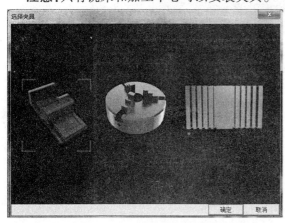

图 2 – 18 "选择夹具"对话框

图 2 – 19 对话框

2) 拆除夹具

选择"装夹"→"拆除夹具"命令即可将模拟机床工作台面上的夹具拆除,前提应保证夹具上的毛坯或工件已经被拆除。

2.5.2 安装/拆除压板

1) 安装压板

铣床和加工中心在使用工艺板或者不使用夹具时,可以使用压板。

选择"装夹"→"安装压板"命令,系统将弹出如图2-20所示的"选择通用压板"对话框。选择适当尺寸的压板和螺栓后,单击"确定"按钮,压板会出现在模拟机床的左下角。如果是垂直工艺板需要在选择压板时勾选图2-20所示的"选择通用压板"对话框左下角"安装到垂直工艺板"选项。

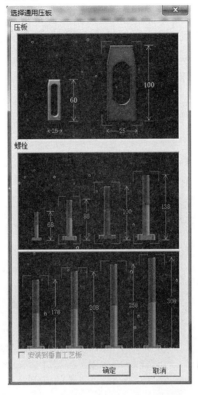

图2-20 "选择通用压板"对话框

2) 拆除压板

在工作台上选中要拆除的压板,这时被选中的压板以红色显示,选择"装夹"→"拆除压板"命令,被选中的压板就会被拆除。

2.5.3 调整压板

选中工作台上需要调整的压板,此时压板变为红色,选择"装夹"→"调整压板"命令,系统弹出如图2-21所示的"调整压板"对话框。操作者可以根据需要调整压板。当

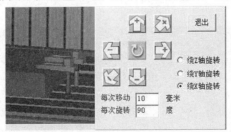

图2-21 "调整压板"对话框

选中螺杆,单击屏幕小键盘上的方向按钮时,螺杆将带动螺帽和压板一起移动;当选中螺帽时,可利用小键盘的方向按钮调整螺帽和压板的上下位置,从而使压板与工件接触;当选中压板时,利用小键盘的方向按钮和中心的旋转按钮可方便调整其位置。

2.5.4 安装/拆除支撑

由于工件本身结构的限制,加工部位处于悬臂状态,而原有的机床夹具又不能保证工件在加工过程中处于正确位置时,常采用辅助支承来解决保持工件定位时的稳定性及增强刚性问题。仿真软件为特殊工件提供了辅助支撑功能,辅助支撑的调整与压板的调整方法相同,这里不再赘述。

注意:辅助支撑没有定位作用。

1)安装支撑

选择"装夹"→"安装支撑"命令,支撑会出现在模拟机床的左下角,如图2-22所示,图中显示的是仿真辅助支撑的具体应用。

图2-22 辅助支撑的应用

2)拆除支撑

在工作台上选中要拆除的支撑,这时被选中的支撑以红色显示(图2-22),选择"装夹"→"拆除支撑"命令,被选中的支撑就会被拆除。

2.5.5 安装分度头

分度头是安装在铣床上用于加工分度零件的机床附件,利用分度刻度环、游标、定位销、分度盘和交换齿轮,将装卡在两顶尖间或卡盘上的工件旋转任意角度,或将圆周等分成任意角度,辅助机床完成特殊零件的加工。仿真系统提供了分度头仿真。分度头的应用如图2-23所示。

图2-23 分度头的应用

2.6 零件管理

宇龙机械加工仿真软件的"零件"菜单里为操作者提供了定义毛坯、放置零件、移动零件、拆除零件 4 个功能，"零件"菜单对话框如图 2 – 24 所示。操作者可根据仿真需要进行合理选择。下面详细讲解各功能的使用方法。

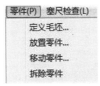

图 2 – 24　"零件"菜单对话框

2.6.1　定义毛坯

选择"零件(P)"→"定义毛坯"命令或单击工具条中 ▱ 图标，系统弹出如图 2 – 25 所示的"定义毛坯"对话框，在毛坯名字输入框内输入毛坯名，也可以使用缺省值。毛坯材料列表框中提供了多种供加工的毛坯材料，操作者可根据需要在"材料"下拉列表中选择毛坯材料。在"形状"选项里提供了 3 种形状的毛坯：长方形毛坯、圆柱形毛坯和阶梯轴形状的台阶毛坯，所有选择完毕后，单击"确定"按钮即可。

图 2 – 25　"定义毛坯"对话框

2.6.2　放置零件

选择"零件(P)"→"放置零件"命令或单击工具条中 ▱ 图标，系统弹出如图 2 – 26 所示的"选择零件"对话框，在列表中单击所需的零件，选中的零件信息加亮显示，按下"确定"按钮，系统自动关闭对话框，零件将被放到机床上，如果机床台面上已经安装夹具，零件将被放到夹具上，如图 2 – 27 所示。

如果经过"导入零件模型"的操作，图 2 – 26"选择零件"对话框的零件列表中会显示模型文件名。若在类型框中选择"选择模型"，则可以选择导入的零件模型文件，零件模型即经过部分加工的成型毛坯被放置在机床台面或夹具上。若在类型框中选择"选择毛

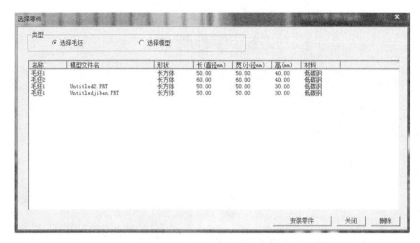

图 2 - 26 "选择零件"对话框

坏",即使选择了导入的零件模型文件,放置在工作台面上的仍然是未经加工的原毛坯,如图 2 - 28 所示。

图 2 - 27 毛胚安装到虎钳夹具上

图 2 - 28 成型毛胚安装到虎钳夹具上

2.6.3 移动零件

零件放置好后可以在工作台面或夹具上移动。毛坯放在工作台或夹具上时,系统将自动弹出如图 2 - 29 所示的"小键盘"对话框。通过按动小键盘上的方向按钮,实现零件的平移和旋转。小键盘上的"退出"按钮用于关闭小键盘。选择"零件(P)"→"移动零件"命令也可以打开小键盘。如果毛坯上安装了压板,需要将压板拆除才能移动毛坯。

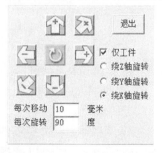

图 2 - 29 "小键盘"对话框

2.6.4 拆除零件

选择"零件(P)"→"拆除零件"命令,工作台面上的零件将被拆除,在拆除零件前应保证没有安装压板,同时机床处于停止状态。

2.7 测量工具

宇龙机械加工仿真软件提供了对刀时常用的塞尺及用于保证零件加工尺寸精度的量具。分别位于"塞尺检查(L)"菜单和"测量(T)"菜单中。下面介绍各自的使用方法。

2.7.1 塞尺检查

这里所讲的塞尺相当于真实加工中的量块,主要是防止在对刀过程中刀具直接与工件表面接触划伤工件表面。加工仿真软件的"塞尺检查(L)"菜单中提供了 7 种塞尺规格:0.05mm、0.1mm、0.2mm、1mm、2mm、3mm、100mm 等,用户可根据需要选取不同规格,也可以将不同规格的塞尺同时调用叠加使用,但各塞尺在同一把刀对刀中只能被调用一次。

1)安装塞尺

当毛坯和刀具均已安装在机床上,调整刀具位置使其处于毛坯的表面上方某个位置(刀具底部与毛坯上表面距离最好大于 100mm),如图 2-30 所示。

选择"塞尺检查(L)"→"100mm(量块)"命令,仿真界面如图 2-31(左图)所示。当刀具底面与塞尺上表面未接触时,系统提示"较松",使用机床控制面板调整刀具高度;当刀具底面与塞尺上表面刚好接触时,系统提示"合适",如图 2-31(中图)所示;当刀具底面位于塞尺上表面以下时,系统提示"较紧",如图 2-31(右图)所示。

图 2-30 准备 Z 方向对刀

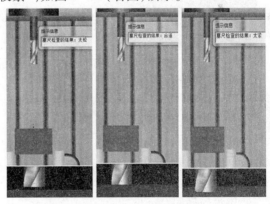

图 2-31 对刀时,塞尺的检查反馈

2)收回塞尺

选择"塞尺检查(L)"→"收回塞尺"命令或单击已被调用的塞尺即可收回塞尺。

2.7.2 测量工具

1. 剖面图测量

剖面图测量是通过选择零件上某一平面,利用量具测量该平面上的尺寸。软件给出

3 种量具:默认尺、0～25mm 的外径百分尺、0～150mm 的游标卡尺,根据测量需求自行选取。选择"测量(T)"→"剖面图测量"命令,系统弹出零件测量剖面和测量对话框,如图2-32所示。

测量时首先选择一个平面,在左侧的机床显示视图中,绿色的透明表面表示所选的测量平面(图中为垂直方向,$Z-X$ 平面)。在右侧测量对话框上部,显示零件被测量平面切割加工零件后的剖面形状,如图 2-32(右图)所示。$Z-X$ 平面通常是用来测量零件的高度尺寸。

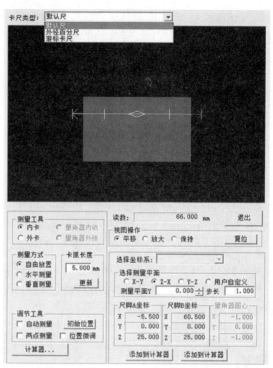

图 2-32　零件测量剖面和测量对话框

$X-Y$ 平面可以测量零件的轮廓尺寸,如图 2-33 所示。此时绿色的剖切面为水平方向。

图 2-33 中的标尺模拟了现实测量中的卡尺,当箭头由卡尺外侧指向卡尺中心时,为外卡测量,通常用于测量外径,测量时卡尺内收直到与零件接触;当箭头由卡尺中心指向卡尺外侧时,为内卡测量,通常用于测量内径,测量时卡尺外张直到与零件接触。对话框"读数"处显示的是两个卡爪的距离,相当于卡尺读数。当然也可以直接在测量窗口的卡尺类型里选择"游标卡尺"和"千分尺"作为测量工具。标尺的使用如图 2-34 所示。

1) 对卡尺的操作

两端的黄线和蓝线表示卡爪。将光标停在某个端点的箭头附近,光标变为 ✛,此时可移动该端点。将光标停在旋转控制点附近,光标变为 ↻,此时可以绕中心旋转卡尺。将鼠标停在中心控制点附近,光标变为 ✛,拖动鼠标,保持卡尺方向不动,移动卡尺中心。对话框右下角"尺脚 A 坐标"显示卡尺黄色端坐标;"尺脚 B 坐标"显示卡尺紫色端坐标。

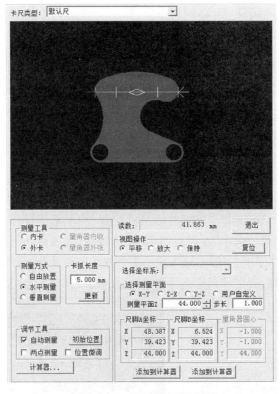

图 2-33 零件轮廓的测量

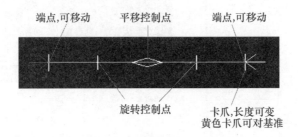

图 2-34 标尺的使用

2) 视图操作

选择一种"视图操作"方式,用鼠标拖动,可以对零件和卡尺进行平移、放大操作。选择"保持"时,鼠标拖放不起作用。单击"复位"按钮,恢复为对话框初始进入时的视图。

3) 测量过程

(1) 选择坐标系:通过"选择坐标系",可以选择机床坐标、G54~G59、当前工件坐标、工件坐标系(毛坯的左下角)等几种不同的坐标系显示坐标值。

(2) 选择测量平面:首先选择平面方向(XY/YZ/XZ),再填入测量平面的具体位置,或者按旁边的上下按钮移动测量平面,移动的步长可以通过右边的输入框输入。

(3) 选择卡尺类型:测量内径选用内卡,测量外径选用外卡。

(4) 选择测量方式:水平测量是指尺子在当前的测量平面内保持水平放置;垂直测量是指尺子在当前的测量平面内保持垂直放置;自由放置可以使用户随意拖动放置角度。

（5）确定卡尺的长度：非两点测时，可以修改卡尺长度，单击"更新"按钮时生效。

使用调节工具调节卡尺位置，获取卡尺读数。

（6）自动测量：选中该项后外卡卡爪自动内收，内卡卡爪自动外张直到与零件边界接触。此时平移或旋转卡尺，卡尺将始终与实体区域边界保持接触，读数自动刷新。

（7）两点测量：选中该选项后，卡尺长度为零。

（8）位置微调：选中该选项后，鼠标拖动时移动卡尺的速度放慢。

（9）初始位置：按下该按钮，卡尺的位置恢复到初始状态。

4）计算器的操作

计算器的功能是用于测量零件轮廓的近似尺寸，主要用于测量一些不规则形状的尺寸。根据测量元素的需要，选取对应的测量方式，系统会提示需要测量的元素个数，如图2-35（b）所示。用鼠标拖动卡尺到要测量的轮廓，使卡爪尽量接近要测量元素的轮廓线。然后单击图2-35（b）中对应卡爪的"添加到计算器"选项后，该卡爪所在的点位坐标值就会自动添加到测量结果里，当添加的测量元素个数满足测量系统要求时，单击图2-35（a）对话框中的"计算"选项，测量的点位坐标和计算后的结果都显示在"测量结果"里。

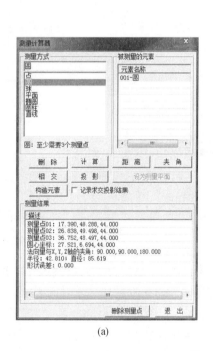

(a)

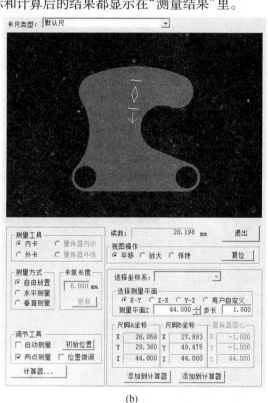

(b)

图2-35　计算器的使用

2. 工艺参数

该功能是仿真系统根据机床的类型、刀具的种类和刀具的材料等参数，限定了加工时刀具的最大切削线速度、最小转速、最大进给量和最大切深等要素，用于规范学生在初学加工时对实际切削要素盲目指定的行为。

选择"测量(T)"→"工艺参数"命令,弹出图2-36所示对话框。

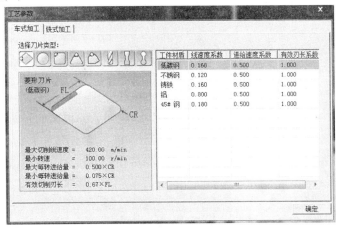

图2-36　"工艺参数"对话框

2.8　操作记录

2.8.1　记录

启动宇龙机械加工仿真软件,选择所要授课的系统、机床,单击菜单栏的"文件"菜单,显示如图2-37所示的"文件(F)"菜单,单击"开始记录"按钮,弹出如图2-38所示的"另存为"对话框,选择保存文件的路径和输入文件名,单击"保存"按钮即可。

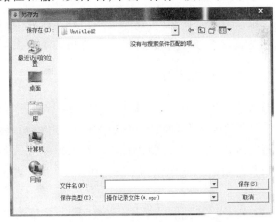

图2-37　"文件"菜单　　　　　　　　图2-38　"另存为"对话框

此时,系统将开始用记录操作指令的方式记录整个操作过程。待记录的操作完成后,单击图2-37"文件"菜单里的"结束记录"按钮,则所有使用过的操作指令被记录到一个文件里,记录结束。

2.8.2　查看记录

单击图2-34"文件(F)"菜单里的"演示(S)",弹出打开操作记录文件对话框,找到

"记录"时保存的文件名,单击"打开"按钮,即开始播放记录。

　　注:此"演示"播放目前只支持在本地计算机观看。

2.9　系统设置

　　选择"系统管理(S)"→"系统设置"命令,弹出如图2-39"系统设置"对话框,共有11个选项卡(图2-39~图2-49)。这些选项会影响到后续机床的仿真操作,需要根据具体机床的情况,相应配置。修改结束后,按"应用"仅用于本次登录。如果需要永久保存更改,需要用教师机的登录密码进入仿真系统后,才有权限按"保存"按钮保存。如果不需要修改,则单击"退出"按钮退出。

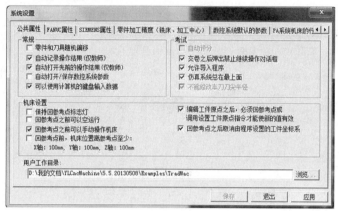

图2-39　"系统设置"对话框

　　注意:用教师机的登录密码进入仿真系统,保存新的系统设置,将会更新以后所有学生机的系统设置,以保证教师机和学生机的系统设置相同。

2.9.1　公共属性

　　如图2-39所示,公共属性设置的选项如下:

　　(1)零件和刀具随机偏移:每次放置零件、安装刀具时在固定位置的基础上会产生微小的随机偏移。通常考试时需这样设置,重新放置零件时,G54的值与上一次不同。

　　(2)自动记录操作结果(仅教师):当以管理员身份登录时,关闭时自动记录操作结果。

　　(3)自动打开先前的操作(仅教师):当以管理员身份登录时,自动打开上次登录时操作的结果。

　　(4)自动打开/保存数控系统参数:登录时自动打开上次退出时保存的数控系统参数。

　　(5)可以使用计算机的键盘输入数据:选中后下次登录可以使用计算机的键盘代替操作面板的键盘。

　　(6)自动评分:考试结束后按照教师设置的评分标准自动得出考试成绩。

　　(7)交卷之后弹出禁止继续操作的对话框:交卷后弹出对话框,可以防止考生继续操作,输入管理员密码才能退出仿真系统。

(8) 允许导入程序:可以导入已编辑好的程序文件。仿真系统总在最上面。

(9) 不能修改车刀刀尖半径:所选刀具不可修改刀尖半径,刀尖半径显示框呈灰色。

(10) 保持回参考点标识灯:回零后,改变机床位置,回参考点标识灯仍然亮起。

回参考点之前可以空运行,可以手动操作机床。

回参考点之前,机床位置离参考点至少:X 轴为 100mm;Y 轴为 100mm;Z 轴为 100mm。

编辑工件原点之后,必须回参考点或调用设置工件原点指令才能使新的值有效。

回参考点之后取消由程序设置的工件坐标系。

通过"浏览"选择用户工作目录,或者直接输入。

2.9.2 FANUC 属性

FANUC 属性如图 2 - 40 所示。

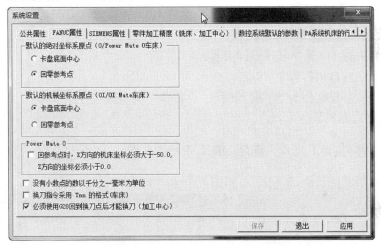

图 2 - 40 "FANUC 属性"对话框

默认的绝对坐标系原点(车床):

一般数控机床的原点是放在参考点的位置,有些特殊机床是放在卡盘底面中心上,需要根据实际机床来设置此选项。

没有小数点的数以 1/1000mm 为单位:

如果实际机床的默认单位是 μm,此选项需要打勾选上。

例:输入 100   生成 0.100

输入 100.   生成 100.000

换刀指令采用 Tnn 的格式(车床):如果数控机床的刀号指令是 T11,表示 1 号刀和 1 号补偿时,此选项需要打勾选上。

设置是否必须使用 G28 回到换刀点后才能换刀(加工中心)。

2.9.3 SIEMENS 属性

SIEMENS 属性如图 2 - 41 所示。

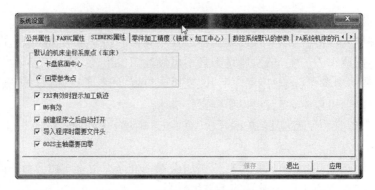

图 2 - 41   "SIEMENS 属性"对话框

默认的绝对坐标系原点(车床):

一般数控机床的原点是放在参考点的位置,有些特殊机床是放在卡盘底面中心上,需要根据实际机床来设置此选项。

PRT 有效时显示加工轨迹:自动状态下,选择 CRT 屏幕的软键 Machine;程序控制,选中程序测试,运行时显示加工轨迹。

M6 有效:执行 M6 指令时才更换刀具。

新建程序之后自动打开。

导入程序时需要文件头 SIEMENS 程序通常有一个固定的程序开头;

802S 主轴需要回零。

2.9.4 零件加工精度(铣床、加工中心)

零件加工精度(铣床、加工中心)如图 2 - 42 所示。

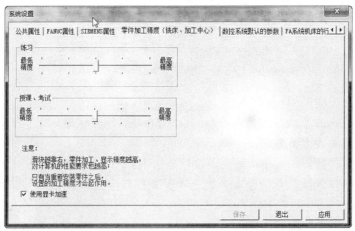

图 2 - 42   "零件加工精度"对话框

鼠标拖动滑块,调节显示精度。仅适用于铣床、加工中心的零件。当重新安装零件时生效。

精度越高,显示加工的零件越细腻,对计算机的速度要求就越高,低配置计算机建议调低此精度。

2.9.5 数控系统默认的参数

数控系统默认的参数如图 2 - 43 所示。

数控系统使用默认的参数:选中后以下设置才有效。

默认的坐标原点(G54):以机床坐标系计算。

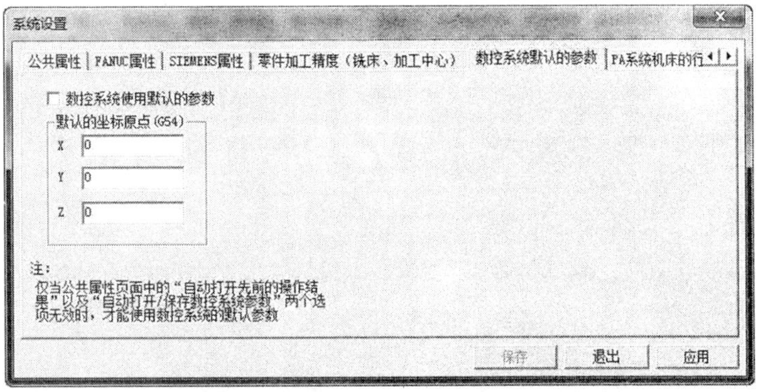

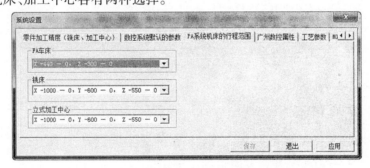

图 2 - 43 "数控系统默认的参数"对话框

注:公共属性页面的"自动打开先前的操作"以及"自动打开/保存数控系统参数"无效时,才能使用数控系统默认的参数。

2.9.6 PA 系统机床的行程范围

PA 系统机床的行程范围如图 2 - 44 所示。

行程范围:在机床坐标系下机床移动的范围。

车床、铣床、加工中心各有两种选择。

图 2 - 44 "PA 系统机床的行程范围"对话框

2.9.7 广州数控属性

广州数控属性如图 2 - 45 所示,设置广州数控系统的默认单位是否为 μm,mm 为默认单位则无须修改此选项。

2.9.8 工艺参数

工艺参数如图 2 - 46 所示,设置工艺参数是否生效。

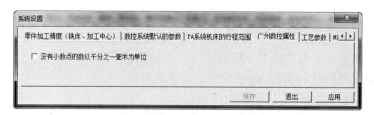

图 2 - 45 "广州数控属性"对话框

图 2 - 46 "工艺参数"对话框

2.9.9 MITSUBISH 属性

MITSUBISH 属性如图 2 - 47 所示,设置 MITSUBISH 数控系统是否需要设置的属性。
长度补偿与半径补偿共用参数(铣/加工中心)。
没有小数点的数以 1/1000mm 为单位。

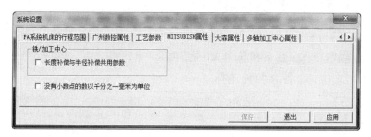

图 2 - 47 "MITSUBISH 属性"对话框

2.9.10 大森属性

大森属性如图 2 - 48 所示,设置大森数控系统是否需要设置的属性。
长度补偿与半径补偿共用参数(铣/加工中心)。
没有小数点的数以 1/1000mm 为单位。

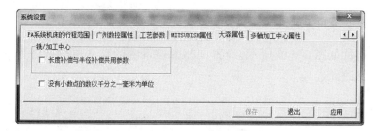

图 2 - 48 "大森属性"对话框

2.9.11 多轴加工中心属性

如果购买了四轴和五轴加工仿真的功能,可以在这个对话框中设置五轴加工中心是否支持刀尖跟随(RTCP)功能。

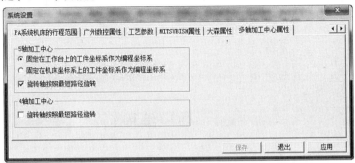

图 2-49 "多轴加工中心属性"对话框

第3章　FANUC 0i系统常用的编程指令

要点：
- 掌握数控仿真模拟器中支持的 FANUC 0i 系统编程指令的使用

3.1　数控编程

3.1.1　概述

数控机床是按照事先编制好的零件加工程序自动地对工件进行加工的高效自动化设备。在数控编程之前，编程人员首先应了解所用数控机床的规格、性能，数控系统所具备的功能和编程指令格式等。编制程序时，应先对图纸规定的技术要求，零件的几何形状、尺寸和工艺要求进行分析，确定加工方法和加工路线，再进行数学计算，获得刀位数据。然后按数控机床规定的代码和程序格式，将工件的尺寸、刀具运动中心轨迹、位移量、切削参数和辅助功能（换刀、主轴正反转、冷却液开关等）编制成加工程序，并输入数控系统，由数控系统控制机床自动地进行加工。

3.1.2　数控编程的内容

一般来讲，程序编制包括以下几个方面的工作：

1）加工工艺分析

编程人员首先要根据零件图，对零件的材料、形状、尺寸、精度和热处理要求等，进行加工工艺分析。合理地选择加工方案，确定加工顺序、加工路线、装卡方式、刀具和切削参数等；同时还要考虑所用数控机床的指令功能，充分发挥机床的效能；加工路线要短，换刀次数要少。

2）数值计算

根据零件图的几何尺寸确定工艺路线及设定坐标系，计算零件粗、精加工运动的轨迹，得到刀位数据。对于形状比较简单的零件（如直线和圆弧组成的零件）加工，要计算出几何元素的起点、终点、圆弧的圆心、两几何元素的交点或切点的坐标值，有的还要计算刀具中心的运动轨迹坐标值。对于形状比较复杂的零件（如非圆曲线、曲面组成的零件）加工，需要用直线段或圆弧段逼近，根据加工精度的要求计算出节点坐标值，这种数值计算一般要用计算机来完成。

3）编写加工程序

加工路线、工艺参数及刀位数据确定后，编程人员就可以根据数控系统规定的功能指令代码及程序段的格式，逐段编写加工程序。如果编程人员与加工人员是分开的话，还应附上必要的加工示意图、刀具参数表、机床调整卡、工艺卡和相关的文字说明。

4）制备控制介质

把编制好的程序记录到控制介质上，作为数控装置的输入信息。可用人工输入、存储卡或网络传输的方式送入数控系统。

5）程序校对和首件试切

编写的程序和制备好的控制介质，必须经过校验和试切后才能正式使用。校验的方法是直接将数控程序输入到数控系统中后，让机床空运行，以检查机床的运动轨迹是否正确，或者通过数控系统提供的图形仿真功能，在 CRT 屏幕上，模拟刀具的运动轨迹。但这些方法只能检验运动是否正确，不能检验被加工零件的加工精度。因此，要进行零件的首件试切。当发现有加工误差时，分析误差产生的原因，找出问题所在，加以修正。

3.1.3 数控编程的方法

数控机床所使用的程序是按一定的格式并以代码的形式编制的，一般称为"加工程序"，目前零件的加工程序编制方法主要有以下 3 种。

1）手工编程

利用一般的计算工具，通过各种数学方法，人工进行刀具轨迹的运算，并进行指令编制。这种方式比较简单，很容易掌握，适应性较大。适用于二维零件和计算量不大的零件编程。在加工中心中级工中比较常用。

2）自动编程

自动编程的初期是利用微机或专用的编程器，在专用编程软件（如 APT 系统）的支持下，以人机对话的方式来确定加工对象和加工条件，然后编程器自动进行运算并生成加工指令，这种自动编程方式，对于形状简单（轮廓由直线和圆弧组成）的零件，可以快速完成编程工作。目前在安装高版本数控系统的机床上，这种自动编程方式已经完全集成在机床的内部（如西门子 810 系统、海德汉 430 系统或以后出的新版本等）。但是如果零件的轮廓是曲线样条或是三维曲面组成，这种自动编程是无法生成加工程序的，解决的办法是利用 CAD/CAM 软件来进行数控编程。在某些特定机床上比较常用。

3）CAD/CAM

利用 CAD/CAM 系统进行零件的造型设计、加工分析和数控编程。这种方法适用于制造业中的 CAD/CAM 集成系统，目前正被广泛应用。该方式适应面广、效率高、程序质量好，适用于各类柔性制造系统（FMS）和计算机集成制造系统（CIMS），但投资大，掌握起来需要一定时间。在加工中心高级工和技师中比较常用。

本书主要介绍手工编程和 CAD/CAM 自动编程。

3.2 编程的基本概念

3.2.1 程序代码

为了满足设计、制造、维修和普及的需要，在输入代码、坐标系统、加工指令、辅助功能和程序格式等方面，国际上已形成了两种通用的标准，即国际标准化组织（ISO）标准和美国电子工程协会（EIA）标准。这些标准是数控加工编程的基本原则。

在数控加工编程中常用的标准主要有：

- 数控纸带的规格；
- 数控机床坐标轴和运动方向；
- 数控编程的编码字符；
- 数控编程的程序段格式；
- 数控编程的功能代码。

我国根据 ISO 标准制定了《数字控制机床用的七单位编码字符》(JB 3050—82)、《数字控制坐标和运动方向的命名》(JB 3051—82)、《数字控制机床穿孔带程序段格式中的准备功能 G 和辅助功能 M 代码》(JB 3208—83)。但是由于各个数控机床生产厂家所用的标准尚未完全统一，其所用的代码、指令及其含义不完全相同，因此，在数控编程时必须按所用数控机床编程手册中的规定进行。目前，数控系统中常用的代码有 ISO 代码和 EIA 代码。

3.2.2　数控机床坐标轴和运动方向

规定数控机床坐标轴和运动方向，是为了准确地描述机床运动，简化程序的编制，并使所编程序具有互换性。国际标准化组织目前已经统一了标准坐标系，我国也颁布了相应的标准(JB 3051—82)，对数控机床的坐标和运动方向作了明文规定。

1. 运动方向命名的原则

机床在加工零件时是刀具移向工件，还是工件移向刀具，为了根据图样确定机床的加工过程，特别规定：永远假定刀具相对于静止的工件坐标而运动。

2. 坐标系的规定

为了确定机床的运动方向、移动的距离，要在机床上建立一个坐标系，这个坐标系就是标准坐标系。在编制程序时，以该坐标系来规定运动的方向和距离。

数控机床上的坐标系是采用右手笛卡儿坐标系。在图 3-1 中，大拇指的方向为 X 轴的正方向，食指为 Y 轴的正方向，中指为 Z 轴正方向。

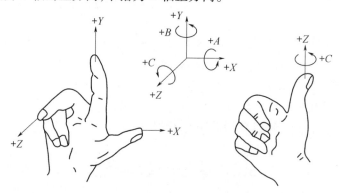

图 3-1　右手笛卡儿坐标系

下面介绍几种常用的坐标系。

1）机床坐标系

机床坐标系是机床上固有的坐标系，机床坐标系的方位是参考机床上的一些基准线、面来确定的。机床上有一些固定的基准线,如主轴中心线;固定的基准面,如工作台面、主轴端面、工作台侧面、导轨面等;不同的机床有不同的机床坐标系。

在标准中,规定平行于机床主轴(传递切削力)的刀具运动坐标轴为 Z 轴,取刀具远离工件的方向为正方向($+Z$)。如果机床有多个主轴时,则选一个垂直于工件装夹面的主轴为 Z 轴。

X 轴为水平方向,且垂直于 Z 轴并平行于工件的装夹面。对于工件作旋转运动的机床(车床、磨床),取平行于横向滑座的方向(工件径向)为刀具运动的 X 轴坐标,同样,取刀具远离工件的方向为 X 轴的正方向;对于刀具作旋转运动的机床(如铣床、镗床),当 Z 轴为水平时,沿刀具主轴后端向工件方向看,向右的方向为 X 轴的正方向;如 Z 轴是垂直的,则从主轴向立柱看时,对于单立柱机床,X 轴的正方向指向右边;对于双立柱机床,当从主轴向左侧立柱看时,X 轴的正方向指向右边。上述正方向都是刀具相对工件运动而言。

在确定了 X、Z 轴的正方向后,可按右手直角笛卡儿坐标系确定 Y 轴的正方向,即在 $Z-X$ 平面内,从 $+Z$ 转到 $+X$ 时,右螺旋应沿 $+Y$ 方向前进。常见机床的坐标方向如图3-2和图3-3所示,图中表示的方向为实际运动部件的移动方向。

机床原点(机械原点)是机床坐标系的原点,它的位置通常是在各坐标轴的最大极限处。

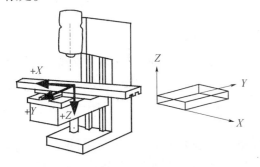
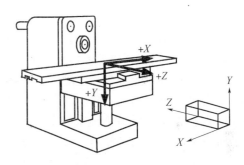

图3-2　立式数控铣床坐标系　　　　　图3-3　卧式数控铣床坐标系

2) 工作坐标系

工作坐标系是编程人员在编程和加工时使用的坐标系,是程序的参考坐标系,工作坐标系的位置以机床坐标系为参考点,一般在一个机床中可以设定6个工作坐标系。编程人员以工件图样上的某点为工作坐标系的原点,称为工作原点。而编程时的刀具轨迹坐标点是按工件轮廓在工作坐标系中的坐标确定。加工时,工件随夹具安装在机床上,这时测量工作原点与机床原点间的距离,这个距离称为工作原点偏置,如图3-4所示。

这个偏置值必须在执行加工程序前预存到数控系统中,这个过程一般称为"找正"。找正完成后,在加工时,工件原点偏置便能自动加到工件坐标系上,使数控系统可按机床坐标系确定加工时的绝对坐标值。因此,编程人员可以不考虑工件在机床上的实际安装位置和安装精度,而是利用数控系统的原点偏置功能,通过工作原点偏置值,补偿工件在工作台上的位置误差。现在绝大多数数控机床都有了这种功能,使用起来很方便。

3) 附加运动坐标

一般我们称 X、Y、Z 为主坐标或第1坐标系,如有平行于第1坐标系的第2组和第3组坐标系,则分别指定为 U、V、W 和 P、Q、R。所谓第一坐标系是指靠近主轴的直线运动,

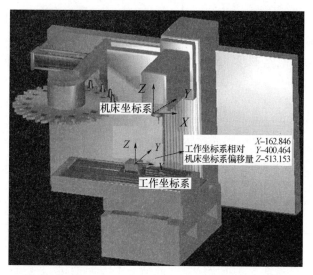

机床坐标系

工作坐标系相对
机床坐标系偏移量

X-162.846
Y-400.464
Z-513.153

工作坐标系

图3-4　工件坐标系与机床坐标系

稍远的为第2坐标系,更远的为第3坐标系。

3.2.3　程序结构

为运行机床而送到 CNC 的一组指令称为程序。按照指定的指令,刀具沿着直线或圆弧移动,主轴电机按照指令旋转或停止。在程序中,以刀具实际移动的顺序来指定指令。一组单步的顺序指令称为程序段。一个程序段从识别程序段的顺序号开始,到程序段结束代码结束。在本书中,用";(LF)"或回车符(CR)来表示程序段结束代码(在 ISO 代码中为 LF,而在 EIA 代码中为 CR)。

加工程序是由若干程序段组成;而程序段是由一个或若干个指令字组成,指令字代表某一信息单元;每个指令字由地址符和数字组成,它代表机床的一个位置或一个动作;每个程序段结束处应有"LF"或"CR",表示该程序段结束转入下一个程序段。地址符由字母组成,每一个字母、数字和符号都称为字符。

程序结构举例如表3-1所列,表3-2为程序范例中出现的字母的解释。

表3-1　程序范例

程序内容	注　释
O0004	程序号
N1 G90 G54 G00 X0 Y0 S1000 M03;	第一程序段
N2 Z100.0;	第二程序段
N3 G41 D01 X20.0 Y10.0;	
N4 Z2.0;	
N5 G01 Z-5.0 F100;	
N6 Y50.0 F200;	
N7 X50.0;	
N8 Y20.0;	
N9 G00 Z100.0;	
N10 G40 X0 Y0 M05;	
N11 M30;	程序结束

表 3 – 2　常用地址符的含义

地址	功能	含义	地址	功能	含义
A	坐标字	绕 X 轴旋转	N	顺序号	程序段顺序号
B	坐标字	绕 Y 轴旋转	O	程序号	程序号、子程序号的指定
C	坐标字	绕 Z 轴旋转	P	—	暂停时间或程序中某功能的开始使用的顺序号
D	补偿号	刀具半径补偿指令	Q	—	固定循环中的定距或固定循环终止段号
E	—	第二进给功能	R	坐标字	固定循环中定距离或圆弧半径的指定
F	进给速度	进给速度的指令	S	主轴功能	主轴转速的指令
G	准备功能	指令动作方式	T	刀具功能	刀具编号的指令
H	补偿号	补偿号的指定	U	坐标字	与 X 轴平行的附加轴的增量坐标值
I	坐标字	圆弧中心 X 轴向坐标	V	坐标字	与 Y 轴平行的附加轴的增量坐标值
J	坐标字	圆弧中心 Y 轴向坐标	W	坐标字	与 Z 轴平行的附加轴的增量坐标值
K	坐标字	圆弧中心 Z 轴向坐标	X	坐标字	X 轴的绝对坐标值或暂停时间
L	重复次数	固定循环及子程序的重复次数	Y	坐标字	Y 轴的绝对坐标
M	辅助功能	机床开/关指令	Z	坐标字	Z 轴的绝对坐标

程序段格式是指令字在程序段中排列的顺序,不同数控系统有不同的程序段格式。格式不符合规定时,有些数控装置就会报警,不执行指令。常见程序段格式如表 3 – 3 所列。

表 3 – 3　常见程序段的格式

1	2	3	4	5	6	7	8	9	10	11
N_	G_	X_ U_ Q_	Y_ V_ P_	Z_ W_ R_	I_J_K_ R_	F_	S_	T_	M_	LF
顺序号	准备功能	坐标字				进给功能	主轴功能	刀具功能	辅助功能	结束符号

(1)程序段序号(简称顺序号 N):通常用 4 位数字表示,即"0000"~"9999",在数字前还冠有标识符号"N",如 N0001 等。

(2)准备功能(简称 G 功能):它由表示准备功能地址符"G"和两位数字所组成。

(3)坐标字:由坐标地址符及数字组成,且按一定的顺序进行排列,各组数字必须具有作为地址代码的字母(如 X、Y 等)开头。各坐标轴的地址符一般按下列顺序排列:

X、Y、Z、U、V、W、P、Q、R、A、B、C、D、E

(4)进给功能 F:由进给地址符 F 及数字组成,数字表示所选定的进给速度,一般为 4 位数字码,单位一般为"mm/min"或"mm/r"。

(5)主轴转速功能 S:由主轴地址符 S 及数字组成,数字表示主轴转速,单位为"r/min"。

(6)刀具功能 T:由地址符 T 和数字组成,用以指定刀具的号码。

（7）辅助功能（简称 M 功能）：由辅助操作地址符"M"和两位数字组成。M 功能的代码已标准化。

（8）程序段结束符号：列在程序段的最后一个有用的字符之后，表示程序段结束。

需要说明的是，数控机床的指令格式在国际上有很多格式标准规定，它们之间并不完全一致。随着数控机床的发展，数控系统不断改进和创新，其功能更加强大并且使用方便。但在不同的数控系统之间，程序格式上存在一定的差异，因此，在具体掌握某一数控机床时要仔细了解其数控系统的编程格式。

3.3 FANUC 系统常用编程指令

3.3.1 编程指令综述

1. 可编程功能

通过编程并运行这些程序使数控机床能够实现的功能，我们称为可编程功能。一般可编程功能分为两类：一类用来实现刀具轨迹控制，即各进给轴的运动，如直线/圆弧插补、进给控制、坐标系原点偏置及变换、尺寸单位设定、刀具偏置及补偿等，这一类功能被称为准备功能，以字母 G 以及两位数字组成，也被称为 G 代码。另一类功能被称为辅助功能，用来完成程序的执行控制、主轴控制、刀具控制、辅助设备控制等功能。在这些辅助功能中，Txx 用于选刀，Sxxxx 用于控制主轴转速。其他功能由以字母 M 与两位数字组成的 M 代码来实现。

2. 准备功能（表 3-4）

表 3-4　FANUC 0i 的准备功能表

G 代码	分组	功　能
▼ G00	01	定位（快速移动）
▼ G01		直线插补（进给速度）
G02		顺时针圆弧插补
G03		逆时针圆弧插补
G04	00	暂停，精确停止
G09		精确停止
G15	00	极坐标系取消
G16		建立极坐标系
▼ G17	02	选择 *XY* 平面
G18		选择 *ZX* 平面
G19		选择 *YZ* 平面
G27	00	返回并检查参考点
G28		返回参考点
G29		从参考点返回
G30		返回第二参考点

G 代码	分组	功 能
▼ G40	07	取消刀具半径补偿
G41		左侧刀具半径补偿
G42		右侧刀具半径补偿
G43	08	刀具长度补偿 +
G44		刀具长度补偿 −
▼ G49		取消刀具长度补偿
G50	00	取消缩放/镜像
G51		比例缩放/镜像
G52	00	设置局部坐标系
G53		选择机床坐标系
▼ G54	14	选用 1 号工件坐标系
G55		选用 2 号工件坐标系
G56		选用 3 号工件坐标系
G57		选用 4 号工件坐标系
G58		选用 5 号工件坐标系
G59		选用 6 号工件坐标系
G60	00	单一方向定位
G61	15	精确停止方式
▼ G64		切削方式
G65	00	宏程序调用
G66	12	模态宏程序调用
▼ G67		模态宏程序调用取消
G68	00	建立坐标系旋转
G69		坐标系旋转取消
G73	09	深孔钻削固定循环
G74		反螺纹攻丝固定循环
G76		精镗固定循环
▼ G80		取消固定循环
G81		钻削固定循环
G82		钻削固定循环
G83		深孔钻削固定循环
G84		攻丝固定循环
G85		镗削固定循环
G86		镗削固定循环
G87		反镗固定循环
G88		镗削固定循环
G89		镗削固定循环

G 代码	分组	功 能
▼ G90	03	绝对值指令方式
▼ G91		增量值指令方式
G92	00	工件零点设定
▼ G98	10	固定循环返回初始点
G99		固定循环返回 R 点

从表 3 - 4 可知 G 代码被分为不同的组,这是由于大多数的 G 代码是模态的,所谓模态 G 代码,是指这些 G 代码不只在当前的程序段中起作用,而且在以后的程序段中一直起作用,直到程序中出现另一个同组的 G 代码为止,同组的模态 G 代码控制同一个目标但起不同的作用,它们之间是不相容的。00 组的 G 代码是非模态的,这些 G 代码只在它们所在的程序段中起作用。标有▼的 G 代码是数控系统启动后默认的初始状态。对于 G01 和 G00、G90 和 G91 这两组指令,数控系统启动后默认的初始状态由系统参数指定。

同一程序段中可以有几个 G 代码出现,但当两个或两个以上的同组 G 代码出现时,最后出现的一个(同组的)G 代码有效。在固定循环模态下,任何一个 01 组的 G 代码都将使固定循环模态自动取消,成为 G80 模态。

3. 辅助功能

机床用 S 代码来对主轴转速进行编程,用 T 代码来进行选刀编程,其他可编程辅助功能由 M 代码来实现,一般地,一个程序段中,M 代码最多可以有一个(0i 系统最多可有 3 个)。M 代码列表见表 3 - 5。

表 3 - 5　常用的 M 代码

M 代码	功 能
M00	程序暂停
M01	条件程序暂停
M02	程序结束
M03	主轴正转
M04	主轴反转
M05	主轴停止
M06	刀具交换
M08	冷却开
M09	冷却关
M30	程序结束并返回程序头
M98	调用子程序
M99	子程序结束返回/重复执行

3.3.2 常用 G 代码指令

1. 快速定位(G00)

格式:G00 X ____ Y ____ Z ____;

刀具从当前位置快速移动到切削开始前的位置,在切削完了之后,快速离开工件。一般在刀具非加工状态的快速移动时使用,该指令只是快速到位,其运动轨迹因具体的控制系统不同而异,进给速度 F 对 G00 指令无效。快速定位有两种方法,即非直线插补定位和直线插补定位。

1)非直线插补定位

刀具分别以每轴的快速移动速度定位。刀具轨迹一般不是直线。

2)直线插补定位

刀具轨迹与直线插补(G01)相同。刀具以不超过每轴的快速移动速度,在最短的时间内定位。

这两种插补方式的区别如图 3 – 5 所示。

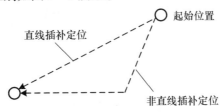

图 3 – 5　G00 指令移动方式

2. 直线插补(G01)

格式:G01 X ____ Y ____ Z ____ F ____;

G01 指令使当前的插补模态成为直线插补模态,刀具从当前位置移动到 X、Y、Z 指定的位置,其轨迹是一条直线,F_指定了刀具沿直线运动的速度,单位为"mm/min"(X、Y、Z 轴)。第一次出现 G01 指令时,必须指定 F 值,否则机床报警。

假设当前刀具所在点为 X – 50. Y – 75.,则下面的程序段将使刀具走出如图 3 – 6 所示轨迹。

N1 G01 X150. Y25. F100;

N2 X50. Y75.;

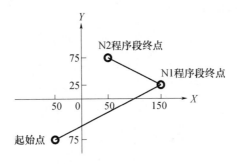

图 3 – 6　G01 指令移动轨迹

可以看到,程序段 N2 并没有指令 G01,但由于 G01 指令为模态指令,所以 N1 程序段中指令 G01 在 N2 程序段中继续有效,同样地,指令 F100 在 N2 段也继续有效,即刀具沿两段直线的运动速度都是 100mm/min。

3. 绝对值和增量值编程(G90 和 G91)

有两种指令刀具运动的方法:绝对值指令和增量值指令。

绝对值指令(G90):绝对值指令是刀具移动到"距坐标系零点某一距离"的点,即刀具移动到坐标值的位置。

增量值指令(G91):指令刀具从前一个位置移动到下一个位置的位移量。

在绝对值指令模态下,指定的是运动终点在当前坐标系中的坐标值;而在增量值指令模态下,指定的则是各轴运动的距离。G90 和 G91 这对指令被用来选择使用绝对值模式或增量值模式。

如图 3-7 所示的实例,可以更好地理解绝对值方式和增量值方式的编程。

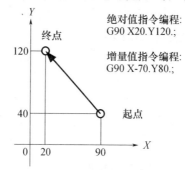

图 3-7 绝对值方式和增量值方式的编程

4. 圆弧插补(G02/G03)

下面所列的指令可以使刀具沿圆弧轨迹运动:

在 X-Y 平面

G17 { G02 / G03 } X ____ Y ____ {(I ____ J ____)/ R ____ } F ____ ;

在 X-Z 平面

G18 { G02 / G03 } X ____ Z ____ {(I ____ K ____)/ R ____ } F ____ ;

在 Y-Z 平面

G19 { G02 / G03 } Y ____ Z ____ {(J ____ K ____)/ R ____ } F ____ ;

例 1:编制图 3-8 圆弧加工的程序。

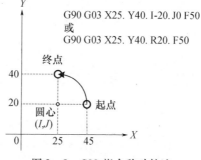

图 3-8 G03 指令移动轨迹

上面指令中字母的解释如表 3-6 所列。

表 3-6　G02/G03 指令解释

序号	数据内容		指　令	含　义
1	平面选择		G17	指定 $X—Y$ 平面上的圆弧插补
			G18	指定 $X—Z$ 平面上的圆弧插补
			G19	指定 $Y—Z$ 平面上的圆弧插补
2	圆弧方向		G02	顺时针方向的圆弧插补
			G03	逆时针方向的圆弧插补
3	终点位置	G90 模态	X、Y、Z 中的两轴指令	当前工件坐标系中终点位置的坐标值
		G91 模态	X、Y、Z 中的两轴指令	从起点到终点的距离(有方向)
4	起点到圆心的距离		I、J、K 中的两轴指令	从起点到圆心的距离(有方向)
	圆弧半径		R	圆弧半径
5	进给率		F	沿圆弧运动的速度

　　这里的圆弧方向,对于 $X-Y$ 平面来说,是由 Z 轴的正向往 Z 轴的负向看 $X-Y$ 平面所看到的圆弧方向;同样,对于 $X-Z$ 平面或 $Y-Z$ 平面来说,观测的方向则应该是从 Y 轴或 X 轴的正向到 Y 轴或 X 轴的负向(适用于右手坐标系如图 3-9 所示)。

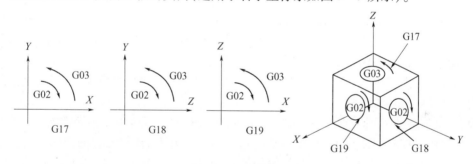

图 3-9　圆弧方向

　　圆弧的终点由地址 X、Y 和 Z 来确定。在 G90 模态,即绝对值模态下,地址 X、Y、Z 给出了圆弧终点在当前坐标系中的坐标值;在 G91 模态,即增量值模态下,地址 X、Y、Z 给出的则是在各坐标轴方向上当前刀具所在点到终点的距离。

　　从起点到圆弧中心,用地址 I、J 和 K 分别指令 X_P、Y_P 或 Z_P 轴向的圆弧中心位置。I、J 或 K 的距离数值是从起点向圆弧中心方向的矢量分量,并且,不管指定 G90 还是指定 G91,I、J 和 K 的值总是增量值,如图 3-10 所示。

　　I、J 和 K 必须根据方向指定其符号(正或负)。

　　$I0$、$J0$ 和 $K0$ 可以省略。当 X_P、Y_P 或 Z_P 省略(终点与起点相同),并且中心用 I、J 和 K 指定时,移动轨迹为 $360°$ 的圆弧(整圆)。例如:G02 I_; 指令一个整圆。

　　如果在起点和终点之间的半径差在终点超过了系统参数中的允许值时,则机床报警。

　　对一段圆弧进行编程,除了用给定终点位置和圆心位置的方法外,还可以用给定半径和终点位置的方法对一段圆弧进行编程,用地址 R 来指定半径值,替代给定圆心位置的地址。在这种情况下,如果圆弧小于 $180°$,半径 R 为正值;如果圆弧大于 $180°$,半径 R 用

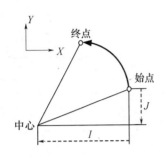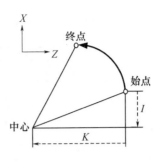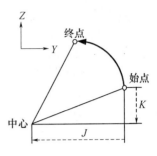

图 3 - 10 I、J、K 值的定义

负值指定。如果 X_P、Y_P 或 Z_P 全都省略,即终点和起点位于相同位置,并且指定 R 时,程序编制出的圆弧为 0°。编程一个整圆一般使用给定圆心的方法,如果必须要用 R 来表示,可将整圆打断为 4 个部分,每个部分小于 180°。

3.3.3 进给功能

为切削工件,刀具以指定速度移动称为进给。指定进给速度的功能称为进给功能。

1. 进给速度

数控机床的进给一般分为两类:快速定位进给及切削进给。

快速定位在指令 G00、手动快速移动和固定循环时的快速进给和点位之间的运动时出现。快速定位进给的速度是由机床参数给定的,所以,快速移动速度不需要编程指定。用机床操作面板上的开关,可以对快速移动速度施加倍率,倍率值为:LOW(F0),25%,50%,100%。其中 LOW(F0)由机床参数设定每个轴的固定速度。

切削进给出现在 G01、G02/03 以及固定循环中的加工进给的情况下,切削进给的速度由地址 F 在程序中指定。在加工程序中,F 是一个模态的值,即在给定一个新的 F 值之前,原来编程的 F 值一直有效。CNC 系统刚刚通电时,F 的值由机床参数给定,通常该参数在机床出厂时被设为 0。切削进给的速度是一个有方向的量,它的方向是刀具运动的方向,速度值大小为 F 的值。参与进给的各轴之间是插补的关系,它们的运动的合成即是切削进给运动。

F 的最大值也由机床参数控制,如果编程的 F 值大于此值,实际的进给切削速度将限制为最大值。

切削进给的速度还可以由操作面板上的进给倍率开关来控制,实际的切削进给速度应该为 F 的给定值与倍率开关给定倍率的乘积。

2. 暂停(G04)

作用:使刀具做短时间无进给加工或机床空运转使加工表面降低表面粗糙度。

格式:G04 P_;或 G04 X_;

例如:G04 P1600;G04 X1.6;均代表 1.6s。

地址 P 或 X 给定暂停的时间,以秒为单位,范围是 0.001 ~ 9999.999s。如果没有 P 或 X,G04 在程序中的作用与 G09 相同。

3.3.4 参考点

参考点是机床上一个固定的点,它的位置由各轴的参考点开关和撞块位置以及各轴伺服电机的零点位置来确定。用参考点返回功能刀具可以非常容易地移动到该位置。参考点可用作刀具自动交换的位置。用机床参数可在机床坐标系中设定 4 个参考点。

1. 自动返回参考点（G28）

格式：G28 X ____ Y ____ Z ____；

该指令使主轴以快速定位进给速度经由 X、Y、Z 指定的中间点返回机床参考点，中间点的指定可以是绝对值方式，也可以是增量值方式，这取决于当前的模态。一般地，该指令用于整个加工程序结束后使工件移出加工区，以便卸下加工完毕的零件和装夹待加工的零件。

注意：为了安全起见，在执行该命令以前应该取消刀具半径补偿和长度补偿。

G28 指令中的坐标值将被 NC 作为中间点存储，另一方面，如果一个轴没有被包含在 G28 指令中，NC 存储的该轴的中间点坐标值将使用以前的 G28 指令中所给定的值。例如：

N1　　X20.0　　Y54.0；

N2　　G28　　X − 40.0　　Y − 25.0；　　中间点坐标值（ − 40.0， − 25.0）

N3　　G28　　Z31.0；　　　　　　　　　中间点坐标值（ − 40.0， − 25.0,31.0）

2. 返回第 2 参考点（G30）

格式：G30　　X ____ Y ____ Z ____；

该指令的使用和执行都和 G28 非常相似，唯一不同的就是 G28 使指令轴返回机床参考点，而 G30 使指令轴返回第 2 参考点。可以使用 G29 指令使指令轴从第 2 参考点自动返回。

第 2 参考点也是机床上的固定点，它和机床参考点之间的距离由参数给定，第 2 参考点指令一般在机床中主要用于刀具交换。

注意：与 G28 一样，为了安全起见，在执行该命令以前应该取消刀具半径补偿和长度补偿。

3.3.5　坐标系

通常，编程人员开始编程时并不知道被加工零件在机床上的位置，他们编制的零件程序往往是以工件上的某个点作为零件程序的坐标系原点来编写加工程序。当被加工零件夹压在机床工作台上以后，再将 NC 所使用的坐标系的原点偏移到与编程使用的原点重合的位置进行加工。所以坐标系原点偏移功能对于数控机床来说是非常重要的。

用编程指令可以使用下列 3 种坐标系：机床坐标系；工件坐标系；局部坐标系。

1. 选用机床坐标系（G53）

格式：（G90）G53 X ____ Y ____ Z ____；

该指令使刀具以快速进给速度运动到机床坐标系中 X、Y、Z 指定的坐标值位置，一般地，该指令在 G90 模态下执行。G53 指令是一条非模态的指令，也就是说它只在当前程序段中起作用。

机床坐标系零点与机床参考点之间的距离由参数设定，无特殊说明，各轴参考点与机床坐标系零点重合。

刀具根据这个命令执行快速移动到机床坐标系里的 X_Y_Z 位置。由于 G53 是“一般"G 代码命令,仅仅在程序段里有 G53 命令的地方起作用。

此外,它在绝对命令(G90)里有效,在增量命令(G91)里无效。为了把刀具移动到机床固有的位置,像换刀位置,程序应当用 G53 命令在机床坐标系里开发。

注意 :① 刀具直径偏置、刀具长度偏置和刀具位置偏置应当在它的 G53 命令调用之前提前取消。否则,机床将依照设置的偏置值移动。

② 在执行 G53 指令之前,必须手动或者用 G28 命令让机床返回原点。这是因为机床坐标系必须在 G53 命令发出之前设定。

2. 使用预置的工件坐标系(G54 ~ G59)

在机床中,我们可以预置 6 个工件坐标系,通过在数控系统面板上的操作,设置每一个工件坐标系原点相对于机床坐标系原点的偏移量,然后使用 G54 ~ G59 指令来选用它们,G54 ~ G59 都是模态指令,分别对应 1# ~ 6#预置工件坐标系。预置工作坐标系如图 3 – 11 所示。

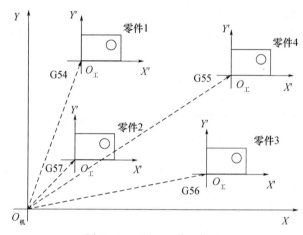

图 3 – 11　预置工作坐标系

举例如下,如表 3 – 7 所列。

预置 1#工件坐标系偏移量:X – 150.000　Y – 210.000　Z – 90.000。

预置 4#工件坐标系偏移量:X – 430.000　Y – 330.000　Z – 120.000。

表 3 – 7　程序范例

程序段内容	终点在机床坐标系中的坐标值	注　释
N1 G90 G54 G00 X50. Y50. ;	X – 100, Y – 160	选择 1#坐标系,快速定位
N2 Z – 70. ;	Z – 160	—
N3 G01 Z – 72.5 F100;	Z – 160.5	直线插补,F 值为 100
N4 X37.4 ;	X – 112.6	(直线插补)
N5 G00 Z0 ;	Z – 90	快速定位
N6 X0 Y0 ;	X – 150, Y – 210	—
N7 G53 X0 Y0 Z0 ;	X0, Y0, Z0	选择使用机床坐标系
N8 G57 X50. Y50. ;	X – 380, Y – 280	选择 4#坐标系
N9 Z – 70. ;	Z – 190	—

程序段内容	终点在机床坐标系中的坐标值	注 释
N10 G01 Z－72.5;	Z－192.5	直线插补，F值为100（模态值）
N11 X37.4;	X392.6	—
N12 G00 Z0;	Z－120	—
N13 G00 X0 Y0;	X－430，Y－330	—

从表3－7可以看出，G54～G59指令的作用就是将NC所使用的坐标系的原点移到机床坐标系中的预置点，预置方法请参考后面章节的操作部分。

在机床的数控编程中，绝大多数情况下，工件坐标系是G54～G59中的一个（G54为上电时的初始模态），直接使用机床坐标系的情况反而不多。

3. 局部坐标系（G52）

G52可以建立一个局部坐标系，局部坐标系相当于G54～G59坐标系的子坐标系。

格式：G52X ＿＿＿ Y ＿＿＿ Z ＿＿＿;

G52设定局部坐标系，该坐标系的参考基准是当前设定的有效工作坐标系原点，即使用G54～G59设定的工件坐标系。

X ＿＿＿ Y ＿＿＿ Z ＿＿＿是指局部坐标系的原点在原工件坐标系中的位置，该值用绝对坐标值加以指定。

G52 X0 Y0 Z0表示取消局部坐标，其实质是将局部坐标系仍设定在原工件坐标系原点处。

例2：G54;

G52 X20.0 Y10.0;

如图3－12所示，在G54指令工件坐标系中设定一个新的工件坐标系，该坐标系位于原工件坐标系XY平面的(20.0,10.0)位置。

编程实例：

例3：试用局部坐标系及子程序调用指令编写图3－13所示工件的加工程序，该外形轮廓的加工子程序为O200。

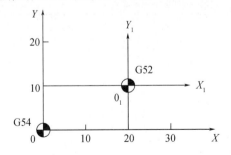

图3－12　局部坐标系的建立

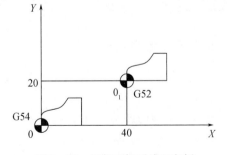

图3－13　局部坐标系编程实例

O0010

N10 G17 G90 G54;

……

N50 S600 M03;
N60 G00 X – 10.0 Y – 10.0;
N70 M98 P200;　　　　　　　　（在 G54 坐标系中加工第一个轮廓）
N80 G52 X40.0Y20.0;　　　　　（设定局部坐标系）
N90 G00 X – 10.0 Y – 10.0;
N100 M98 P200;　　　　　　　（在局部坐标体系中加工第二个相同轮廓）
N120 G52 X0 Y0;　　　　　　　（取消局部坐标系）
……

4. 可编程工件坐标系(G92)

格式:(G90)G92　X ____ Y ____ Z ____;

该指令建立一个新的工件坐标系,在这个工件坐标系中,当前刀具所在点的坐标值为 X、Y、Z 指令的值。G92 指令是一条非模态指令,但由该指令建立的工件坐标系却是模态的。实际上,该指令也是给出了一个偏移量,这个偏移量是间接给出的,它是新工件坐标系原点在原来的工件坐标系中的坐标值。从 G92 的功能可以看出,这个偏移量也就是刀具在原工件坐标系中的坐标值与新坐标系中的值之差。如果多次使用 G92 指令,则每次使用 G92 指令给出的偏移量将会叠加。对于每一个预置的工件坐标系(G54 ~ G59),这个叠加的偏移量都是有效的。举例如下,如表 3 – 8 所列。

预置 1#工件坐标系偏移量:X – 150.000　Y – 210.000　Z – 90.000。

预置 4#工件坐标系偏移量:X – 430.000　Y – 330.000　Z – 120.000。

表 3 – 8　程序范例

程序段内容	终点在机床坐标系中的坐标值	注　　释
N1 G90 G54 G00 X0 Y0 Z0;	X – 150, Y – 210, Z – 90	选择 1#坐标系,快速定位到坐标系原点
N2 G92 X70. Y100. Z50.;	X – 150, Y – 210, Z – 90	刀具不运动,建立新坐标系,新坐标系中当前点坐标值为 X70,Y100,Z50
N3 G00 X0 Y0 Z0;	X – 220, Y – 310, Z – 140	快速定位到新坐标系原点
N4 G57 X0 Y0 Z0;	X – 500, Y – 430, Z – 170	选择 4#坐标系,快速定位到坐标系原点(已被偏移)
N5 X70. Y100. Z50.;	X – 430, Y – 330, Z – 120	快速定位到原坐标系原点

3.3.6　比例缩放

1. 格式一

G51　I __ J __ K __ P __;

例 4:G51 I0 J10.0 P200;

I __ J __ K __ 中参数的作用有两个:

(1) 选择要进行比例缩放的轴,其中 I 表示 X 轴,J 表示 Y 轴,K 表示在 X、Y 轴上进行比例缩放,而在 Z 轴上不进行比例缩放;

(2) 指定比例缩放中心,"I0 J10.0"表示缩放中心在坐标(0,10.0)处,如果省略了 I、J、K,则 G51 指定刀具的当前位置作为缩放中心。

P 为进行缩放的比例系数,不能用小数点来指定该值,"P2000"表示缩放比例为 2 倍。

2. 格式二

G51 X __ Y __ Z __ P __;

例 5：G51 X10.0　Y20.0 P1000；

X __ Y __ Z __ 中参数与格式一中的 I、J、K 参数作用相同，只是由于系统不同，书写格式不同罢了。

3. 格式三

G51 X __ Y __ Z __ I __ J __ K __;

例 6：G51 X10.0 Y20.0 Z0 I1.5 J2.0 K1.0；

X __ Y __ Z __ 用于指定比例缩放中心。

I __ J __ K __ 用于指定不同坐标方向上的缩放比例，该值用带小数的点的数值指定。I、J、K 可以指定不相等的参数，表示该指令允许沿不同的坐标方向进行不等比例缩放。

例 6 表示以坐标点 (10.0,20.0,0) 为中心进行比例缩放，在 X 轴方向的缩放倍数为 1.5 倍，在 Y 轴方向上的缩放倍数为 2 倍，在 Z 轴方向则保持原比例不变。

取消缩放格式指令：G50。

3.3.7　镜像指令

使用镜像加工指令可实现沿某一坐标轴或某一坐标点的对称加工。在一些老的数控系统中通常采用 M 指令（如 M21 和 M23）来实现镜像加工，在 FANUC 0i 及更新版本的数控系统中则采用 G51 来实现镜像加工。宇龙机械加工仿真软件中支持 G51 实现镜像加工。

指令格式　　G51 X __ Y __ I __ J __;

　　　　　　　G50；

使用时，指令中的 I、J 值一定是负值，如果其值为正值，则该指令变成了缩放指令。另外，如果 I、J 值是负值但不等于 -1，则执行该指令时，既进行镜像加工，又进行缩放。

例 7：G17 G51 X10.0 Y10.0 I-1.0 J-1.0；

执行该指令时，程序以坐标点 (10.0,10.0) 进行镜像加工，不进行缩放。

例 8：G17 G51 X10.0 Y10.0 I-2.0 J-1.5；

执行该指令时，程序以坐标点 (10.0,10.0) 进行镜像加工的同时，还要进行比例缩放。其中，X 轴方向的缩放比例为 2.0，而 Y 轴方向的缩放比例为 1.5。

同时，"G50；"表示取消镜像加工指令。

镜像加工编程的说明：

（1）指定平面内执行镜像加工指令时，如果程序中有圆弧指令，则圆弧的旋转方向相反，即 G02 变成 G03，相应地，G03 变成 G02。

（2）指定平面内执行镜像加工指令时，如果程序中有刀具半径补偿指令，则刀具半径补偿的偏置方向相反，即 G41 变成 G42，相应地，G42 变成 G41。

（3）在可编程镜像指令中，返回参考点指令（G27，G28，G29，G30）和改变坐标系指令（G54~G59，G92）不能指定。如果要指定其中的某一个，则必须在取消可编程镜像加工指令后指定。

（4）在使用镜像加工功能时，由于数控镗铣床的 Z 轴安装有刀具，所以，Z 轴一般都不进行镜像加工。

程序实例:

例 9:如图 3 − 14 所示的加工图,Z 轴起始高度 100mm,切深 10mm,使用镜像功能,程序如表 3 − 9 所列。

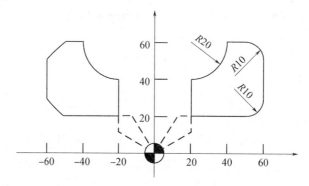

图 3 − 14　镜像指令编程实例

表 3 − 9　程序范例

主程序	子程序
O1;	O100;
G90 G54 G00 X0 Y0 S1000 M03;	G90 Z2.0;
Z100.0;	G41 X20.0 Y10.0D01;
M98 P100;	G01 Z − 10.0 F100;
G51X0Y0I − 1.0;	Y40.0;
M98P100;	G03 X40.0 Y60.0 R20.0;
G50;	G01 X50.0;
M30;	G02 X60.0 Y50.0 R10.0;
	G01 Y30.0;
	G02 X50.0 Y20.0 R10.0;
	G01 X10.0;
	G00 Z100.0;
	G40 X0 Y0;
	M99;

3.3.8　坐标旋转

1. 指令格式

G17 G68 X_Y_R_;

G69;

G68 为坐标系旋转生效指令;

G69 为坐标系旋转取消指令;

X_Y_用于指定坐标系旋转的中心;

R_用于指定坐标系旋转的角度,该角度一般取 0° ~ 360° 的正值。旋转角度的零度方向为第一坐标轴的正方向,逆时针方向为角度的正方向。不足 1° 的角度以小数点表示,如 10°54′ 用 10.9° 表示。

例 10：G68　X30.0 Y50.0 R45.0；

该指令表示坐标系以坐标点(30,50)作为旋转中心,逆时针旋转45°。

2. 坐标系旋转编程说明

(1) 在坐标系旋转取消指令(G69)以后的第一个移动指令必须用绝对值指定。如果采用增量值指令,则不执行正确的移动。

(2) CNC 数据处理的顺序是:程序镜像→比例缩放→坐标系旋转→刀具半径补偿方式。所以在指定这些指令时,应按顺序指定;取消时,按相反顺序。在旋转指令或比例缩放指令中不能指定镜像指令,但在镜像指令中可以指定比例缩放指令或坐标系旋转指令。

(3) 在指定平面内执行镜像指令时,如果在镜像指令中有坐标系旋转指令,则坐标系旋转方向相反。即顺时针变成逆时针,相应地,逆时针变成顺时针。如果坐标系旋转指令前有比例缩放指令,则坐标系旋转中心也被缩放,但旋转角度不被比例缩放。

(4) 坐标系旋转指令中,返回参考点指令(G27,G28,G29,G30)和改变坐标系指令(G54 ~ G59,G92)不能指定。如果要指定其中的某一个,则必须在取消坐标系选装指令后指定。

3.3.9　极坐标编程

G16；极坐标系生效指令。

G15；极坐标系取消指令。

当使用极坐标指令后,坐标值以极坐标方式指定,即以极坐标半径和极坐标角度来确定点的位置。

极坐标半径:当使用 G17、G18、G19 指令选择好加工平面后,用所选平面的第一坐标地址来指定,该值用正值指定。

极坐标角度:用所选平面的第二坐标地址来指定极坐标角度,极坐标的零度方向为第一坐标轴的正方向,逆时针方向为角度方向的正向。

例 11：如图 3 - 15 所示,A 点与 B 点的坐标采用极坐标方式。

例 12：

A 点 X40.0 Y0；　　　　　　　（极坐标半径为40mm,极坐标角度为0°）

B 点 X40.0 Y60.0；　　　　　　（极坐标半径为40mm,极坐标角度为60°）

刀具从 A 点到 B 点采用极坐标系编程如下：

……

G00 X40.0 Y0；　　　　　　　　（直角坐标系）

G90 G17 G16；　　　　　　　　（选择 XY 平面,极坐标生效）

G01 X40.0 Y60.0；　　　　　　（终点极坐标半径40mm,终点极坐标角度为60°）

G15；　　　　　　　　　　　　　（取消极坐标）

……

极坐标系原点:极坐标系原点指定方式有两种:一种是以工件坐标系的零点作为极坐标系原点;另一种是以刀具当前的位置作为极坐标系原点。

(1) 以工件坐标系零点作为极坐标系原点。当以工件坐标系零点作为极坐标系原点时,用绝对值编程方式来指定,如程序段"G90 G17 G16；"。

极坐标半径值是指程序段终点坐标到工件坐标系原点的距离,极坐标角度是指程序段终点坐标与工件坐标系原点的连线与 X 轴的夹角,如图 3 - 16 所示。

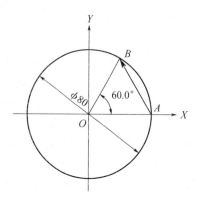

图 3 - 15　点的极坐标表示方法

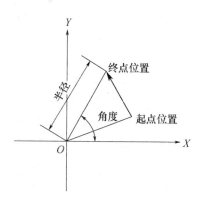

图 3 - 16　极坐标半径及其角度

（2）以刀具当前点作为极坐标系原点。当以刀具当前位置作为极坐标系原点时,用增量值编程方式来指定,如程序段"G91 G17 G16;"。

极坐标半径值是指程序段终点坐标到刀具当前位置的距离,角度值是指前一坐标系原点与当前极坐标系原点的连线与当前轨迹的夹角。

3.3.10　常用 M 代码指令

1. M 代码

在机床中,M 代码分为两类:一类由 NC 直接执行,用来控制程序的执行;另一类由 PMC 来执行,控制主轴、ATC 装置、冷却系统。

1）程序控制用 M 代码

用于程序控制的 M 代码有 M00、M01、M02、M30、M98、M99,其功能分别讲解如下:

M00——程序暂停。NC 执行到 M00 时,中断程序的执行,按循环启动按钮可以继续执行程序。

M01——条件程序暂停。NC 执行到 M01 时,若 M01 有效开关置为上位,则 M01 与 M00 指令有同样效果,如果 M01 有效开关置下位,则 M01 指令不起任何作用。

M02——程序结束。遇到 M02 指令时,NC 认为该程序已经结束,停止程序的运行并发出一个复位信号。

M30——程序结束,并返回程序头。在程序中,M30 除了起到与 M02 同样的作用外,还使程序返回程序头。

M98——调用子程序。

M99——子程序结束,返回主程序。

2）其他 M 代码

M03——主轴正转。使用该指令使主轴以当前指定的主轴转速逆时针(CCW)旋转。

M04——主轴反转。使用该指令使主轴以当前指定的主轴转速顺时针(CW)旋转。

M05——主轴停止。

M06——自动刀具交换(参阅机床操作说明书)。

M08——冷却液开。

M09——冷却液关。

机床厂家往往将自行开发的机床功能设置为 M 代码(如机床开/关门),这些 M 代码请参阅机床自带的使用说明书。

2. T 代码

机床刀具库使用任意选刀方式,即由两位的 T 代码 T××(××刀具号)而不必管这把刀在哪一个刀套中,地址 T 的取值范围是 1～99 之间的任意整数,在 M06 之前必须有一个 T 码,如果 T 指令和 M06 出现在同一程序段中,则 T 码也要写在 M06 之前。

注意:刀具表一定要设定正确,如果与实际不符,将会严重损坏机床,并造成不可预计的后果。

3. 主轴转速指令(S 代码)

一般机床主轴转速范围是 20～6000r/min(转/分)。高速机床可达上万转/分。主轴的转速指令由 S 代码给出,S 代码是模态的,即转速值给定后始终有效,直到另一个 S 代码改变模态值。主轴的旋转指令则由 M03 或 M04 实现。

3.3.11　FANUC 系统的程序结构

1. 程序结构

早期的 NC 加工程序,是以纸带为介质存储的,为了保持与以前系统的兼容性,我们所用的 NC 系统也可以使用纸带作为存储的介质,所以一个完整的程序还应包括由纸带输入输出程序所必须的一些信息,这样,一个完整的程序应由以下几部分构成:纸带程序起始符、前导、程序起始符、程序正文、注释、程序结束符、纸带程序结束符。

1)纸带程序起始符(Tape Start)

该部分在纸带上用来标识一个程序的开始,符号是"%"。在机床操作面板上直接输入程序时,该符号由 NC 自动产生。

2)前导(Leader Section)

第一个换行(LF)(ISO 代码的情况下)或回车(CR)(EIA 代码的情况下)前的内容被称为前导部分。该部分与程序执行无关。

3)程序起始符(Program Start)

该符号标识程序正文部分的开始,ISO 代码为 LF,EIA 代码为 CR。在机床操作面板上直接输入程序时,该符号由数控系统自动产生。

4)程序正文(Program Section)

位于程序起始符和程序结束符之间的部分为程序正文部分,在机床操作面板上直接输入程序时,输入和编辑的就是这一部分。程序正文的结构请参考下一节的内容。

5)注释(Comment Section)

在任何地方,一对圆括号之间的内容为注释部分,NC 对这部分内容只显示,在执行时不予理会。

6)程序结束符(Program End)

用来标识程序正文的结束,所用符号如表 3－10 所列。

表 3 – 10 程序结束符

ISO 代码	EIA 代码	含义
M02LF	M02CR	程序结束
M30LF	M30CR	程序结束,返回程序头
M99LF	M99CR	子程序结束

在 FANUC 系统中,ISO 代码的 LF 和 EIA 代码的 CR,在操作面板的屏幕上均显示为";"。

7)纸带程序结束符(Tape End)

用来标识纸带程序的结束,符号为"%"。在机床操作面板上直接输入程序时,该符号由数控系统自动产生。

2. 程序正文结构

1)地址和词

在加工程序正文中,一个英文字母被称为一个地址,一个地址后面跟着一个数字就组成了一个词。每个地址有不同的意义,它们后面所跟的数字也因此具有不同的格式和取值范围,参见表 3 – 11。

表 3 – 11 地址符的取值范围

功能	地址	取值范围	含义
程序号	O	1 ~ 9999	程序号
顺序号	N	1 ~ 9999	顺序号
准备功能	G	00 ~ 99	指定数控功能
尺寸定义	X,Y,Z	±99999.999mm	坐标位置值
—	R	—	圆弧半径,圆角半径
—	I,J,K	±9999.9999mm	圆心坐标位置值
定义缩放轴	I,J,K	#	X 轴 Y 轴 Z 轴
缩放中心		±9999.9999mm	缩放中心坐标值
缩放倍数	P	按实际需要拟定	缩放倍数
角度定义	R	0° ~ 360°	旋转角度
进给速率	F	1	进给速率
—	—	100000mm/min	—
主轴转速	S	1 ~ 32000r/min	主轴转速值
选刀	T	0 ~ 99	刀具号
辅助功能	M	0 ~ 99	辅助功能 M 代码号
刀具偏置号	H,D	1 ~ 200	指定刀具偏置号
暂停时间	P,X	0 ~ 99999.999s	暂停时间(ms)
指定子程序号	P	1 ~ 9999	调用子程序用
重复次数	P,L	1 ~ 999	调用子程序用
参数	P,Q	P 为 0 ~ 99999.999 Q 为 ±99999.999mm	固定循环参数

2）程序段结构

一个加工程序由许多程序段构成,程序段是构成加工程序的基本单位。程序段由一个或更多的词构成并以程序段结束符(EOB 键,ISO 代码为 LF,EIA 代码为 CR,屏幕显示为";")作为结尾。另外,一个程序段的开头可以有一个可选的顺序号 N×××× (数字 1~9999)用来标识该程序段,一般来说,顺序号有两个作用:①运行程序时便于监控程序的运行情况,因为在任何时候,程序号和顺序号总是显示在 CRT 的右上角;②在分段跳转时,必须使用顺序号来标识调用或跳转位置。必须注意,程序段执行的顺序只和它们在程序存储器中所处的位置有关,而与它们的顺序号无关,也就是说,如果顺序号为 N20 的程序段出现在顺序号为 N10 的程序段前面,也一样先执行顺序号为 N20 的程序段。如果某一程序段的第一个字符为"/",则表示该程序段为条件程序段,即可选跳段开关在上位时,不执行该程序段,而可选跳段开关在下位时,该程序段才能被执行。

3）主程序和子程序

加工程序分为主程序和子程序,一般地,NC 执行主程序的指令,但当执行到一条子程序调用指令时,NC 转向执行子程序,在子程序中执行到返回指令时,再回到主程序。

当加工程序需要多次运行一段同样的轨迹时,可以将这段轨迹编成子程序存储在机床的程序存储器中,每次在程序中需要执行这段轨迹时便可以调用该子程序。

当一个主程序调用一个子程序时,该子程序还可以调用另一个子程序,这样的情况,我们称之为子程序的两重嵌套。一般机床可以允许最多达四重的子程序嵌套。在调用子程序指令中,可以指令重复执行所调用的子程序,可以指令重复最多达 999 次。

一个子程序应该具有如下格式:

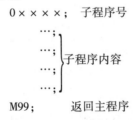

在程序的开始,应该有一个由地址 O 指定的子程序号;在程序的结尾,返回主程序的指令 M99 是必不可少的。M99 可以不必出现在一个单独的程序段中,作为子程序的结尾,这样的程序段也是可以的:

G90 G00 X0 Y100. M99;

在主程序中,调用子程序的程序段应包含如下内容:

M98 P×××××××;

在这里,地址 P 后面所跟的数字中,后面 4 位用于指定被调用子程序的程序号,前面 3 位用于指定调用的重复次数。

M98 P51002;调用 1002 号子程序,重复 5 次。

M98 P1002;调用 1002 号子程序,重复 1 次。

M98 P50004;调用 4 号子程序,重复 5 次。

子程序调用指令可以和运动指令出现在同一程序段中:

G90 G00 X-75. Y50. Z53. M98 P40035;

该程序段指令 X、Y、Z 三轴以快速定位进给速度运动到指令位置,然后调用执行 4 次 35 号子程序。

包含子程序调用的主程序,程序执行顺序如下例:

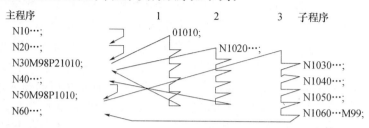

和其他 M 代码不同,M98 和 M99 执行时,不向机床发送信号。

当 NC 找不到地址 P 指定的程序号时,发出 PS 报警。

子程序调用指令 M98 不能在 MDI 方式下执行,如果需要单独执行一个子程序,可以在程序编辑方式下编辑如下程序,并在自动运行方式下执行。

××××;

M98 P××××;

M02(或 M30);

在 M99 返回主程序指令中,可以用地址 P 来指定一个顺序号,当这样的一个 M99 指令在子程序中被执行时,返回主程序后并不是执行紧接着调用子程序的程序段后的那个程序段,而是转向执行具有地址 P 指定的顺序号的那个程序段。如下例:

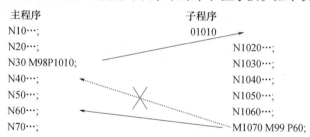

这种主 – 子程序的执行方式只有在程序存储器中的程序能够使用,DNC 方式下不能使用。

如果 M99 指令出现在主程序中,执行到 M99 指令时,将返回程序头,重复执行该程序。这种情况下,如果 M99 指令中出现地址 P,则执行该指令时,跳转到顺序号为地址 P 指定的顺序号的程序段。大部分情况下,我们将该功能与可选跳段功能联合使用。如下例:

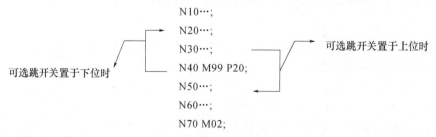

当可选跳段开关置于下位时,跳段标识符不起作用,M99P20 被执行,跳转到 N20 程序段,重复执行 N20 及 N30(如果 M99 指令中没有 P20,则跳转到程序头,即 N10 程序

段),当可选跳段开关置于上位时,跳段标识符起作用,该程序段被跳过,N30 程序段执行完毕后执行 N50 程序段,直到 N70M02;结束程序的执行。值得注意的一点是如果包含M02、M30 或 M99 的程序段前面有跳段标识符"/",则该程序段不被认为是程序的结束。

3.3.12 刀具补偿功能

1. 刀具长度补偿(G43,G44,G49)

使用 G43(G44)H_;指令可以将 Z 轴运动的终点向正向或负向偏移一段距离,这段距离等于 H 指令的补偿号中存储的补偿值。G43 或 G44 是模态指令,H_指定的补偿号也是模态的使用这条指令,编程人员在编写加工程序时就可以不必考虑刀具的长度而只需考虑刀尖的位置即可。刀具磨损或损坏后更换新的刀具时也不需要更改加工程序,直接修改刀具补偿值即可。

G43 指令为刀具长度补偿 + ,也就是说 Z 轴到达的实际位置为指令值与补偿值相加的位置;G44 指令为刀具长度补偿 − ,也就是说 Z 轴到达的实际位置为指令值减去补偿值的位置。H 的取值范围为 00 ~ 200。H00 意味着取消刀具长度补偿值。取消刀具长度补偿的另一种方法是使用指令 G49。NC 执行到 G49 指令或 H00 时,立即取消刀具长度补偿,并使 Z 轴运动到不加补偿值的指令位置。

由于补偿值的取值范围是–999.999 ~ 999.999mm 或–99.9999 ~ 99.9999 英寸(1 英寸 =2.54cm)。补偿值正负号的改变,使用 G43 指令就可完成全部工作,因而在实际工作中,绝大多数情况下,都是使用 G43 指令。

2. 刀具半径补偿

当使用加工中心进行内、外轮廓的铣削时,刀具中心的轨迹应该是这样的:能够使刀具中心在编程轨迹的法线方向上距编程轨迹的距离始终等于刀具的半径(图 3 – 17)。在机床上,这样的功能可以由 G41 或 G42 指令来实现。

格式:G41(G42)D __;

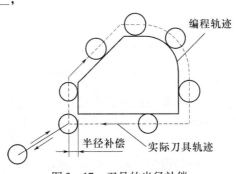

图 3 – 17 刀具的半径补偿

1)补偿向量

补偿向量是一个二维的向量,由它来确定进行刀具半径补偿时实际位置和编程位置之间的偏移距离和方向。补偿向量的模即实际位置和补偿位置之间的距离始终等于指定补偿号中存储的补偿值,补偿向量的方向始终为编程轨迹的法线方向(图 3 – 18)。该编程向量由 NC 系统根据编程轨迹和补偿值计算得出,并由此控制刀具(X、Y 轴)的运动完成补偿过程。

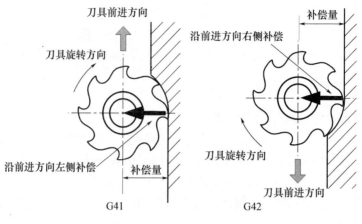

图 3 – 18　刀具的补偿方向

2）补偿值

在 G41 或 G42 指令中,地址 D 指定了一个补偿号,每个补偿号对应一个补偿值。补偿号的取值范围为 0 ~ 200,这些补偿号由长度补偿和半径补偿共用。和长度补偿一样,D00 意味着取消半径补偿。补偿值的取值范围和长度补偿相同。

3）平面选择

刀具半径补偿只能在被 G17、G18 或 G19 选择的平面上进行,在刀具半径补偿的模态下,不能改变平面的选择,否则出现 P/S 报警。

4）G40、G41 和 G42

G40 用于取消刀具半径补偿模态,G41 为左向刀具半径补偿,G42 为右向刀具半径补偿。这里所说的左和右是指沿刀具运动方向而言的。G41 和 G42 的区别请参考图 3 – 19 所示。

图 3 – 19　G41 和 G42 的区别

5）使用刀具半径补偿的注意事项

在指令了刀具半径补偿模态及非零的补偿值后,第一个在补偿平面中产生运动的程序段为刀具半径补偿开始的程序段。在该程序段中,不允许出现圆弧插补指令,否则 NC 会给出 P/S 报警。在刀具半径补偿开始的程序段中,补偿值从零均匀变化到给定的值,同样的情况出现在刀具半径补偿被取消的程序段中,即补偿值从给定值均匀变化到零,所以在这两个程序段中,刀具不应该接触到工件,否则就会出现过切现象。

3.3.13　固定循环指令

1. G73,G74,G76,G80 ~ G89(孔加工固定循环)

应用孔加工固定循环功能,使得其他方法需要几个程序段完成的功能在一个程序段内完成。

表 3 – 12 列出了所有的孔加工固定循环。

表 3 - 12　固定循环指令

G 代码	加工运动 （Z 轴负向）	孔底动作	返回运动 （Z 轴正向）	应用
G73	分次,切削进给	—	快速定位进给	高速深孔钻削
G74	切削进给	暂停 - 主轴正转	切削进给	左螺纹攻丝
G76	切削进给	主轴定向,让刀	快速定位进给	精镗循环
G80	—			取消固定循环
G81	切削进给	—	快速定位进给	普通钻削循环
G82	切削进给	暂停	快速定位进给	钻削或粗镗削
G83	分次,切削进给	—	快速定位进给	深孔钻削循环
G84	切削进给	暂停 - 主轴反转	切削进给	右螺纹攻丝
G85	切削进给	—	切削进给	镗削循环
G86	切削进给	主轴停	快速定位进给	镗削循环
G87	切削进给	主轴正转	快速定位进给	反镗削循环
G88	切削进给	暂停 - 主轴停	手动	镗削循环
G89	切削进给	暂停	切削进给	镗削循环

一般地,一个孔加工固定循环完成 6 步操作,如图 3 - 20 所示。

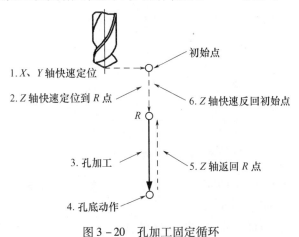

图 3 - 20　孔加工固定循环

在图 3 - 20 中采用以下方式表示各段的进给:

　　　　　　　　　　　表示以切削进给速率运动。

　　　　　　　　　　　表示以快速进给速率运动。

　　　　　　　　　　　表示手动进给。

对孔加工固定循环指令的执行有影响的指令主要有 G90/G91 和 G98/G99 指令。图 3 -21示意了 G90/G91 对孔加工固定循环指令的影响。

G98/G99 决定固定循环在孔加工完成后返回 R 点还是起始点,G98 模态下,孔加工完成后 Z 轴返回起始点;在 G99 模态下则返回 R 点。

一般地,如果被加工的孔在一个平整的平面上,可以使用 G99 指令。因为 G99 模态

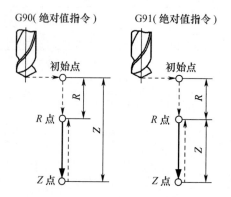

图 3-21　G90/G91 对孔加工固定循环指令的影响

下返回 R 点可以进行下一个孔的定位,而一般编程中 R 点非常靠近工件表面,这样可以缩短零件加工时间。如果工件表面有高于被加工孔的凸台或筋时,使用 G99 有可能使刀具和工件发生碰撞,这时就应该使用 G98,使 Z 轴返回初始点后再进行下一个孔的定位,这样就比较安全,如图 3-22 所示。

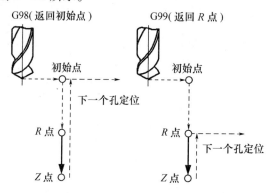

图 3-22　G98/G99 对孔加工固定循环指令的影响

在 G73/G74/G76/G81～G89 后面,给出孔加工参数,格式如下:
Gxx　X __　Y __　Z __　R __　Q __　P __　F __　K __ ;
表 3-13 说明了各地址指定的加工参数的含义。

表 3-13　固定循环指令的参数

孔加工方式 G	见表 3-12
被加工孔位置参数 X、Y	以增量值方式或绝对值方式指定被加工孔的位置,刀具向被加工孔运动的轨迹和速度与 G00 的相同
孔加工参数 Z	在绝对值方式下指定沿 Z 轴方向孔底的位置,增量值方式下指定从 R 点到孔底的距离
孔加工参数 R	在绝对值方式下指定沿 Z 轴方向 R 点的位置,增量值方式下指定从初始点到 R 点的距离
孔加工参数 Q	用于指定深孔钻循环 G73 和 G83 中的每次进刀量,精镗循环 G76 和反镗循环 G87 中的偏移量(无论 G90 或 G91 模态,总是增量值指令)
孔加工参数 P	用于孔底动作有暂停的固定循环中指定暂停时间,单位为 s

孔加工方式 G	见表 3 – 12
孔加工参数 F	用于指定固定循环中的切削进给速率,在固定循环中,从初始点到 R 点及从 R 点到初始点的运动以快速进给的速度进行,从 R 点到 Z 点的运动以 F 指定的切削进给速度进行,而从 Z 点返回 R 点的运动则根据固定循环的不同,以 F 指定的速率或快速进给速率进行
重复次数 K	指定固定循环在当前定位点的重复次数,如果没有 K 指令,NC 认为 K = 1,如果指令 K = 0,则固定循环在当前点不执行

由 Gxx 指定的孔加工方式是模态的,如果不改变当前的孔加工方式模态或取消固定循环的话,孔加工模态会一直保持下去。使用 G80 或 01 组的 G 指令可以取消固定循环。孔加工参数也是模态的,即使孔加工模态被改变,在被改变或固定循环被取消之前也会一直保持。可以在指令一个固定循环时或执行固定循环中的任何时候指定或改变任何一个孔加工参数。

重复次数 K 不是一个模态的值,它只在需要重复的时候给出。进给速率 F 则是一个模态的值,即使固定循环取消后它仍然会保持。

如果正在执行固定循环的过程中 NC 系统被复位,则孔加工模态、孔加工参数及重复次数 K 均被取消。

表 3 – 14 所列的例子可以更好地理解前面的内容。

表 3 – 14　程序范例

序号	程序内容	注　　释
1	S ____ M03;	给出转速,并指令主轴正向旋转
2	G81X __ Y __ Z __ R __ F __ K __;	快速定位到 X、Y 指定点,以 Z、R、F 给定的孔加工参数,使用 G81 给定的孔加工方式进行加工,并重复 K 次,在固定循环执行的开始,Z、R、F 是必要的孔加工参数
3	Y __;	X 轴不动,Y 轴快速定位到指令点进行孔的加工,孔加工参数及孔加工方式保持 2 中的模态值。2 中的 K 值在此不起作用
4	G82X __ P __ K __;	孔加工方式被改变,孔加工参数 Z、R、F 保持模态值,给定孔加工参数 P 的值,并指定重复 K 次
5	G80X __ Y __;	固定循环被取消,除 F 以外的所有孔加工参数被取消
6	G85X __ Y __ Z __ R __ P __;	由于执行 5 时固定循环已被取消,所以必要的孔加工参数除 F 之外必须重新给定,即使这些参数和原值相比没有变化
7	X __ Z __;	X 轴定位到指令点进行孔的加工,孔加工参数 Z 在此程序段中被改变
8	G89X __ Y __;	定位到 X、Y 指令点进行孔加工,孔加工方式被改变为 G89。R、P 由 6 指定,Z 由 7 指定
9	G01X __ Y __;	固定循环模态被取消,除 F 外所有的孔加工参数都被取消

当加工在同一条直线上的等分孔时,可以在 G91 模态下使用 K 参数,K 的最大取值为 9999。

G91 G81 X＿ Y＿ Z＿ R＿ F＿ K5；

以上程序段中，X、Y 给定了第一个被加工孔和当前刀具所在点的距离，各被加工孔的位置如图 3－23 所示。

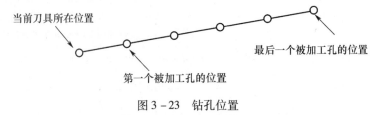

图 3－23　钻孔位置

2. G73(高速深孔钻削循环)

如图 3－24 所示，在高速深孔钻削循环中，从 R 点到 Z 点的进给是分段完成的，每段切削进给完成后 Z 轴向上抬起一段距离，然后再进行下一段的切削进给，Z 轴每次向上抬起的距离为 d，由机床参数给定，每次进给的深度由孔加工参数 Q 给定。该固定循环主要用于径深比小的孔(如 $\phi 5$，深70)的加工，每段切削进给完毕后 Z 轴抬起的动作起到了断屑的作用。

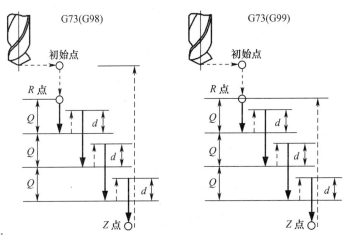

图 3－24　G73 指令

3. G74(左螺纹攻丝循环)

如图 3－25 所示，在使用左螺纹攻丝循环时，循环开始以前必须给 M04 指令使主轴反转，并且使 F 与 S 的比值等于螺距。另外，在 G74 或 G84 循环进行中，进给倍率开关和进给保持开关的作用将被忽略，即进给倍率被保持在 100%，而且在一个固定循环执行完毕之前不能中途停止。

4. G76(精镗循环)

如图 3－26 所示，X、Y 轴定位后，Z 轴快速运动到 R 点，再以 F 给定的速度进给到 Z 点，然后主轴定向并向给定的方向移动一段距离，再快速返回初始点或 R 点，返回后，主轴再以原来的转速和方向旋转。在这里，孔底的移动距离由孔加工参数 Q 给定，Q 始终应为正值，移动的方向由机床参数给定。

在使用该固定循环时，应注意孔底移动的方向是使主轴定向后，刀尖离开工件表面的

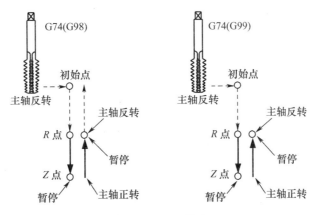

图 3 - 25　G74 指令

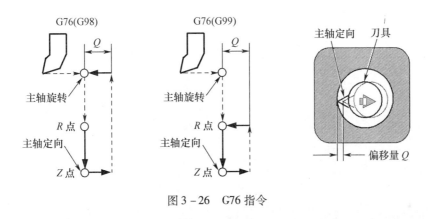

图 3 - 26　G76 指令

方向,这样退刀时便不会划伤已加工好的工件表面,可以得到较好的精度和较低的粗糙度。

注意:每次使用该固定循环或者更换使用该固定循环的刀具时,应注意检查主轴定向后刀尖的方向与要求是否相符。如果加工过程中出现刀尖方向不正确的情况,将会损坏工件、刀具甚至机床!

5. G80(取消固定循环)

G80 指令被执行以后,固定循环(G73、G74、G76、G81 ~ G89)被该指令取消,R 点和 Z 点的参数以及除 F 外的所有孔加工参数均被取消。另外 01 组的 G 代码也会起到同样的作用。

6. G81(钻削循环)

图 3 - 27 所示,G81 是最简单的固定循环,它的执行过程为:X、Y 定位,Z 轴快进到 R 点,以 F 速度进给到 Z 点,快速返回初始点(G98)或 R 点(G99),没有孔底动作。

7. G82(钻削循环,粗镗削循环)

如图 3 - 28 所示,G82 固定循环在孔底有一个暂停的动作,除此之外和 G81 完全相同。孔底的暂停可以提高孔深的精度。

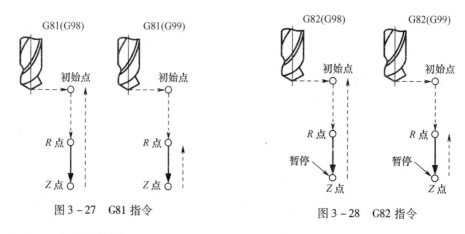

图 3 - 27　G81 指令　　　　　图 3 - 28　G82 指令

8. G83（深孔钻削循环）

如图 3 - 29 所示,和 G73 指令相似,G83 指令下从 R 点到 Z 点的进给也分段完成,和 G73 指令不同的是,每段进给完成后,Z 轴返回的是 R 点,然后以快速进给速率运动到距离下一段进给起点上方 d 的位置开始下一段进给运动。

每段进给的距离由孔加工参数 Q 给定,Q 始终为正值,d 的值由机床参数给定。

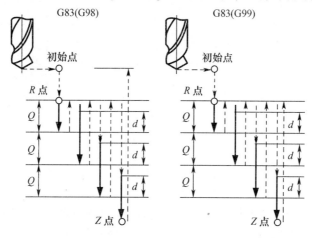

图 3 - 29　G83 指令

9. G84（攻丝循环）

如图 3 - 30 所示,G84 固定循环除主轴旋转的方向完全相反外,其他与左螺纹攻丝循环 G74 完全一样。

注意:在循环开始以前要指定主轴正转。

10. G85（镗削循环）

如图 3 - 31 所示,该固定循环非常简单,执行过程如下:X、Y 定位,Z 轴快速到 R 点,以 F 给定的速度进给到 Z 点,以 F 给定速度返回 R 点,如果在 G98 模态下,返回 R 点后再快速返回初始点。

11. G86（镗削循环）

如图 3 - 32 所示,该固定循环的执行过程和 G81 相似,不同之处是 G86 中刀具进给到孔底时使主轴停止,快速返回到 R 点或初始点时再使主轴以原方向、原转速旋转。

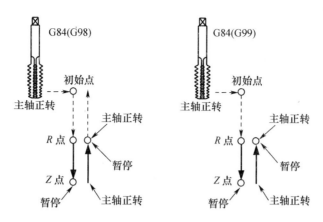

图 3 – 30　G84 指令

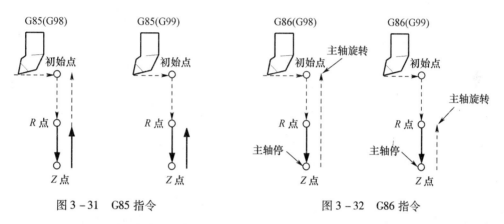

图 3 – 31　G85 指令　　　　　　图 3 – 32　G86 指令

12. G87(反镗削循环)

如图 3 – 33 所示,G87 循环中,X、Y 轴定位后,主轴定向,X、Y 轴向指定方向移动由加工参数 Q 给定的距离,以快速进给速度运动到孔底(R 点),X、Y 轴恢复原来的位置,主轴以给定的速度和方向旋转,Z 轴以 F 给定的速度进给到 Z 点,然后主轴再次定向,X、Y 轴向指定方向移动 Q 指定的距离,以快速进给速度返回初始点,X、Y 轴恢复定位位置,主轴开始旋转。

该固定循环用于图 3 – 33 所示的孔的加工。该指令不能使用 G99,注意事项同 G76。

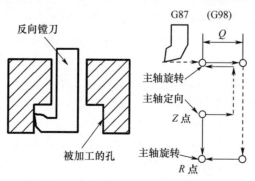

图 3 – 33　G87 指令

13. G88(镗削循环)

如图 3 - 34 所示,固定循环 G88 是带有手动返回功能的用于镗削的固定循环。

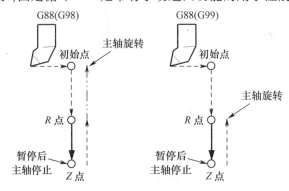

图 3 - 34   G88 指令

14. G89(镗削循环)

如图 3 - 35 所示,该固定循环在 G85 的基础上增加了孔底的暂停。

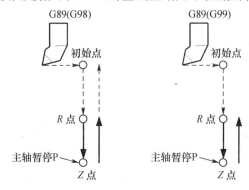

图 3 - 35   G89 指令

15. 使用孔加工固定循环的注意事项

(1)编程时需注意在固定循环指令之前,必须先使用 S 和 M 代码指定主轴旋转。

(2)在固定循环模式下,包含 X、Y、Z、A、R 的程序段将执行固定循环,如果一个程序段不包含上列的任何一个地址,则在该程序段中将不执行固定循环,G04 中的地址 X 除外。另外,G04 中的地址 P 不会改变孔加工参数中的 P 值。

(3)孔加工参数 Q、P 必须在固定循环被执行的程序段中被指定,否则指令的 Q、P 值无效。

(4)在执行含有主轴控制的固定循环(如 G74、G76、G84 等)过程中,刀具开始切削进给时,主轴有可能还没有达到指定转速。这种情况下,需要在孔加工操作之间加入 G04 暂停指令。

(5)由于 01 组的 G 代码也起到取消固定循环的作用,所以不能将固定循环指令和 01 组的 G 代码写在同一程序段中。

(6)如果执行固定循环的程序段中指令了一个 M 代码,M 代码将在固定循环执行定位时被同时执行,M 指令执行完毕的信号在 Z 轴返回 R 点或初始点后被发出。使用 K 参数指令重复执行固定循环时,同一程序段中的 M 代码在首次执行固定循环时被执行。

（7）在固定循环模态下,刀具偏置指令 G45～G48 将被忽略(不执行)。

（8）单程序段开关置上位时,固定循环执行完 X、Y 轴定位,快速进给到 R 点及从孔底返回(到 R 点或到初始点)后,都会停止。也就是说需要按循环启动按钮 3 次才能完成一个孔的加工。3 次停止中,前面的 2 次是处于进给保持状态,后面的 1 次是处于停止状态。

（9）执行 G74 和 G84 循环时,Z 轴从 R 点到 Z 点和 Z 点到 R 点两步操作之间如果按进给保持按钮的话,进给保持指示灯立即会亮,但机床的动作却不会立即停止,直到 Z 轴返回 R 点后才进入进给保持状态。另外 G74 和 G84 循环中,进给倍率开关无效,进给倍率被固定在 100%。

练　习

1. 数控编程包含哪些内容?
2. 数控编程有哪几种方法?
3. 请简要说明数控机床坐标轴和运动方向是如何定义的?
4. 在数控机床上常用哪些坐标系?

第4章 典型加工中心机床操作面板

要点:

● 掌握加工中心数控仿真模拟器的使用

4.1 概　述

加工中心绝大部分工作都是通过机床操作面板来完成。对于加工中心操作中级工来说,不仅需要熟记操作面板上各个按键的功能,还要通过大量的操作练习才能掌握面板的使用。一台机床只有一套操作面板,相对于学生数量来说,机床数量是远远不能满足学生实训要求的。数控系统面板仿真器是仿照真实机床的操作面板而制造的教学设备,价格便宜,数量充足。利用仿真器来学习机床面板操作,既不用担心错误操作损坏机床,又能满足学生动手操作的学习需求。

下面先按实际机床的操作面板介绍其各按键功能,然后在加工中心数控仿真模拟器上动手完成一个加工实例来掌握机床操作面板的使用。

机床的数控系统面板即 CRT/MDI 操作面板。CRT 是阴极射线管显示器(Cathode Radiation Tube)的英文缩写,MDI 是手动数据输入(Manual Date Input)的英文缩写。图 4-1 所示为FANUC 0i 系统的典型操作面板。

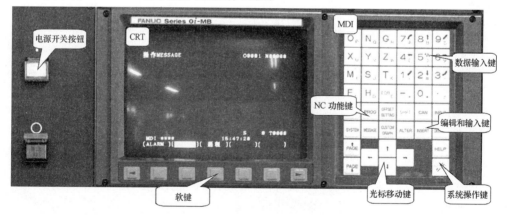

图 4-1 CRT/MDI 操作面板

为了方便学习和记忆,将操作面板划分为以下几个部分:

1)软键

该部分位于 CRT 显示屏的下方,除了左右两个箭头键外,键面上没有任何标识。这是因为各键的功能都显示在 CRT 显示屏下方的对应位置,并随着 CRT 显示页面不同而有不同的功能,这就是该部分称为软键的原因。

2）系统操作键

这一组有 2 个键,分别为右下角"RESET"键和"HELP"键,其中的"RESET"键为复位键,"HELP"键为系统帮助键。

3）数据输入键

该部分包括了机床能够使用的所有字符和数字。可以看到,字符键都具有两个功能,较大的字符为该键的第 1 功能,即按下该键可以直接输入该字符,较小的字符为该键的第 2 功能,要输入该字符须先按"SHIFT"键(按"SHIFT"键后,屏幕上相应位置会出现一个"∧"符号)然后再按该键。另外"6/SP"键中"SP"是"空格"(Space)的英文缩写,也就是说,该键的第 2 功能是空格。

4）光标移动键和翻页键

在 MDI 面板下方的上下箭头键("↑"和"↓")和左右箭头键("←"和"→")为光标移动键,标有"PAGE"的上下箭头键为翻页键。

5）编辑键

这一组有 5 个键"CAN""INPUT""ALTER""INSERT"和"DELETE",位于 MDI 面板的右方,用于编辑加工程序。

6）NC 功能键

该组的 6 个键(标准键盘)或 8 个键(全键式)用于切换 NC 显示的页面以实现不同的功能。

7）电源开关按钮

机床的电源开关按钮位于 CRT/MDI 面板左侧,红色标有"OFF"的按钮为 NC 电源关闭,绿色标有"ON"的按钮为 NC 电源接通。

4.2 MDI 面板

CRT 为显示屏幕,用于显示相关数据,用户可以从屏幕中看到操作数控系统的反馈信息。MDI 面板是用户输入数控指令的地方,MDI 面板的操作是数控系统最主要的输入方式。

图 4 - 2 所示为 MDI 面板上各按键的位置,表 4 - 1 为 MDI 面板上各功能键的详细说明。

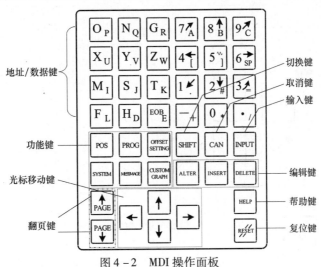

图 4 - 2 MDI 操作面板

表 4－1　MDI 面板上键的详细说明

编号	名称	详细说明
1	复位键 RESET	按下这个键可以使 CNC 复位或者取消报警等
2	帮助键 HELP	当对 MDI 键的操作不明白时，按下这个键可以获得帮助
3	软键	根据不同的画面，软键有不同的功能。软键功能显示在屏幕的底端
4	地址和数字键 O P　7 A	按下这些键可以输入字母、数字或者其他字符
5	切换键 SHIFT	在该键盘上，有些键具有两个功能。按下"SHIFT"键可以在这两个功能之间进行切换。当一个键右下角的字母被输入时，就会在屏幕上显示一个特殊的字符"∧"
6	输入键 INPUT	当按下一个字母键或者数字键时，再按该键数据被输入到缓冲区，并且显示在屏幕上。要将输入缓冲区的数据拷贝到偏置寄存器中，请按下该键。这个键与软键中的"INPUT"键是等效的
7	取消键 CAN	按下这个键删除最后一个输入缓冲区的字符或符号。当输入缓冲区后显示为：＞N001X100Z_ ,按下该键时,Z 被取消并且显示如下：＞N001X100_
8	程序编辑键 ALTER　INSERT　DELETE	按下如下键进行程序编辑： ALTER：替换 INSERT：插入 DELETE：删除
9	功能键 POS　PROG	按下这些键,切换不同功能的显示屏幕

编号	名称	详细说明
10	光标移动键	有 4 种不同的光标移动键。 → :这个键用于将光标向右或者向前移动。光标以小的单位向前移动 ← :这个键用于将光标向左或者往回移动。光标以小的单位往回移动 ↓ :这个键用于将光标向下或者向前移动。光标以大的单位向前移动 ↑ :这个键用于将光标向上或者往回移动。光标以大的单位往回移动
11	翻页键	有 2 个翻页键: PAGE↑ :该键用于将屏幕显示的页面向上翻页 PAGE↓ :该键用于将屏幕显示的页面向下翻页

4.3 功能键和软键

1. 功能键

在 MDI 面板上的功能键用来切换屏幕上显示的界面类型,如图 4-3 所示。

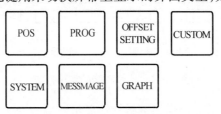

图 4-3 功能键

每一个功能键的主要功能在表 4-2 做了详细介绍(标准键盘只有前 6 个键)。

表 4-2 MDI 面板各功能键的主要作用

编号	功能键	详细说明
1	POS	按下该键显示位置屏幕
2	PROG	按下该键显示程序屏幕

编号	功能键	详细说明
3	OFFSET SETTING	按下该键显示偏置/设置（SETTING）屏幕
4	SYSTEM	按下该键显示系统屏幕
5	MESSMAGE	按下该键显示信息屏幕
6	GRAPH	按下该键显示图形显示屏幕
7	CUSTOM	按下该键显示用户宏屏幕（宏程序屏幕） 如果是带有 PC 功能的 CNC 系统，这个键相当于个人计算机上的"Ctrl"键，一般机床无此键
8	:	如果是带有 PC 功能的 CNC 系统，这个键相当于个人计算机上的"Alt"键，一般机床无此键

2. 软键

要显示一个更详细的屏幕，按下功能键后按软键，软键也用于实际操作。

软键在屏幕的下方，如图 4-4 所示。

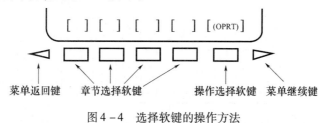

图 4-4　选择软键的操作方法

下面各图标说明了按下一个功能键后软键显示屏幕的变化情况。

▭：显示的屏幕。

▨：表示通过按下列功能键而显示的屏幕（*^{1}）。

[　]：表示一个软键（*^{2}）。

（　）：表示由 MDI 面板进行输入。

[＿＿]：表示一个显示为绿色的软键。

▷：表示菜单继续键（最右边的软键）（*^{3}）。

注意：根据机床功能配置的不同，有些软键并不显示。

软键的一般操作：

（1）按下 MDI 面板上的功能键，属于所选功能的章节软键就显示出来。

（2）按下其中一个章节选择键，则所选章节的屏幕就显示出来。如果有关一个目标章节的屏幕没有显示出来，按下菜单继续键（下一菜单键）。有些情况，可以选择一章中的附加章节。

（3）当目标章节屏幕显示后，按下操作选择键，以显示要进行操作的数据。

（4）为了重新显示章节选择软键，按下菜单返回键。

上面解释了通常的屏幕显示过程，而实际的显示过程，每一屏幕都不一样。

3. 按下 POS 功能键的画面显示

按下这个功能键，可以显示刀具的当前位置。数控系统用以下 3 种画面来显示刀具的当前位置：

- 绝对坐标系位置显示画面；
- 相对坐标系位置显示画面；
- 综合位置显示画面。

以上画面也可以显示进给速度、运行时间和加工的零件数。此外，也可以在相对坐标系的画面中设定浮动参考点。图 4 - 5 所示为该功能键被按下时 CRT 画面的切换，同时显示了每一画面的子画面。

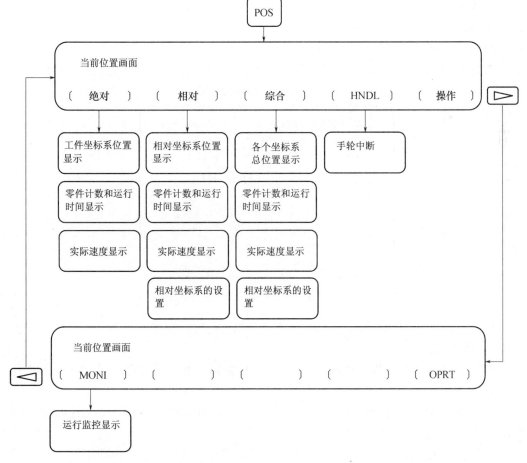

图 4 - 5　按下"POS"键的显示画面

下面介绍常用的,且需要记忆的显示画面:

1) 绝对坐标系位置显示画面(ABS)

如图 4-6 所示,这个画面是显示刀具在工件坐标系中的当前位置。当刀具移动时,当前位置也发生变化。最小的输入增量被用做数据值的单位。画面顶部的标题标明使用的是绝对坐标系。

图 4-6　按下功能键"POS"键和"ABS"软键后的显示画面

最小的输入增量单位是指机床默认使用 μm(0.001)作为绝对坐标系的数值单位,相对坐标系和机床坐标系也是如此。对于 FANUC 0i 系统,操作者可以修改机床参数 No. 3104#0(MCN)的设置来改变这个默认值。

2) 相对坐标系位置显示画面(REL)

如图 4-7 所示,这个画面是根据操作者设定的坐标系显示刀具在相对坐标系中的当前位置。刀具移动时当前坐标也发生变化,画面顶部标明使用的是相对坐标系。

图 4-7　按下功能键"POS"键和"REL"软键后的显示画面

在这个画面中,可以在相对坐标系中将刀具的当前位置设置为 0,或者按照以下步骤预设一个指定值:

第 1 步,相对坐标画面上输入轴的地址(如 X 或 Y)。相应的轴则出现闪烁,软键变化如图 4-8 所示。

第 2 步,如果要将该坐标设置为 0,按下"[起源](ORGIN)"软键。相对坐标系中闪烁的轴的坐标值被复位为 0。

第 3 步,如果要将坐标预设为某一值,将值输入后按下"[预定](PRESET)"软键。闪

现在位置（相对坐标）
O1000 N00010
X
123.456
Y
363.233
Z
0.000
PART COUNT 5
运行时间 0H15M
切削时间 0H 0M38S
>X
S 0 T0000
REF **** *** ***
09:06:35
[预定] [起源] [ ] [元件:0] [运行:0]

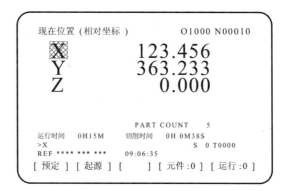

图 4－8　在相对坐标系显示画面中进行置零操作

烁的轴的相对坐标被设置为输入的值。

说明：实际工作中，在对刀、找正等操作中经常用到这个操作技巧，可以完成数值计数，也就是将机床当成数显铣床来用。

3）综合位置显示画面（ALL）

图 4－9 所示的这个画面是按下“POS”功能键，又按下了“[综合]（ALL）”软键后，CRT 屏幕显示的画面。下面解释该画面中的一些内容：

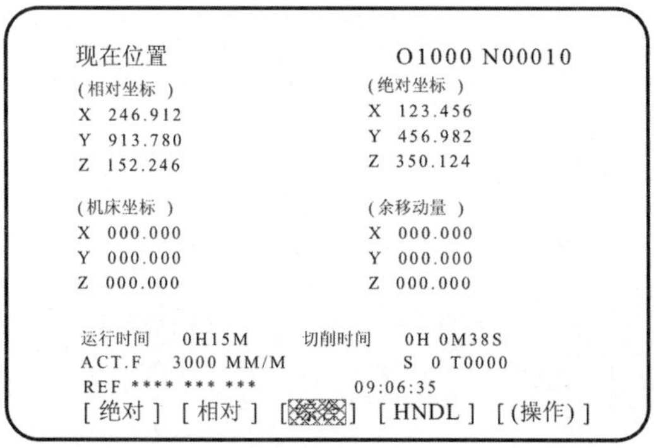

现在位置
O1000 N00010
（相对坐标）
X 246.912
Y 913.780
Z 152.246
（绝对坐标）
X 123.456
Y 456.982
Z 350.124
（机床坐标）
X 000.000
Y 000.000
Z 000.000
（余移动量）
X 000.000
Y 000.000
Z 000.000
运行时间 0H15M
切削时间 0H 0M38S
ACT.F 3000 MM/M
S 0 T0000
REF **** *** ***
09:06:35
[绝对] [相对] [HNDL] [（操作）]

图 4－9　按下“POS”功能键和“ALL”软键后的显示画面

（1）坐标显示。可以同时显示下面坐标系中刀具的当前位置：

相对坐标系的当前位置（相对坐标）；

工件坐标系的当前位置（绝对坐标）；

机床坐标系的当前位置（机床坐标）。

（2）剩余的移动量。在 MEMORY 或者 MDI 方式中可以显示剩余移动量，即在当前程序段中刀具还需要移动的距离。

4. 按下 PROG 功能键的画面显示

在不同的操作面板模式下该功能键显示的画面是不相同的（图 4－10）。

在 MEMORY（AUTO）或者 MDI 模式中按下该功能键的画面切换显示，同时显示了每一画面的子画面。

如图 4－11 所示，在 EDIT 模式中按下该功能键的画面切换显示，同时显示了每一画

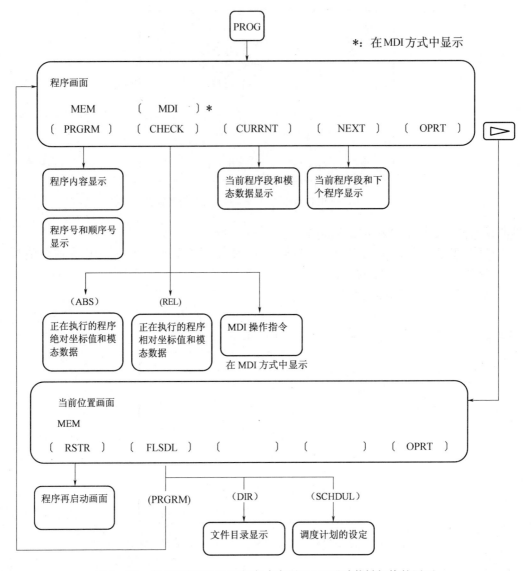

图 4 – 10　在 MEMORY 和 MDI 方式中用"PROG"功能键切换的画面

面的子画面。

下面介绍常用的且需要记忆的程序(PROG)画面：

1) 程序运行监控画面

图 4 – 12 所示画面是在 MEMORY(AUTO)模式下,按下"PROG"功能键,又按下了"[检视](CHECK)"软键 后,CRT 屏幕显示的画面。下面解释该画面中的一些内容：

(1) 程序显示。画面可以显示从当前正在执行的程序段开始的 4 个程序段。当前正在执行的程序段以白色背景显示。在 DNC 操作中,仅能显示 3 个程序段。

(2) 当前位置显示。显示在工件坐标系或者相对坐标系中的位置以及剩余的移动量。绝对位置和相对位置可以通过"[绝对](ABS)"键和"[相对](REL)"软键进行切换。

(3) 模态 G 代码。当前有效的 12 个模态 G 代码。

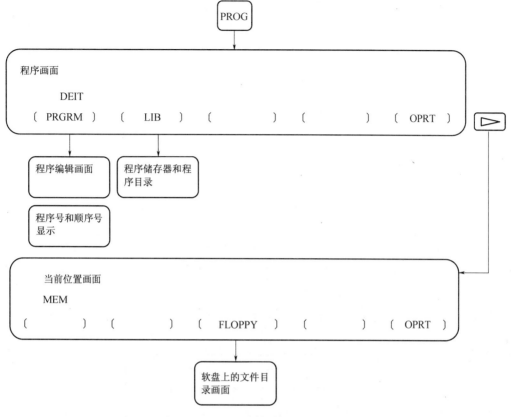

图 4 – 11　在 EDIT 方式中用功能键"PROG"切换的画面

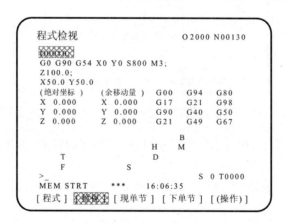

图 4 – 12　按下"PROG"功能键和"CHECK(检视)"软键后的显示画面

（4）在自动运行中的显示。显示当前正在执行的程序段、刀具位置和模态数据。

在自动运行中，可以显示实际转速（SACT）和重复次数。否则显示键盘输入提示符
（ >_ ）。

（5）T 代码。正常情况下显示当前刀具的号码。如果机床有预换刀功能，即参数
PCT(No. 3108#2)设置为 1 时，显示由 PMC(HD. T/NX. T)指定的 T 代码，而不是程序中
指定的 T 代码。

2）MDI 模式下输入程序画面

图 4 - 13 所示的画面是在 MDI 模式下,按下"PROG"功能键后,CRT 屏幕显示的画面。在这个画面中,可以由 MDI 面板输入程序(只使用一次的程序)和模态数据。

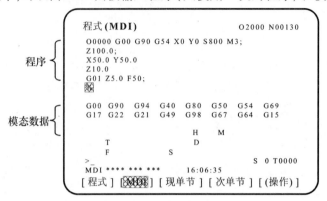

图 4 - 13　在 MDI 模式下按下"PROG"功能键后的显示画面

3）EDIT 模式下输入程序画面

图 4 - 14 所示的画面是在 EDIT 模式下,按下"PROG"功能键和"［DIR］"软键后,CRT 屏幕显示的画面。

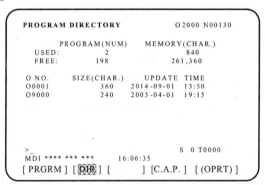

图 4 - 14　在 EDIT 模式下按下"PROG"功能键后的显示画面

（1）〔PRGRM〕画面:在这个画面中,可以完成程序的建立、程序的编辑、程序的传输等操作内容。

（2）〔DIR〕画面:在这个画面中,可以看到已经建立的程序文件名、程序的大小、剩余的系统内存等内容。

5. 按下 $\boxed{\substack{\text{OFFSET}\\\text{SETTING}}}$ 功能键的画面显示

按下该功能键显示和设置补偿值和其他数据。

图 4 - 15 为该功能键被按下时 CRT 画面的切换,同时显示了每一画面的子画面。

下面介绍常用的且需要记忆的补偿输入（OFFSET SETTING）画面。

1）设定和显示刀具偏置值

图 4 - 16 所示的画面是按下"OFFSET"功能键,又按下"［补偿］"软键 后,CRT 屏幕显示的画面。下面解释该画面中的一些内容:

82

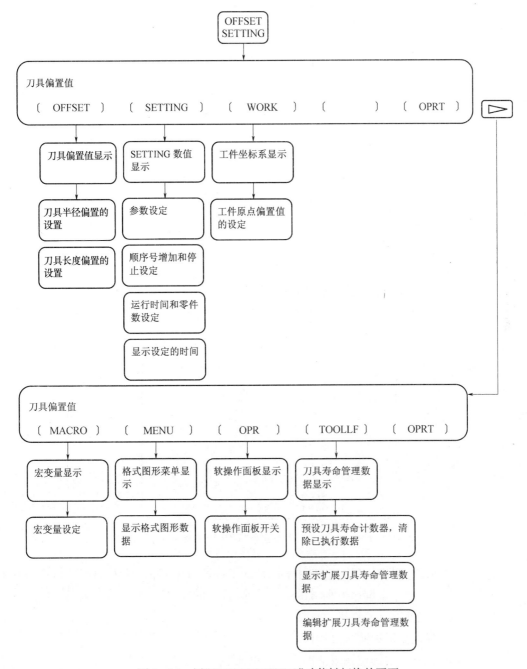

图 4-15　用"OFFSET SETTING"功能键切换的画面

这个画面是设定和显示刀具补偿值。

形状(H)为刀具长度的测量值,磨损(H)为刀具长度的磨损量,二者之和为实际的刀具长度值。该值的使用由程序中的 H 代码指定,即图中 H_1 的值为 -482.150。

形状(D)为刀具半径的测量值,磨损(D)为刀具半径的磨损量,二者之和为实际的刀具半径值。该值的使用由程序中的 D 代码指定,即图中 $D3$ 的值为 $5.989 + 0.02 = 6.009$。

设置刀具补偿值的基本步骤:通过页面键和光标键将光标移到要设定和改变补偿值

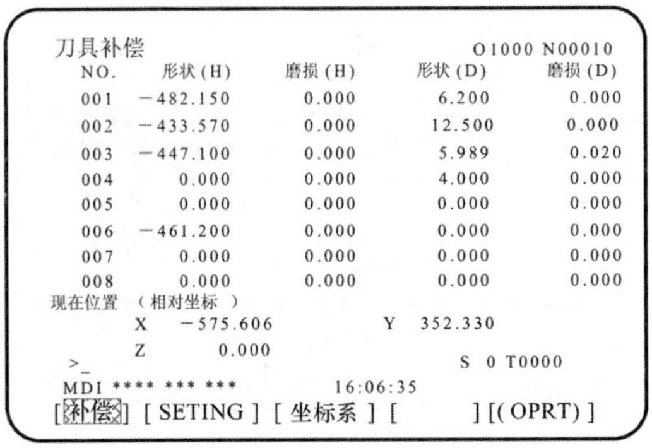

图 4 - 16　按下"OFFSET"功能键和"OFFSET"软键后的显示画面

的地方,输入一个值并按下"[INPUT]"软键。要修改补偿值,输入一个将要加到当前补偿值的值(负值将减小当前的值)并按下"[+INPUT]"软键,或者输入一个新值,并按下"[INPUT]"软键。

2) 显示和设定工件原点偏移值(用户坐标系)

图 4 - 17 所示的画面是按下了"OFFSET"功能键后,又按下了"(WORK)"软键后,CRT屏幕显示的画面。

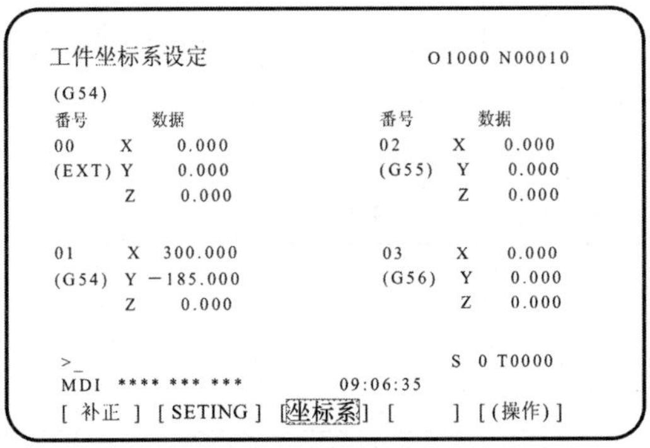

图 4 - 17　按下"OFFSET"功能键和"WORK"软键后的显示画面

这个画面是设定和显示每一个工件坐标系的工件原点偏移值(G54 ~ G59)和增量坐标系的偏移值。工件原点偏移值和增量坐标系的偏移值可以在这个画面上设定。

显示和设定工件原点偏移值的步骤如下:

第 1 步,关掉数据保护键,使得可以写入。

第 2 步,将光标移动到想要改变的工件原点偏移值上。

第 3 步,通过数字键输入数值,然后按下"[INPUT]"软键。输入的数据就被指定为工件原点偏移值。或者通过输入一个数值并按下"[+INPUT]"软键,输入的数值可以累加到以前的数值上。

第 4 步,重复第 2 步和第 3 步,改变其他的偏移值。

第 5 步,为了防止他人改动,可以接通数据保护键来禁止写入。

注意: 在图 4 - 17 所示的画面中,有一个特殊的[EXT]坐标系(增量坐标系),该坐标系用来补偿编程的工件坐标系与实际工件坐标系的差值。该坐标系里的数值,会影响到后面的所有用户坐标系(G54~G59)。

6. 按下 [SYSTEM] 功能键的画面显示

当 CNC 和机床连接调试时,必须设定有关参数以确定机床的功能、性能与规格,并充分利用伺服电机的特性。参数要根据机床厂提供的机床参数表设定。

如图 4-18 所示,为该功能键被按下时 CRT 画面的切换,同时显示了每一画面的子画面。

注意:系统参数如果设定错误,机床可能无法工作。对于机床使用者来说,系统参数通常不需要改变。

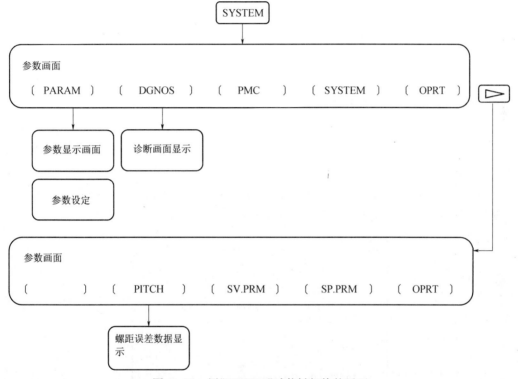

图 4-18　用"SYSTEM"功能键切换的画面

系统参数(SYSTEM)的画面,范例如图 4-19 所示。

```
参数      (SETTING)                O1000 N00010

0000      SEQ                    INI  ISO  TVC
          0    0    0    0    0    0    0
0001                              FCV
          0    0    0    0    0    0    0
0012                              MIR
    X     0    0    0    0    0    0    0
    Y     0    0    0    0    0    0    0
    Z     0    0    0    0    0    0    0
0020 I/O CHANNEL
0022

>_
THND **** *** ***         16:06:35
[ 参数 ]  [ 诊断 ]  [ PMC ]  [ 系统 ]  [(操作)]
```

图 4-19　按下"SYSTEM"功能键和"PARAM"软键后的显示画面

7. 按下 MESSAGE 功能键的画面显示

按下该功能键后,可显示报警、报警记录和外部信息,如图 4 – 20 所示。

```
报警信号历史                        O 1000 N00010
                                        PAGE: 1


14/09/24   08:22:31
  041  在刀具补偿中 , 发生了过切情况
14/09/24   08:35:39
  011  未指定切削进给速度




MEM  STRT  MIN  FIN  ALM    16:06:35
[ ALARM ] [ MSGHIS ] 过程 [      ] [ ( 操作 ) ]
```

图 4 – 20 按下"MESSAGE"功能键和"MSGHIS"软键后的显示画面

8. 按下 GRAPH 功能键的画面显示

FANUC 系统具有两种图形功能:一种是图形显示功能;另一种是动态图形显示功能。

图形显示功能能够在屏幕上画出正在执行程序的刀具轨迹。图形显示功能可以放大或缩小图形。

动态图形显示功能能够在屏幕上画出刀具轨迹和实体图形。刀具轨迹的绘制,可以实现自动缩放和立体图绘制。在加工轮廓的实体绘制中,加工过程的状态可以通过模拟显示出来,毛坯也可以描绘出来,如图 4 – 21 所示。

```
GRAPHIC PARAMETER                  O 1000 N00010
  AXES     P=        4
     (XY=0, YZ=1, ZY=2, XZ=3, XYZ=4, ZXY=5
  RANGE    (MAX.)
  X=  115000      Y=  150000      Z=    0
  RANGE    (MIN.)
  X=    0         Y=    0         Z=    0
  SCALE     K=        70
  GRAPHIC CENTER
  X=  575000      Y=  75000       Z=    0
  PROGRAM STOP  N=     0
  AUTO ERASE    A=     1


MDI  **** *** ***        16:06:35
[ PARAM ] [ GRAPH ] [      ] [      ] [       ]
```

图 4 – 21 按下"GRAPH"功能键和"PARAM"软键后的显示画面

4.4 机床控制面板

机床的控制面板在数控系统面板的下方,通常是由机床厂家配合数控系统自主设计的。不同厂家的产品其机床控制面板各不相同。甚至同一厂家,不同批次的产品,其机床控制面板也不相同。因此,这部分内容的学习,应该根据本单位实际机床的控制面板来学习。如图 4 – 22 所示的机床控制面板为台湾乔福立式加工中心所配的机床控制面板,该机床的型号为 VMC – 850。

图 4 - 22　机床操作面板

对于配备 FANUC 系统的加工中心来说,机床的控制面板操作基本上大同小异,除了部分按钮的位置不相同外,其他的操作其实是一样的。想要熟练操作加工中心,机床控制面板上各按钮的作用必须熟练掌握。表 4 - 3 介绍了控制面板上各按钮的作用。

表 4 - 3　机床控制面板上各按钮的说明

按钮图片	名称	功能说明
	单节	按下该键,按键灯亮,程序执行一个程序段后,将暂停,等待用户按程序启动按钮之后执行一个程序段。 一般是在调试程序时使用该功能
	单节忽略模式	按下该键,按键灯亮,程序执行时,将忽略以"/"开头的程序段
	选择性停止	按下该键,按键灯亮,程序执行至 M01 指令时,程序将暂停,等待用户按程序启动按钮之后,继续执行。再按该键,则取消选择停止模式,程序执行至 M01 时,不会暂停,而是直接执行下一程序段
	机床锁定	按下该键,按键灯亮,机械运动被锁定。 再按该键,取消机械锁定
M.S.T锁定	M.S.T 锁定	按下该键,按键灯亮,程序中的 M 代码、S 代码和 T 代码将被忽略无效,该功能常与机械锁定键联用,以检查程序是否正确 (注:该键对 M00,M01,M02,M30,M98,M99 无效)

按钮图片	名称	功能说明
	Z 轴锁定	按下该键,按键灯亮,Z 轴运动被锁定。 再按该键,取消 Z 轴锁定
	门互锁开	控制机床防护门互锁装置开启或关闭。 在程序停止及主轴和切削液停止的状态下,可正常打开,按键灯在防护门打开状态下亮。 数控仿真模拟器无法支持此功能
	系统启动	当机床启动时,如果机床控制系统正常,按下此键,启动控制系统,并使 CNC 系统就位,CRT 屏幕显示"READY"
	试运行	按下该键,按键灯亮,程序执行时,将忽略程序中设定的 F 值,而按进给速率调节旋钮指示的外圈的数字进给
	循环启动	程序运行开始,系统处于自动运行或 MDI 模式时按下有效,其余模式下使用无效。 按下该按钮,程序将自动执行
	循环暂停	按下该按钮,按键灯亮,程序执行暂停。 如果要继续执行程序,则按下程序启动键,如果不继续执行程序,需要按下"RESET"按键
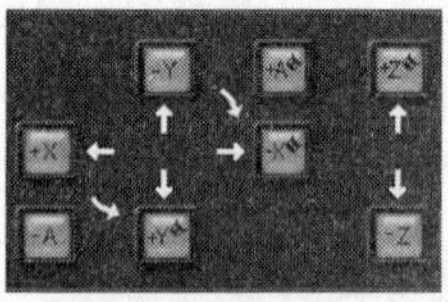	+ X/ - X/ + Y/ - Y/ + Z/ - Z	各轴移动方向,在快速机动模式或机动模式使用,按下按钮,即按进给方向移动,放开按钮则停止。同时按下" + "" - "方向,轴向不动
	主轴倍率选择旋钮	将光标移至此旋钮上后,通过点击鼠标的左键或右键来调节主轴倍率。调节范围 50% ~ 150%

按钮图片	名称	功能说明
	进给倍率	将光标移至此旋钮上后,通过点击鼠标的左键或右键来调节数控程序自动运行时的进给速度倍率。 在机动(JOG)模式下或试运行模式下,用外圈的数字,调节范围为 0～4000mm/min。 在自动(AUTO)或 MDI 模式下,使用内圈数字,调节范围为程序给定 F 值的 0～200%
	快速倍率	将光标移至此旋钮上后,通过点击鼠标的左键或右键来调节快速倍率,在快速机动模式下使用,中 LOW 的速率为 500mm/min
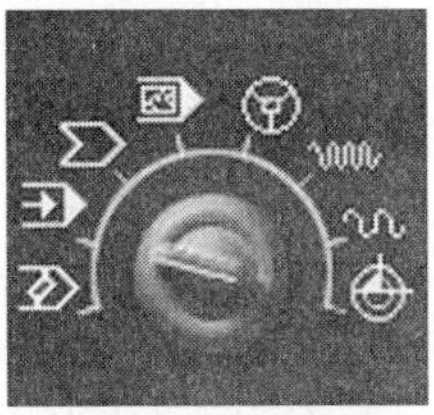	模式选择	该旋钮为"模式选择(MODE)"旋钮,是机床操作面板上最重要的旋钮,绝大多数操作首先是从这个旋钮开始。 左图中的旋钮处于原点回归(REF)模式。 配合 X、Y、Z 轴的轴向移动按钮,完成原点回归操作
	快速机动	左图中的旋钮处于"快速机动(RAPID)"模式。 配合 X、Y、Z 轴的轴向移动按钮,完成机床的快速移动操作 注意:快速机动模式下,不能进行切削,如果刀具与工件发生接触,则视为碰撞
	切削进给机动	左图中的模式为"切削进给机动(JOG)"模式。配合 X、Y、Z 轴的轴向移动按钮,完成机床的机动操作 注:该模式下可以进行切削操作,配合 CRT 的刀具位置显示,可以将机床作为数显机床来使用
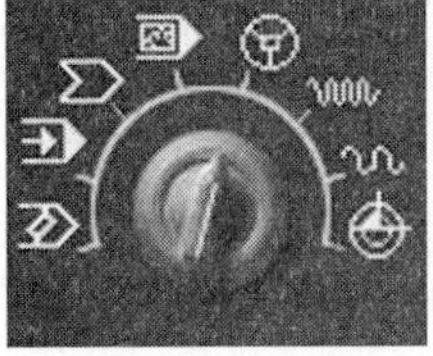	手轮	左图中的模式为"手轮(HANDLE)"模式。 配合手轮完成 X、Y、Z 轴的轴向移动 注:该模式下可以进行切削操作,配合 CRT 的刀具位置显示,可以将机床作为数显机床来使用

按钮图片	名称	功能说明
	手动数据输入	左图中的模式为"手动数据输入（MDI）"模式。 配合 MDI 键盘录入单步，少量并且不用保存的程序
	在线加工	左图中的模式为"在线加工（REMOTE）"或称 DNC 模式。在此模式下，可一边传输程序，一边进行加工。 解决机床的内存不能容纳 250kB 以上程序的问题
	自动	左图中的模式为"自动（AUTO）"模式
	编辑	左图中的模式为"编辑（EDIT）"模式。 配合 MDI 键盘，完成程序的录入、编辑和删除等操作
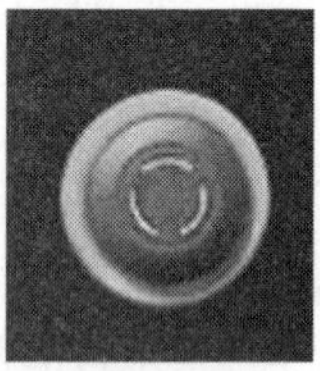	急停按钮	按下急停按钮，使机床移动立即停止，并且所有的输出都会关闭（如主轴的转动等）。 当有紧急情况时（如机床撞刀），按下紧急停止按钮，可使机械动作全部停止，确保操作人员和机床的安全。 处于紧急停止状态时：主轴停止，轴向移动停止，液压装置停止，刀库停止，切削液停止，铁屑机停止，防护门互锁
	超程释放	超行程释放按钮，当机床行程正常时，按键灯亮，当机床行程超过极限开关的设定时，则机床停止，该按键灯熄灭，CRT 屏幕显示"NOT READY"
	主轴控制按钮	从左至右分别为：正转、停止、反转。 主轴旋转按钮，从左到右，依次为主轴正转、主轴停止和主轴反转。注意：只能在快速机动、机动、手轮和原点回归这 4 个模式下使用

按钮图片	名称	功能说明
	手轮显示按钮	按下此按钮,则可以显示出手轮
	手轮轴选择旋钮	手轮轴选择、关闭手轮
	手轮进进给倍率旋钮	调节手轮点动步长, X1、X10、X100 分别代表移动量为 0.001mm、0.01mm、0.1mm
	手轮	手轮
	隐藏手轮按钮	隐藏手轮
	启动控制系统	启动控制系统
	关闭控制系统	关闭控制系统

4.5 数控仿真模拟器的操作流程

下面用数控硬面板操作数控加工仿真系统,完成一个零件的加工,从而掌握机床操作面板的使用。

4.5.1 机床准备

单击 "启动控制系统"按钮,检查"急停"按钮是否至松开状态,若未松开,单击

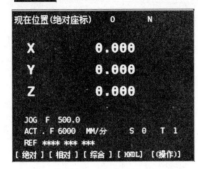 表示"急停"按钮,将其松开,再单击 表示 "系统启动"按钮,使数控系统可以使用。

4.5.2 机床回参考点

检查操作面板上机床操作模式选择旋钮是否处于回原点模式 ,若旋钮指在 ,则已进入回原点模式;若不在回原点状态则调节旋钮指向回原点模式。

在回原点模式下,先将 Z 轴回原点,单击操作面板上的 "Z 轴回零"按钮,此时 Z 轴(即主轴)向上移动回原点,Z 轴回原点灯变亮,CRT 上的 Z 坐标变为"0.000"。同样,再分别点击 "Y 轴回零"按钮和 "X 轴回零"按钮,此时 Y 轴和 X 轴将移回原点,X 轴、Y 轴和 Z 轴回原点灯变亮 。此时 CRT 界面如图 4 – 23 所示。

图 4 – 23   机床回零

4.5.3 对刀

数控程序一般按工件坐标系编程,对刀的过程就是建立工件坐标系与机床坐标系之间的对应关系。

一般铣床及加工中心在 X、Y 方向对刀时使用的基准工具包括刚性靠棒和寻边器两种。Z 轴对刀是采用实际加工时所要使用的刀具,对刀的方法通常有塞尺检查法和试切法。

下面具体说明立式加工中心对刀的方法。其中将工件上表面中心点设为工件坐标系原点。

将工件上其他点设为工件坐标系原点的对刀方法类似。

数控加工仿真系统中,是采用电子寻边器来进行 X、Y 轴方向的对刀,相当于带指示功能的刚性靠棒。具体操作步骤如下:

1)快速接近

如图 4 – 24 所示,用鼠标将"模式选择"旋钮指向"快速机动"(图中 P1),选择快速移动的轴向(图中 P2、P3、P4),直到弹性样柱接近零件为止(图中 P5)。

2)确定 X 轴的基准

如图 4 – 25 所示,单击菜单"视图/复位"或按下"复位"按钮(图中 P1),放大视角(图中 P2)。

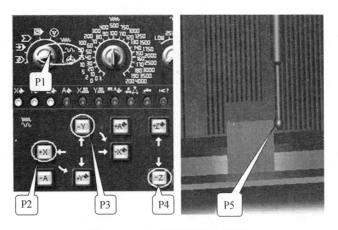

图 4 – 24　电子寻边器接近零件

图 4 – 25　调整观察零件的视角

电子寻边器接近零件后,为保证操作安全,必须使用手轮,单击"显示手轮"按钮如图 4 – 26 所示(图中 P1),出现手轮面板,调节手轮控制轴向为 X 向(图中 P2),调节移动速度倍率(图中 P3),转动手轮(图中 P4)。转动方法是:鼠标停留在手轮上,按鼠标左键,手轮左转,按鼠标右键,手轮右转。

图 4 – 26　使用手轮

转动手轮,让电子寻边器从零件右边逐渐接近零件,此时,电子寻边器上面指示灯不亮,如图 4 – 27 所示(图中 P1)。向负方向,按下鼠标左键,逆时针转动手轮,电子寻边器逐渐接近零件。在这过程中,需要调节移动速度倍率,即 X100→X10→X1,当电子寻边器指示灯亮(图中 P2),此时机床"机械坐标"$X = -132.845$。反方向转动手轮,电子寻边器指示灯熄灭,(图中 P3),此时机床"机械坐标"$X = -132.844$。

记下 $X_{右} = -132.844$ 。

注意:不同的零件或位置不同,此值也不同。

切记此时不要移动 Y 轴,只能移动 X 轴和 Z 轴。首先移动 Z 轴,将电子寻边器抬高

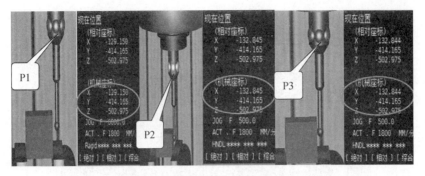

图 4 – 27　确定 X 轴右边的基准值

到零件上方的安全高度,然后再移动 X 轴,将电子寻边器移动到零件的左边,如图 4 – 28 所示。从大到小调节手轮移动速度倍率,即 X100→X10→X1,让电子寻边器从零件左边逐渐接近零件,此时,电子寻边器上面指示灯不亮(图中 P1)。向正方向转动手轮,当电子寻边器指示灯亮(图中 P2),此时机床"机械坐标"$X = -192.847$。反方向转动手轮,电子寻边器指示灯熄灭(图中 P3),此时机床"机械坐标"$X = -192.848$。

记下 $X_左 = -192.848$ 。

零件中心 X 轴的机床"机械坐标"值 $X_中 = (X_左 + X_右) \div 2 = [(-132.844) + (-192.848)] \div 2 = -162.846$。

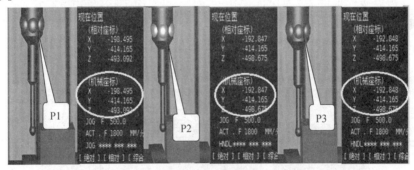

图 4 – 28　确定 X 轴左边的基准值

3)确定 Y 轴的基准

单击菜单"视图"/"复位"并"放大视角",至合适大小。

使用手轮,移动 Z 向,将主轴提高到安全位置,然后,移动 X 轴,将主轴移动到 X 轴的机械坐标值为 X 中(即 – 162.846)的位置,然后再移动 Y 轴,到零件的右侧(靠近操作者的方向)。然后,再移动 Z 轴,将电子寻边器下移到如图 4 – 29 所示(图中 P1)的位置。

使用手轮,让弹性样柱逐渐接近零件,此时,电子寻边器指示灯不亮(图中 P1)。向正方向转动手轮,注意从大到小调节移动速度倍率,即 X100→X10→X1,当电子寻边器指示灯亮时(图中 P2),此时机床"机械坐标"$Y = -430.465$。反方向转动手轮,电子寻边器指示灯熄灭(图中 P3),此时机床"机械坐标"$Y = -430.466$。

记下 $Y_右 = -430.466$ 。

注意:此时 X 轴的机械坐标应该保持为 – 162.846。不要移动 X 轴,只移动 Y 轴和 Z 轴。

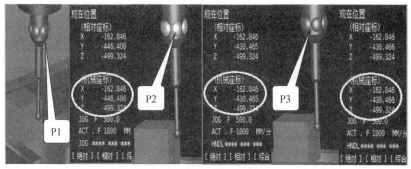

图 4 - 29　确定 Y 轴右边的基准值

首先移动 Z 轴,将电子寻边器抬高到零件上方的安全高度,然后再移动 Y 轴,将电子寻边器移动到零件的左边(远离操作者的方向),如图 4 - 30 所示,从大到小调节手轮移动速度倍率,即 X100→X10→X1,让电子寻边器从零件左边逐渐接近零件,此时,电子寻边器指示灯不亮(图中 P1)。向正方向转动手轮,当电子寻边器指示灯亮(图中 P2),此时机床"机械坐标"$Y = -370.463$。反方向转动手轮,电子寻边器指示灯熄灭(图中 P3),此时机床"机械坐标"$Y = -370.462$。

记下 $Y_{左} = -370.462$。

零件中心 Y 轴的机床"机械坐标"值 $Y_{中} = (Y_{左} + Y_{右}) \div 2 = [(-430.466) + (-370.462)] \div 2 = -400.464$。

到这里,零件中心的 X 轴和 Y 轴的机床"机械坐标"值都已经知道了,是(-162.846, -400.464)这个值将放到用户坐标系中。

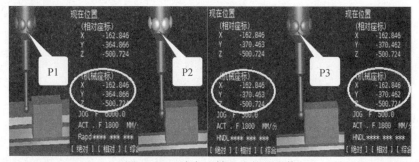

图 4 - 30　确定 Y 轴左边的基准值

上述操作完成后,将电子寻边器抬高到零件上方安全的高度。按下 RESET 按钮,停止主轴转动。然后将手轮隐藏(图 4 - 31 中 P1),将基准工具拆除(图 4 - 31 中 P2)。

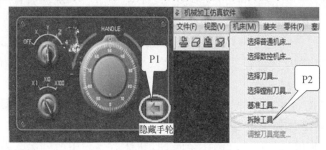

图 4 - 31　隐藏手轮和拆除基准工具

95

由于 Z 轴基准的确定,需要配合实际使用的刀具才行。下面讲解用户坐标系的建立。

4) 建立用户坐标系(G54)

如图 4-32 所示,用鼠标按下"OFFSET SETTING"按钮(图中 P1),接着按下 CRT 中"坐标系"下面对应的软键按钮(图中 P2),进入用户坐标系,由于通常是使用 G54 用户坐标系,所以移动光标(图中 P3),将零件中心的 X 轴和 Y 轴的机床"机械坐标"值,输入到 G54 坐标系中(图中 P4)。

注意:G54 坐标系的 Z 值应该保持为零。

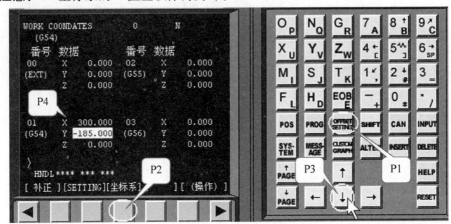

图 4-32   建立用户坐标系 G54

输入参数的按键顺序如图 4-33 所示。

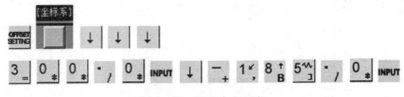

图 4-33   输入命令顺序

4.5.4   选择并安装刀具

操作步骤如下:

如图 4-34 所示,单击菜单"机床/选择刀具…"或按下"选择刀具"按钮(图中 P1),出现"选择刀具"对话框。

第 1 步,选择刀具号码"序号 1"(图中 P2),即选择了机床刀库上的 1 号刀座。

第 2 步,在"所需刀具直径"文本框中输入"12"(图中 P3),按下"确定"按钮(图中 P4)或回车。

第 3 步,刀具库将按输入的刀具直径过滤刀具,找到所需要的刀具后,用鼠标选取(图中 P5),完成 φ12 端铣刀的选择。

第 4 步,重复步骤(1)~(3),选择完成 NC 机床数据表中所列出的刀具。

完成后(图中 P6),按下"确认"按钮,所选刀具出现在刀库中。

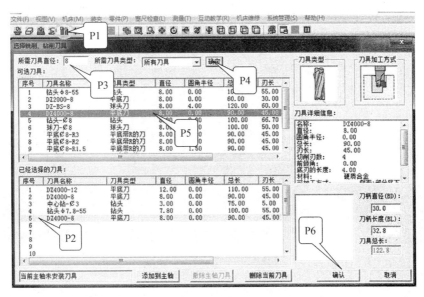

图 4 - 34　"选择刀具"对话框

4.5.5　刀具参数的登录

由于刀的长度各不相同,所以需要登录刀具参数,步骤如下:

1. 输入程序,将 T1（ϕ12）端铣刀换到主轴上

如图 4 - 35 所示,用鼠标将"模式选择"旋钮指向"编辑"（图中 P1）,按下系统面板中的"PROG"按钮（图中 P2）。

图 4 - 35　进入编辑（EDIT）模式

按照图 4 - 36 中图标的顺序,按下系统面板中的相应按钮,输入命令。

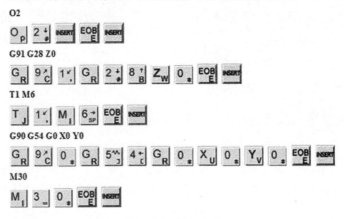

图 4 - 36　输入命令

程序输入完成后,按下 RESET 按钮,让程序回到程序头,程序录入就完成了。

如图 4-37 所示,用鼠标将"模式选择"旋钮指向"自动加工"(图中 P1),CRT 屏幕应该显示的结果如图中 P2 所示,接着按下程序"循环启动"按钮(图中 P3)。

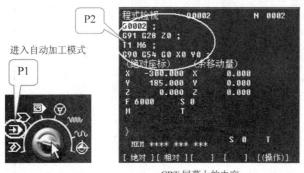

图 4-37　启动换刀程序

仿真机床自动将 1 号刀具换到主轴上,换刀完成后,主轴自动移动到工件上方,如图 4-38 所示(图中 P1)。

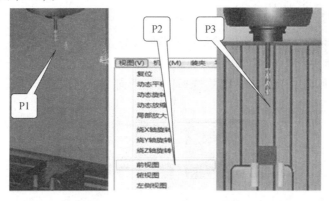

图 4-38　主轴换刀结果

2. 确定 1 号刀具的长度补偿值(H_1)

如图 4-38 所示,单击菜单"视图/前视图"(图中 P2)或按下 $\square$ "前视图"按钮。机床视图结果如图中 P3 所示。

如图 4-39 所示,单击菜单"塞尺检查/100mm 量块"(图中 P1),此时机床显示两个部分(图中 P2 和 P3),并出现塞尺检查信息提示框。用鼠标单击系统面板上 POS,再单击 CRT 屏幕下方的 按钮,显示机床坐标系(图中 P4)。

如图 4-40 所示,用鼠标将"模式选择"旋钮指向"手轮"(图中 P1),单击"手轮"图标(图中 P2),显示出手轮(图中 P3),调节轴向移动为 Z 轴(图中 P4),用鼠标左键,单击"手轮",让刀具从零件上方逐渐接近零件。在这过程中,要注意调节移动倍率,由大到小,即 X100→X10→X1(图中 P5)。

塞尺检查信息提示框此时显示的是:刀具与零件之间的 Z 向距离(图中 P6 到 P7 的

98

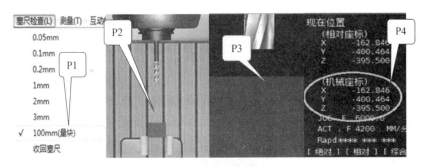

图 4 - 39　Z 向对刀

距离），是否是量块的高度，即 100mm。当出现"塞尺检查的结果："合适"时（图中 P6），说明刀具与量块之间的距离（图中 P7）为 $Z_{量块} = 100$。此时，机床"机械坐标"中的 $Z_1 = -411.657$（图中 P8）。

如图 4 - 40 所示，关闭塞尺检查对话框（图中 P9），单击菜单"塞尺检查/收回塞尺"（图中 P10）。

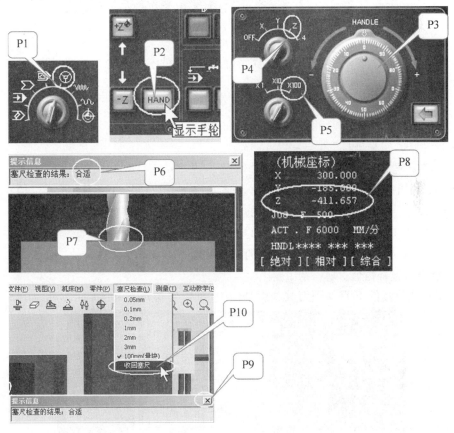

图 4 - 40　确定 Z 值

如果机床是数控铣床，只用一把刀加工零件，则刀具长度补偿值中 H_1 的值是：

$$H1 = Z_1 - Z_{量块} = -401.154 - 100.0 = -501.154$$

现在所使用的机床是加工中心，有几把铣刀，就需要将前面的过程重复几次。

99

3. 输入程序,将 T2(ϕ8) 端铣刀换到主轴上

重复如图 4 – 35 所示的过程,进入编辑程序模式。

如图 4 – 41 所示,编辑 O2 程序,用鼠标单击两次系统面板中的"下箭头"(图中 P1),让光标移动到"T1"上(图中 P2),输入命令"T2"(图中 P2),然后,用鼠标按下"ALTER"键(图中 P4),将"T1"替换成"T2",然后按下"RESET"键,让程序回到程序头,程序就修改完成了(图中 P5)。

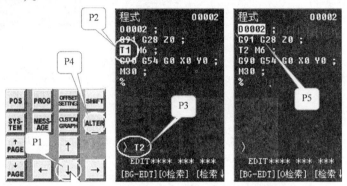

图 4 – 41　修改程序

重复如图 4 – 37 所示的过程,执行 O2 程序。仿真机床自动将 2 号刀具换到主轴上,换刀完成后,主轴自动移动到工件上方。

4. 确定 2 号刀具的长度补偿值(H_2)

重复如图 4 – 37 ~ 图 4 – 40 所示的过程。

此时,机床"机械坐标"$Z_2 = -421.153$。

5. 确定 3 号、4 号、5 号刀具的长度补偿值

刀具长度补偿值中 H_2 的值是:$H_2 = Z_2 - Z_{量块} = -421.153 - 100.0 = -521.153$。

按照 T2 对刀的过程,得到 3 号刀具的长度补偿 $H_3 = -535.063$。

按照 T2 对刀的过程,得到 4 号刀具的长度补偿 $H_4 = -508.320$。

按照 T2 对刀的过程,得到 5 号刀具的长度补偿 $H_5 = -521.153$。

6. 登录刀具补偿值

将每一把刀具的 H 登录到刀具长度补偿中,操作步骤如图 4 – 42 所示。

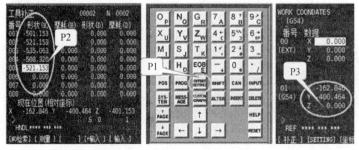

图 4 – 42　登录刀具长度补偿值

用鼠标按下"OFFSET SETTING"按钮(图中 P1),CRT 界面中是刀具补偿画面(图中 P2),在形状(H)项目下,依次将前面测量得到的 H_1 ~ H_5 输入到屏幕中(图中 P2)。输入方法请参考图 4 – 33 中 G54 坐标系值的输入。

程序中用 G43 Hxx 命令的方式调用补偿值,如果程序中没有 G43 命令,则这些长度补偿值无效。

程序中,如果需要用到 D1 或 D2 等刀具半径补偿时,按照顺序将这两个刀具半径编程值输入到形状(D)项目下,用 G41 Dxx 命令的方式调用这些补偿值。如果程序中没有 G41 命令,这些半径补偿值无效。

注意:这种对刀方式,必须保持 G54 中的 Z 值为 0(如图中 P3)。

4.5.6 录入程序

录入程序有 3 种方式:

1. 短小程序的录入(程序长度小于 10kB)

具体方法请参考图 4 – 36,对刀程序的录入,这里就不赘述了。

2. 中等长度的程序的录入(程序长度在 5 ~ 250kB 之间)

中等长度的程序通常是使用传输软件,通过计算机与机床连接的通信端口,将程序直接传输到机床的内存中,方便快捷,这也是实际机床操作中普遍采用的程序录入方式。数控仿真软件可以仿真这种传输方式,并且传输的程序长度最大支持到 4MB。

操作步骤如下:

步骤①,如图 4 – 43 所示,用鼠标将"模式选择"旋钮指向"编辑"(图中 P1),按下系统面板中的"PROG"按钮(图中 P2)。然后,按下 CRT 界面中的"操作"下面的软键(图中 P3),CRT 界面中的软键切换成其他功能(图中 P4),按图 4 – 43 中"P4"指向的软键,可以看到"READ",在系统面板上输入程序在机床中的名字"O1"(图中 P5),再按下 CRT 界面中的软键"READ"(图中 P6),CRT 界面中的软键切换成其他功能,按下 CRT 界面中的软键"EXEC"(图中 P7),出现"标头 SKP"的提示。

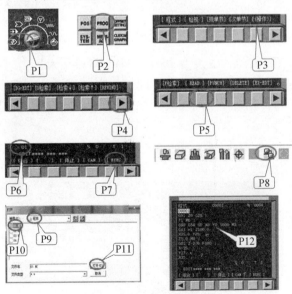

图 4 – 43 传输程序的操作步骤

步骤②,选择菜单"程序传送..."或按下"DNC 传送"按钮(图中 P8),在弹出的"打开文件"对话框中,利用下拉菜单(图中 P9)找到要传输的程序文件的路径,选择要传输的文件(图中 P10),按下"打开"按钮(图中 P11),程序被传输到仿真系统中,传输结果如图中 P12 所示。

如果有多个程序,重复步骤①和步骤②,就可以将所有的主程序和子程序录入到仿真机床中。

在实际机床操作中,这部分的操作同时涉及到机床和与机床连接的计算机这两个设备,步骤①的内容是在机床上操作,仿真机床的操作与实际操作一致。步骤②的内容应该是在与机床连接的计算机操作,由于无法同时仿真机床和计算机,这里的操作步骤与实际操作不一致。实际的操作是:机床出现"标头 SKP"的提示后,在与机床连接的计算机上,启动传输软件(如 CIMCO EDIT),如图 4 - 44 所示,单击"设置传输参数"按钮(图中 P1),设置好相应的传输参数,如"传输端口""波特率""停止位""数据位"和"奇偶位"(图中 P2)和传输控制方式为软件控制(图中 P3),然后打开要传输的 NC 文件(图中 P4),单击"传输当前文件"按钮(图中 P5),NC 文件就被传输到机床上了。

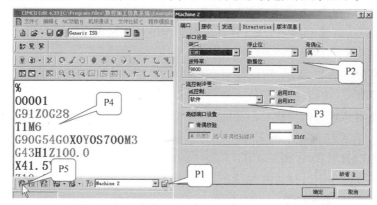

图 4 - 44   传输软件的设置

3. 超长度程序的录入(程序长度为 200kB ~ 20MB 或更大)

这种超长度的程序只会出现在复杂曲面的加工中,实际工作中,这种情况比较少,实际机床操作中是采用边传输边加工的在线加工方式,目前数控加工仿真系统还不能仿真这种传输模式。

录入完所有程序后,如图 4 - 45 所示,在系统面板上输入主程序的名字"O1"(图中 P1),然后按下箭头按钮(图中 P2),将主程序设置为当前程序。

图 4 - 45   检索程序

102

4.5.7 程序试运行(调试程序)

如果是手工录入 NC 程序,应该仔细检查程序是否有语法错误。但是如果程序出现逻辑错误,是无法检测出来的。与实际机床一样,数控加工仿真系统同样提供了刀具轨迹显示的功能,利用这个功能,可以看到程序的刀具轨迹。具体操作详见后面章节中的实例。

如果程序的运行轨迹与设想的不同,则说明程序有误,需要返回程序编辑状态,改正程序的错误,直至运行轨迹没有错误为止。

4.5.8 自动加工

如果轨迹没有错误,下面就可以进入自动加工状态了。

用鼠标将"模式选择"旋钮指向"自动",按下操作面板上的"循环启动"按钮,就进入了自动加工状态。

如图 4-46 所示,用鼠标单击"视图/选项…"或按下"选项"快捷键(图中 P1),将弹出"选项"对话框。在这个对话框中,数控加工仿真系统提供了一个特殊的功能,即可以调整仿真速度倍率(图中 P2),默认是"5"。此时的加工速度与实际加工速度差不多,修改这个值为100,仿真系统将用最快速度仿真零件的加工,这样可以快速看到程序运行的结果。如果需要切削过程中,更容易观察加工,可以将"显示机床外壳"的选项去掉(图中 P3),完成后,选择"确定"按钮即可。

在加工过程中,可以通过"视图"菜单中的动态旋转、动态放缩、动态平移等方式对零件加工的过程进行全方位的动态观察(图中 P4)。

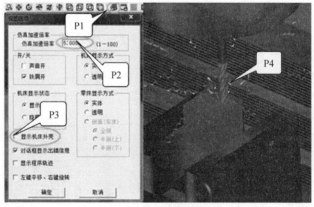

图 4-46 自动加工

加工完成后,选择下拉菜单"文件(F)"→"保存项目(S)"。选择需要保存的内容,按下"确认"按钮。保存项目时,系统自动以用户给予的文件名建立一个文件夹,内容都放在该文件夹之中,默认保存在用户工作目录相应的机床系统文件夹内。

此处为了便于后续操作的调用,项目文件名为"55×55×30 基准对刀项目"。

整个项目是以项目文件名"55×55×30 基准对刀项目"建立一个文件夹,其中包含多个文件。保存的内容包括:机床、毛坯、加工完成的零件,选用的刀具和夹具,在机床上的安装位置和方式,输入的数控程序,用户坐标系和刀具长度及半径补偿值等内容。

下面是加工零件的图纸、完整的加工程序和剩余的操作步骤。

4.6 实例操作

4.6.1 入门实例

图 4-47 为加工中心编程入门实例。

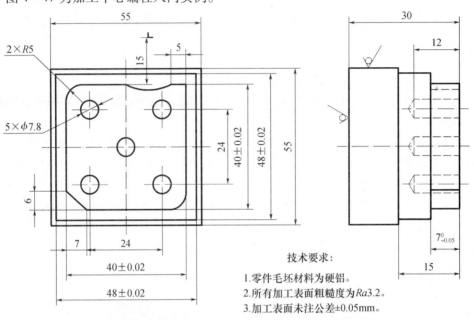

图 4-47 编程入门实例

技术要求:
1. 零件毛坯材料为硬铝。
2. 所有加工表面粗糙度为 Ra3.2。
3. 加工表面未注公差±0.05mm。

4.6.2 刀具参数

加工中心训练所用的刀具参数如表 4-4 所列。

表 4-4 加工中心训练所用的刀具参数表

刀具号码	刀具名称	刀具材料	刀具直径 /mm	零件材料:硬铝			零件材料:45#钢			备注
				转速 /(r/min)	径向进给量 /(mm/min)	轴向进给量 /(mm/min)	转速 (r/min)	径向进给量 /(mm/min)	轴向进给量 /(mm/min)	
T1	端铣刀	高速钢	φ12	1300	200	100	500	80	50	粗铣
T2	端铣刀	高速钢	φ8	2000	250	100	800	100	50	精铣
T3	中心钻	高速钢	φ3	2000	—	80	1500	—	60	钻中心孔
T4	钻头	高速钢	φ7.8	1000	—	100	600	—	60	钻孔

4.6.3 工艺分析

(1)选择零件中心为编程原点,水平向右的方向为 X 的正向,竖直向上的方向为 Y

104

的正向,垂直纸面向上的方向为 Z 的正向,工件的上表面定为 $Z0$。

（2）需要加工的部分：

$Z0$ 平面的铣削；

40mm × 40mm 的外形轮廓铣削,深度为 7mm；

48mm × 48mm 的外形轮廓铣削,深度为 15mm；

5 × ϕ7.8mm 的孔,深度为 12mm。

4.6.4　工艺安排

（1）用虎钳装夹零件,铣平零件上表面,将零件中心和零件上表面设为 G54 的原点。

（2）加工路线是：铣削 $Z0$ 平面→钻 5 × ϕ3mm 中心孔定位→钻 5 × ϕ7.8mm 孔→粗铣 40mm × 40mm 的外形轮廓→粗铣 48mm × 48mm 的外形轮廓→精铣 40mm × 40mm 的外形轮廓→精铣 48mm × 48mm 外形轮廓。

4.6.5　手工编程

程序内容(工步 1,铣平面)	程序注释
%	传输程序时的起始符号
O1	程序 O1
T1M6	换 1 号刀,ϕ12mm 的端铣刀
G90G54G0X0Y0S1300M3	刀具初始化
G43H1Z100.0	1 号刀的长度补偿
X35.Y25.	加工起始点($X35,Y25,Z100$)
Z5.	定义初始平面
M08	打开切削液
G01Z0F100	(铣工件上表面的程序,走 Z 字形轨迹)
X − 35.F200	直线切入
Y17.	刀具横向移动距离,为刀具直径的 0.7 ~ 0.9 倍
X35.	
Y9.	
X − 35.	
Y1.	
X35.	
Y − 7.	
X − 35.	
Y − 15.	
X35.	
Y − 23.	
X − 35.	直线切出
G0Z100.M09	回到安全平面,关闭切削液
M05	主轴转动停止
M30	程序结束
%	传输程序的结束符号

105

程序内容(工步2,钻5×φ3mm中心孔定位)	程序注释
%	传输程序时的起始符号
O2	
T3M6	换3号刀,φ3mm的中心钻
G90G54G0X0Y0S2000M3	刀具初始化,选择用户坐系为G54
G43H3Z100.	3号刀的长度补偿
M08	打开切削液
G98G81X – 12. Y12. Z – 5. R5. F80	G81钻孔指令钻中心孔(第1点 X – 12.0, Y12.0)
X12. Y12.	(第2点 X12.0, Y12.0)
X0Y0	(第3点 X0, Y0)
X – 12. Y – 12.	(第4点 X – 12.0, Y – 12.0)
X12. Y – 12.	(第5点 X12.0, Y – 12.0)
G80M09	取消钻孔指令,关闭切削液
M05	主轴转动停止
M30	程序结束
%	传输程序的结束符号

程序内容(工步3,钻5×φ7.8mm孔)	程序注释
%	传输程序时的起始符号
O3	
T4M6	换4号刀,φ7.8mm钻头
G90G54G0X0Y0S1000M3	刀具初始化
G43H4Z100.	
M08	打开切削液
G98G83X – 12. Y12. Z – 15. Q2. R5. F100	G83钻孔循环指令钻孔(第1点 X – 12.0, Y12.0)
X12. Y12.	(第2点 X12.0, Y12.0)
X0Y0	(第3点 X0, Y0)
X – 12. Y – 12.	(第4点 X – 12.0, Y – 12.0)
X12. Y – 12.	(第5点 X12.0, Y – 12.0)
G80M09	取消钻孔指令,关闭切削液
M05	主轴转动停止
M30	程序结束
%	传输程序的结束符号

程序内容(工步4,粗铣40mm×40mm的外形轮廓)	程序注释
%	传输程序时的起始符号
O4	
T1M6	换1号刀,φ12mm平铣刀,粗加工
G90G54G0X0Y0S1300M3	刀具初始化
G43H1Z100.	1号刀的长度补偿
X35. Y35.	定义刀具起始点
Z5. M8	快速下降到距离工件5mm的位置
G1Z – 7. F100	铣削深度
G1G41D1X20. F200	直线切入(D1 = 12)

程序内容（工步4,粗铣40mm×40mm的外形轮廓）	程序注释
Y－15.	加工轨迹的描述
G02X15. Y－20. R5.	使用圆弧插补倒圆角
G1X－13.	
X－20. Y－14.	
Y15.	
G02X－15. Y20. R5.	
G01X0	
G3X15. Y20. I7.5J15.	该圆弧用增量形式表达
G1X35.	
G1G40Y35.	直线切出,刀具半径补偿取消
G0Z100. M9	返回初始平面,关闭切削液
M05	主轴转动停止
M30	程序结束
%	传输程序的结束符号

注:工步4的程序需要运行2次,第1次运行时,D1设置为12,第2次运行时,D1设置为6.2

程序内容（工步5,粗铣48mm×48mm的外形轮廓）	程序注释
%	传输程序时的起始符号
O5	
T1M6	换1号刀,φ12mm平铣刀,粗加工
G90G54G0X0Y0S1300M3	刀具初始化
G43H1Z100.	1号刀的长度补偿
X35. Y35.	定义刀具起始点
Z5. M08	快速下降到距离工件5mm的位置
G1Z－15. F100	铣削深度
G1G41D1X24. F200	直线切入(D1=6.2)
Y－24.	加工轨迹的描述
X－24.	
Y24.	
X35.	
G1G40Y35.	直线切出,刀具半径补偿取消
G0Z100. M9	返回初始平面,关闭切削液
M05	主轴转动停止
M30	程序结束
%	传输程序的结束符号

程序内容(工步6,精铣40mm×40mm 的外形轮廓)	程序注释
%	传输程序时的起始符号
O6	
T2M6	换2号刀,φ8mm 平铣刀,精加工
G90G54G0X0Y0S2000M3	刀具初始化
G43H2Z100.	2号刀的长度补偿
X35. Y35.	定义刀具起始点
Z5. M8	快速下降到距离工件5mm 的位置
G1Z - 7. F100	铣削深度
G1G41D2X20. F250	直线切入($D2 = 4$)
Y - 15.	加工轨迹的描述
G02X15. Y - 20. R5.	使用圆弧插补倒圆角
G1X - 13.	
X - 20. Y - 14.	
Y15.	
G02X - 15. Y20. R5.	
G01X0	
G3X15. Y20. I7.5J15.	该圆弧用增量形式表达
G1X35.	
G1G40Y35.	直线切出,刀具半径补偿取消
G0Z100. M9	返回初始平面,关闭切削液
M05	主轴转动停止
M30	程序结束
%	传输程序的结束符号

注:工步6的程序,第1次运行时,$D2$ 设置为4,铣削完成后,测量零件尺寸是否符合图纸要求,如果不符合,则根据测量结果微调 $D2$ 的值,然后再第2次执行本程序

程序内容(工步7,精铣48mm×48mm 外形轮廓)	程序注释
%	传输程序时的起始符号
O7	
T2M6	换2号刀,φ8mm 平铣刀,精加工
G90G54G0X0Y0S2000M3	刀具初始化
G43H2Z100.	2号刀的长度补偿
X35. Y35.	定义刀具起始点
Z5. M08	快速下降到距离工件5mm 的位置
G1Z - 15. F100	铣削深度
G1G41D2X24. F250	直线切入
Y - 24.	加工轨迹的描述
X - 24.	
Y24.	
X35.	
G1G40Y35.	直线切出,刀具半径补偿取消

程序内容(工步7,精铣48mm×48mm外形轮廓)	程序注释
G0Z100. M9	返回初始平面,关闭切削液
M05	主轴转动停止
M30	程序结束
%	传输程序的结束符号

4.6.6 零件加工

数控加工仿真系统的启动:单击"开始"→"程序"→"数控加工仿真系统",在弹出的登录用户对话框中,选择快速登录,进入数控加工仿真系统。

第1步,打开保存好的基准项目。

为了节省工件坐标系找正和对刀时间,下面将直接调用前面保存好的基准对刀项目。选择下拉菜单"文件(F)"→"打开项目(O)",系统弹出如图4-48所示"打开"对话框。

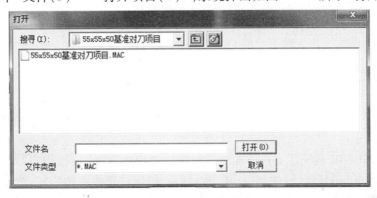

图4-48 "打开"对话框

在下拉列表中,找到前面保存好的基准对刀项目,单击"打开"按钮。图4-49所示为基准对刀项目初始界面。

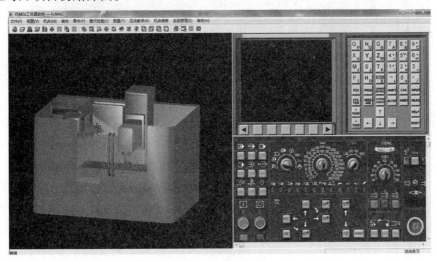

图4-49 基准项目界面

109

第2步,单击操作面板:▣"控制系统"→◉"紧急停止"→⏻"系统启动"。

第3步,查看机床是否满足回零条件。如图4-50所示,单击 **POS** 按钮(图中P1)→按下 CRT 中"综合"下面对应的软键按钮(图中P2),注意 CRT 中"机械坐标"坐标系下的 X、Y 和 Z 值(图中P3),要求这3个值的绝对值都不能小于"100.0"。图中的 X、Y 和 Z 的值是满足回零条件的。

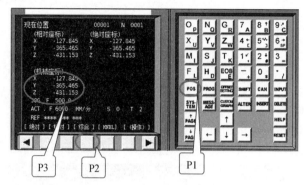

图4-50 查看机床坐标

第4步,机床回零操作。如图4-51所示,用鼠标将"模式选择"旋钮指向"回参考点"(图中P1)。Z 轴回零:按下"+Z"按钮(图中P2)。X 轴回零:按下"-X"按钮(图中P3)。Y 轴回零:按下"+Y"按钮(图中P4)。回零操作完成后,CRT 中,"机械坐标"坐标系的结果应该(图中P5)。

说明:FANUC 0i 系统还支持自动回零操作,当"模式选择"旋钮指向"参考点"(图中P1)后,直接按下"循环启动"按钮(图中P6)即可,机床首先将 Z 轴回零,然后将 X 轴和 Y 轴依次回零。

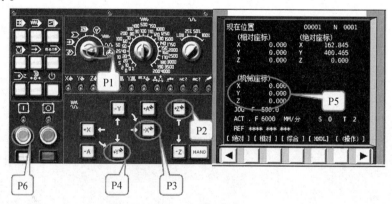

图4-51 机床回零

第5步,单击"视图/选项…"或按下"选项"快捷键(图中P1),将弹出"视图选项"对话框,如图4-52所示。在该对话框中去掉"显示机床外壳"前的对勾(图中P2)可以关闭机床外壳,方便观察。数控加工仿真系统还提供了一个特殊的功能,即可以调整仿真速度倍率(图中P3),默认是"5",此时的加工速度与实际加工速度差不多,修改这个值为100,仿真系统将以最快速度仿真零件的加工,这样可以快速看到程序运行的结果。如果需要切削过程中出现铁屑,可以将"铁屑开"的选项勾上(图中 P4),完成后,选择"确定"按钮即可。

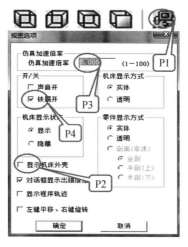

图 4 – 52　"视图选项"对话框

第 6 步,导入程序(图 4 – 53)。

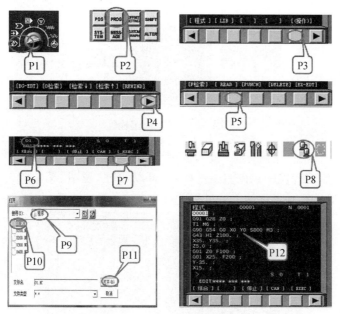

图 4 – 53　传输程序的操作步骤

(1)如图 4 – 53 所示将"模式选择"旋钮指向"编辑"(图中 P1),按下系统面板中的"PROG"按钮(图中 P2)。然后,按下 CRT 界面中的"操作"下面的软键(图中 P3),CRT界面中的软键切换成其他功能(图中 P4),按下图中"P4"指向的软键,可以看到"READ",再按下 CRT 界面中的"READ"软键(图中 P5),在系统面板上输入程序的名字"01"(图中 P6),CRT 界面中的软键切换成其他功能,按下 CRT 界面中的"EXEC"软键(图中P7),出现"标头 SKP"的提示。

(2)选择菜单"机床/DNC 传送…"或按下"DNC 传送"按钮(图中 P8),在弹出的打开文件对话框中,利用下拉菜单(图中 P9)找到要传输的程序文件的路径,选择要传输的文件(图中 P10),按下"打开"按钮(图中 P11),程序被传输到仿真系统中,传输结果如图 4-53(图中 P12)所示。

说明:如果有多个程序,重复 P6 到 P12 步骤就可以将所有的程序录入到仿真机床中,如果有子程序,那么输入程序时的名字一定要和所要传输子程序文本中的名字相同,否则加工时会因找不到子程序而报错。

第 7 步,程序运行(程序调试)。如图 4-54 所示,用鼠标将"模式选择"旋钮指向"自动"(图中 P1),按下系统面板中的"PROG"按钮(图中 P2)。再按下"CUSTOM GRAPH"按钮(图中 P3),机床显示区变成黑色区域,按下操作面板上的"循环启动"按钮(图中 P4),即可观察数控程序的运行轨迹,此时也可通过"视图"菜单中的动态旋转、动态放缩、动态平移等方式对三维运行轨迹进行全方位的动态观察,运行轨迹如(图中 P5)所示,如果有错误回到程序编辑模式 P1 修改程序。检查刀具轨迹完成后,按下系统面板中的"CUSTOM GRAPH"按钮(图中 P6),显示屏幕回到机床显示状态。

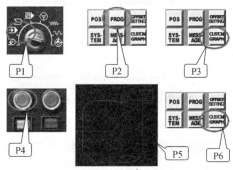

图 4-54　刀具轨迹检验

第 8 步,自动加工。用鼠标将"模式选择"旋钮指向"自动",按下操作面板上的循环启动按钮机床开始运行程序。在加工过程中,可以通过"视图"菜单中的动态旋转、动态放缩、动态平移等方式对零件加工的过程进行全方位的动态观察,如图 4-55 所示。

图 4-55　自动加工

第 9 步,测量零件尺寸,如图 4 - 56 所示。

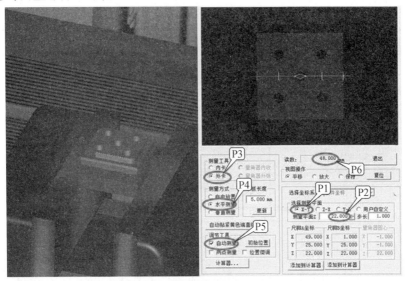

图 4 - 56 测量零件尺寸

在零件加工结束后,测量零件尺寸:

(1) 单击"测量"→"剖面图测量"弹出图 4 - 56 所示窗口;

(2) 用鼠标单击"选择测量平面 $x - y$ 面"(图中 P1)通过移动测量平面 Z 的数值,调整到合适的位置便于测量所需尺寸(图中 P2);

(3) 选择"测量工具(外卡)"(图中 P3),在"测量方式"窗口下选择"自由放置"或"水平测量",此处选择"自由放置"(图中 P4);

(4) 选择"调节工具"为"自动测量"(图中 P5);

(5) 观察零件"尺寸读数"为 48.00(图中 P6),若要返回到宇龙机械加工仿真界面,直接单击"退出"按钮即可。

说明:在精加工时,改用 $\phi 8mm$ 的端铣刀,其刀具长度在基准项目中已经输入,具体操作请参见前面的内容,其刀具半径补偿根据图纸上的尺寸值要求,修改精加工时对应刀具补偿值,尽量保证尺寸的中差,所以该题改刀补值为 $D2 = 4.0$,如图 4 - 57 所示。

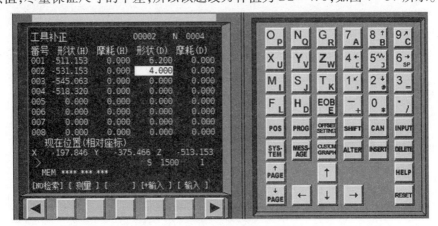

图 4 - 57 修改刀具半径补偿值

第10步,保存项目。如图4-58所示,用鼠标单击菜单"文件/保存项目"(图中P1),将随后弹出"另存为"对话框,输入一个文件名字,例如"练习零件一"(图中P2),仿真系统将以用户输入的文件名建立一个目录,将整个操作过程保存。

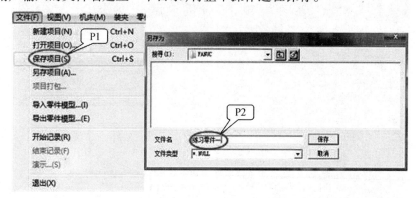

图4-58 保存项目

这个实例完成后,加工中心操作面板的基本操作就掌握了。

练　习

1. 用数控仿真模拟器练习加工中心机床面板的操作有什么优势?
2. 数控铣的编程方式有什么优点? 缺点在什么地方?

第5章 加工中心二维零件手工编程与仿真练习

实训要点：
- 掌握手工编程的编程步骤
- 熟练掌握数控加工仿真器的操作
- 完成二维手工编程实例的练习

5.1 加工中心配合件编程

5.1.1 配合件一

1. 零件图纸

配合件一的零件图纸如图 5－1 所示。

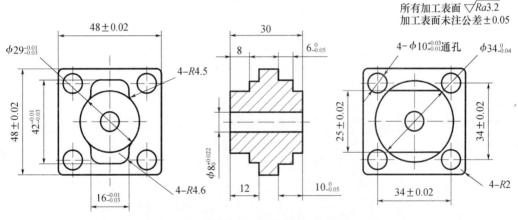

图 5－1 配合件一

2. 刀具参数

加工中心训练所用的刀具参数如表 5－1 所列。

表 5－1 加工中心训练所用的刀具参数表

刀具号码	刀具名称	刀具材料	刀具直径/mm	零件材料:铝			零件材料:45#钢			备注
				转速/(r/min)	径向进给量/(mm/min)	轴向进给量/(mm/min)	转速/(r/min)	径向进给量/(mm/min)	轴向进给量/(mm/min)	
T1	端铣刀	高速钢	ϕ12	1300	200	100	500	80	50	粗铣
T2	端铣刀	高速钢	ϕ8	2000	250	100	800	100	50	精铣
T3	中心钻	高速钢	ϕ3	2000	—	80	1500	—	60	钻中心孔
T4	钻头	高速钢	ϕ7.8	1000	—	100	600	—	60	钻孔
T5	铰刀	高速钢	ϕ8	300	—	50	200	—	40	铰孔

3. 工艺分析

（1）根据设计基准,选择零件中心为编程原点,水平向右的方向为 X 的正向,垂直纸面向上的方向为 Z 的正向,工件的上表面定为 $Z0$。建议虎钳垂直方向放置。

（2）零件图右侧为先加工的部分,加工对象有:

上表面,T1 刀具平面铣削;

1 个 $\phi 8mm$ 的孔,T3 先钻中心孔,T4 钻 $\phi 7.8mm$ 的孔,T5 铰孔;

4 个 $\phi 10mm$ 的孔,由于没有 $\phi 10mm$ 刀具,T3 钻中心孔,T4 钻 $\phi 7.8mm$ 的孔。零件翻面再精加工;

$\phi 34mm$ 的圆台,深度为 12mm,T1 刀具外形铣削完成粗加工,T2 刀具完成精铣;

25mm 的台阶,深度为 8mm,T1 刀具粗铣,T2 刀具精铣。

4. 零件图纸右侧部分的工艺安排

（1）用虎钳装夹零件,铣平零件上表面后,将零件中心和零件上表面设为 G54 的原点。

（2）加工路线是:铣削 $Z0$ 平面→钻 5 个中心孔→钻 1 个 $\phi 7.8mm$ 的孔→钻四周的 4 个 $\phi 7.8mm$ 的孔→粗铣 $\phi 34mm$ 的圆台→粗铣 25mm 的台阶→精铣 $\phi 33mm$ 的圆台→精铣 25mm 的台阶→铰 1 个 $\phi 8mm$ 的孔。

5. 零件图纸右侧部分的手工编程参考程序

主程序内容（第一面）	程序注释
%	传输程序时的起始符号
O0001	程序 01
T1M6;	换 1 号刀,$\phi 12mm$ 的端铣刀
G90G54G0X0Y0S1300M3;	刀具初始化
G43H1Z100.0;	1 号刀的长度补偿
X35. Y25.;	加工起始点（$X35$,$Y25$,$Z100$）
Z5. M08;	定义初始平面,打开切削液
G01Z0F100;	（铣工件上表面的程序,走 Z 字形轨迹）
X-35. F200;	直线切入
Y17.;	刀具横向移动距离,为刀具直径的 0.7~0.9 倍
X35.;	
Y9.;	
X-35.;	
Y1.;	
X35.;	
Y-7.;	
X-35.;	
Y-15.;	
X35.;	
Y-23.;	

主程序内容(第一面)	程序注释
X－35.；	直线切出
G0Z100.M09；	回到安全平面,关闭切削液
M05；	主轴转动停止
T3M6；	换3号刀,φ3mm 的中心钻
G90G54G0X0Y0S2000M3；	刀具初始化,选择用户坐标系为 G54
G43H3Z100.；	3号刀的长度补偿
G99G81X－17.Y17.Z－5.R5.F80；	G81 钻孔循环指令钻中心孔(第1点 X－17,Y17.)
X17.；	(第2点 X17,Y17)
X0Y0；	(第3点 X0,Y0)
X－17.Y－17.；	(第4点 X－17,Y－17)
X17.；	(第5点 X17,Y－17)
G80；	
M5；	
T4M6；	换4号刀,φ7.8mm 钻头
G90G54G0X0Y0S1000M3；	
G43H4Z100.；	
G98G83X－17.Y17.Z－25.R5.Q2.0F100；	G73 钻孔(第1点 X－17,Y17.),深度 Z－25.0
X17.；	(第2点 X17,Y17.)
X－17.Y－17.；	(第3点 X－17,Y－17.)
X17.；	(第4点 X17,Y－17.)
G80；	
G98G73X0Y0Z－34.R5.Q2.0F100；	G73 钻孔(1点 X0.,Y0.),深度 Z－34.0
G80；	
M5；	
T1M6；	换1号刀,φ12mm 平铣刀
G90G54G0X0Y0S1300M3；	刀具初始化
G43H1Z100.；	1号刀的长度补偿
X35.Y0；	加工起始点(X35,Y0,Z100.)
Z5.；	
G01Z－6.F100；	
D1M98P1000F200(D1＝17.)；	用不同的刀具半径补偿值重复调用子程序去除工件的余量
D2M98P1000F200(D2＝6.2)；	半径补偿值和切削速度传入子程序
G01Z－12.F100；	分层铣削 φ34mm 的圆台
D1M98P1000F200；	
D2M98P1000F200；	
G01Z－8.F100；	
D2M98P2000F200；	铣削 25mm 的台阶
G0Z100.；	

主程序内容（第一面）	程序注释
M5；	
T2M6；	换2号刀，φ8mm端铣刀
G90G54G0X0Y0S2000M3；	
G43H2Z100.；	
X35.Y0；	加工起始点（X35，Y0，Z100）
Z5.；	
G01Z−4.F100；	
D3M98P1000F250（D3＝3.99）；	用合适的刀具半径补偿，通过调用子程序完成精加工
G01Z−8.F100；	因为公差不同，其刀具半径补偿也不同
D3M98P1000F250；	
G01Z−12.F100；	
D3M98P1000F250；	
G01Z−4.F100；	
D4M98P2000F250（D4＝4.）；	
G01Z−8.F100；	
D4M98P2000F250；	
G0Z100.；	
M5；	
T5M6；	换5号刀，φ8mm铰刀
G90G54G0X0Y0S300M3；	刀具初始化
G43H5Z100.0M08；	
G99G81X0.Y0.Z−32.0R5.0F50；	G81循环指令铰孔
G80；	
G0Z100.0M09；	
M05；	
M30；	程序结束
％	传输程序的结束符号

子程序内容	程序注释
％	传输程序时的开始符号
O1000	O1000子程序（铣削φ34mm的圆台）
X35.Y0；	起始点
G01G41Y18.；	刀具半径补偿有效，补偿值由主程序传入
G03X17.Y0R18.；	圆弧切入
G02I−17.J0；	加工轨迹的描述，铣削整圆
G03X35.Y−18.R18.；	圆弧切出
G01G40Y0；	刀具半径补偿取消
M99；	返回主程序
％	传输程序时的结束符号

118

子程序内容	程序注释
%	传输程序时的开始符号
O2000	O2000 子程序（铣削 25±0.02 的台阶）
X35. Y0；	起始点
G01G41Y−12.5；	刀具半径补偿有效，补偿值由主程序传入
X−35.；	直线切入
Y12.5；	加工轨迹的描述
X35.；	直线切出
G01G40Y0；	刀具半径补偿取消
M99；	返回主程序
%	传输程序时的结束符号

6. 零件图纸左侧部分的工艺安排

（1）用虎钳装夹 25mm 的台阶，利用 ϕ8mm 孔插一个 8mm 样柱用百分表找正零件中心，然后粗铣零件上表面，测量零件的长度，根据零件长度，精铣零件上表面后，将零件中心和零件上表面设为 G55 的原点。**注意**：零件翻面后，其用户坐标系和刀具长度补偿值需要重新设置。

（2）零件图左侧为翻面加工的部分，加工对象有：

上表面，T1 刀具平面铣削；

16mm×42mm 的两侧凸台，深度为 10mm，T1 刀具外形铣削完成粗加工，T2 刀具完成精铣；

ϕ29mm 的圆台，深度为 4mm，T1 刀具外形铣削完成粗加工，T2 刀具完成精铣；

48mm×48mm 的外形，深度为 18mm，T1 刀具外形铣削完成粗加工，T2 刀具完成精铣；

4 个 ϕ10mm 的孔，T2 刀具完成精铣。

（3）加工路线是：铣削 Z0 平面→粗铣 16mm×42mm 的台阶→粗铣 48mm×48mm 的外形→粗铣 ϕ29mm 的圆台→半精铣 16mm×42mm 的台阶→精铣 16mm×42mm 的台阶→精铣 ϕ34mm 的圆台→精铣 48mm×48mm 的台阶→精铣 4 个 ϕ10mm 的孔。

7. 零件图纸左侧部分的手工编程参考程序

程序内容（工步 1，铣平面）	程序注释
%	传输程序时的开始符号
O0002	程序 02
T1M6；	换 1 号刀，ϕ12mm 的端铣刀
G90G55G0X0Y0S1300M3；	刀具初始化
G43H1Z100.；	1 号刀的长度补偿
X50. Y0；	加工起始点（X50，Y0，Z100）
Z5.0M08；	定义初始平面，打开切削液
G01Z0F100；	（铣工件上表面的程序，走同心圆轨迹）

程序内容（工步1：铣平面）	程序注释
X40. F200；	直线切入
G02I－40. J0；	同心圆轨迹
G01X30.；	刀具横向移动距离，为刀具直径的0.7~0.9倍
G02I－30. J0；	
G01X20.；	
G02I－20.；	
G01X10.；	
G02I－10.；	
G01X0；	
G0Z100. M09；	回到安全平面，关闭切削液
M05；	主轴转动停止
M30；	程序结束
%	传输程序的结束符号

注：工步1的程序需要运行2次，第1次运行后，测量零件是否符合30mm的厚度，如果不符，则需要根据测量结果，修改G55的Z值设置，再执行本程序进行第2次加工

主程序内容（第二面）	程序注释
%	传输程序时的起始符号
O0003	
T1M6；	换1号刀，ϕ12mm平铣刀
G90G55G0X0Y0S1300M3；	刀具初始化
G43H1Z100.；	1号刀的长度补偿
X35. Y0；	
Z5.；	加工起始点（X35，Y0，Z100.）
G01Z－5. F100；	用不同的刀具半径补偿值重复调用子程序去除工件的余量
D1M98P100F200（D1＝17.）；	半径补偿值和切削速度传入子程序
D2M98P100F200（D2＝6.2）；	Z向分层铣削
G01Z－10. F100；	XY方向多次铣削
D1M98P100F200；	
D2M98P100F200；	粗铣16mm×42mm的台阶的余量
G01Z－14. F100；	粗铣16mm×42mm的台阶
D2M98P200F200；	
G01Z－19. F100；	
D2M98P200F200；	粗铣48mm×48mm的方台
G01Z－4. F100；	
D2M98P300F200；	铣削ϕ29mm的圆台
G0Z100. M05；	
T2M6；	换2号刀，ϕ8mm端铣刀

主程序内容(第二面)	程序注释
G90G55G0X0Y0S1500M3；	
G43H2Z100.；	
X35.Y0；	
Z5.；	
G01Z-7.F100；	
D3M98P400F200(D3=4.1)；	半精铣16mm×42mm的台阶
G01Z-10.F100；	
D3M98P400F200；	
S2000M3；	
G01Z-4.F100；	
D4M98P300F250(D4=3.99)；	精铣φ29mm的圆台
G01Z-7.F100；	
D4M98P400F250；	精铣16mm×42mm的台阶
G01Z-10.F100；	
D4M98P400F250；	
D4M98P400F250；	重复铣削一次,减小刀具弹性变形的影响
G01Z-14.F100；	
D5M98P200F250(D5=4.)；	精铣48mm×48mm的外形
G01Z-18.5F100；	
D5M98P200F250；	
G0Z100.；	
X17.Y17.；	精铣第1个φ10mm的孔(孔中心坐标X17,Y17)
Z-5.；	
G01Z-18.5F100；	
D3M98P500F250；	半精铣
D4M98P500F250；	精铣
D4M98P500F250；	重复铣削一次,减小刀具弹性变形的影响
G0Z100.；	
X-17.Y17.；	精铣第2个φ10mm的孔(孔中心坐标X-17,Y17.)
Z-5.；	
G01Z-18.5F100；	
D3M98P500F250；	
D4M98P500F250；	重复铣削一次,减小刀具弹性变形的影响
D4M98P500F250；	
G0Z100.；	
X-17.Y-17.；	精铣第3个φ10mm的孔(孔中心坐标X-17.,Y-17.)
Z-5.；	
G01Z-18.5F100；	
D3M98P500F250；	
D4M98P500F250；	

121

主程序内容（第二面）	程序注释
D4M98P500F250；	
G0Z100.；	
X17.Y－17.；	精铣第4个φ10mm的孔（孔中心坐标X17.，Y－17.）
Z－5.；	
G01Z－18.5F100；	
D3M98P500F250；	
D4M98P500F250；	
D4M98P500F250；	
G0Z100.；	
M05；	程序结束
M30；	传输程序时的结束符号
%	

子程序内容	程序注释
%	传输程序时的开始符号
O0100	0100 子程序（粗铣 16mm×42mm 的台阶）
X35.0Y0；	起始点
G01G41Y18.；	刀具半径补偿有效，补偿值由主程序传入
G03X17.Y0R18.；	圆弧切入
G01X8.Y－21.；	加工轨迹的描述
X－8.；	（由于原始形状对刀具补偿值有限制，最大不超过4.5，为了去除余量，这里构造一个六边形的加工轨迹，以去除零件余量）
X－17.Y0；	
X－8.Y21.；	
X8.；	
X17.Y0；	
G03X35.Y－18.R18.；	圆弧切出
G01G40Y0；	刀具半径补偿取消
M99；	返回主程序
%	传输程序时的结束符号
%	传输程序时的开始符号
O0200	0200 子程序（铣削 48mm×48mm 的方台）
X35.0Y0；	起始点
G01G41Y11.0；	刀具半径补偿有效，补偿值由主程序传入
G03X24.Y0R11.；	圆弧切入
G01Y－22.；	加工轨迹的描述
G02X22.Y－24.R2.；	
G01X－22.；	
G02X－24.Y－22.R2.；	
G01Y22.；	
G02X－22.Y24.R2.；	
G01X22.；	

子程序内容	程序注释
G02X24. Y22. R2. ；	
G01Y0；	
G03X35. Y－11. R11. ；	圆弧切出
G01G40Y0；	刀具半径补偿取消
M99；	返回主程序
％	传输程序时的结束符号
％	传输程序时的开始符号
O0300	O300 子程序（铣削 φ29mm 的圆台）
G01G41Y20. 5；	刀具半径补偿有效，补偿值由主程序传入
G03X14. 5Y0R20. 5；	
G02I－14. 5J0；	
G03X35. Y－20. 5R20. 5；	
G01G40Y0；	
M99；	返回主程序
％	传输程序时的结束符号
％	传输程序时的开始符号
O0400	O400 子程序（16mm×42mm 的台阶）
X35. Y0；	起始点
G01G41Y20. 5；	刀具半径补偿有效，补偿值由主程序传入
G03X14. 5Y0R20. 5；	圆弧切入
G02X9. 539Y－10. 92R14. 5；	加工轨迹的描述
G03X8. Y－14. 309R4. 5；	
G01Y－16. 4；	
G02X3. 4Y－21. R4. 6；	
G01X－3. 4；	
G02X－8. Y－16. 4R4. 6；	
G01Y－14. 309；	
G03X－9. 539Y－10. 92R4. 5；	
G02Y10. 92R14. 5；	
G03X－8. Y14. 309R4. 5；	
G01Y16. 4；	
G02X－3. 4Y21. R4. 6；	
G01X3. 4；	
G02X8. Y16. 4R4. 6；	
G01Y14. 309；	
G03X9. 539Y10. 92R4. 5；	
G02X14. 5Y0R14. 5；	
G03X35. Y－20. 5R20. 5；	圆弧切出
G01G40Y0；	刀具半径补偿取消
M99；	返回主程序
％	传输程序时的结束符号

子程序内容	程序注释
%	（练习相对坐标系的铣削方式）
O0500	O500 子程序（铣削 ϕ10mm 的孔）
G91；	使用 G91 指令相对坐标系的方式
G01G41X5.；	直线切入，刀具半径补偿有效，补偿值由主程序传入
G03I - 5.J0；	铣削整圆
G01G40X - 5.；	直线切出，刀具半径补偿取消
G90；	恢复绝对坐标系的方式
M99；	返回主程序
%	

注：后面实例的仿真操作流程与第4章的操作练习件的仿真操作步骤相似，请参考第4章或查看光盘中对应的视频过程，此处不再赘述

8. 图纸加工完成的结果

图纸右侧加工完成的结果如图5-2所示，图纸左侧加工完成的结果如图5-3所示。

图5-2　图纸右侧加工完成的结果

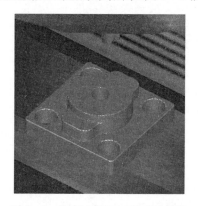

图5-3　图纸左侧加工完成的结果

5.1.2　配合件二

1. 零件图纸

配合件二的零件图纸如图5-4所示。

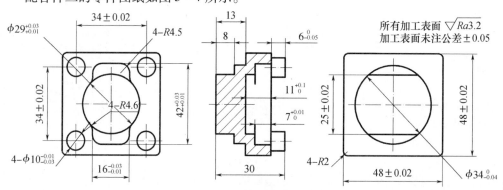

图5-4　配合件二

2. 刀具参数

加工中心训练所用的刀具参数如表 5-2 所列。

表 5-2　加工中心训练所用的刀具参数表

刀具号码	刀具名称	刀具材料	刀具直径/mm	零件材料:铝			零件材料:45#钢			备注
				转速/(r/min)	径向进给量/(mm/min)	轴向进给量/(mm/min)	转速/(r/min)	径向进给量/(mm/min)	轴向进给量/(mm/min)	
T1	端铣刀	高速钢	φ12	1300	200	100	500	80	50	粗铣
T2	端铣刀	高速钢	φ8	2000	250	100	800	100	50	精铣

3. 工艺分析

（1）根据设计基准,选择零件中心为编程原点,水平向右的方向为 X 的正向,垂直纸面向上的方向为 Z 的正向,工件的上表面定为 Z0。

（2）零件图右侧为先加工的部分,加工对象有:

上表面,T1 刀具平面铣削;

φ34mm 的圆台,深度为 13mm,T1 刀具外形铣削完成粗加工,T2 刀具完成精铣;

25mm 的台阶,深度为 8mm,T1 刀具粗铣,T2 刀具精铣。

4. 零件图纸右侧部分的工艺安排

（1）用虎钳装夹零件,铣平零件上表面后,将零件中心和零件上表面设为 G54 的原点。

（2）加工路线:铣削 Z0 平面→粗铣 φ34mm 的圆台→粗铣 25mm 的台阶→精铣 φ34mm 的圆台→精铣 25mm 的台阶。

5. 零件图纸右侧部分的手工编程参考程序

主程序内容（第一面）	程序注释
%	传输程序时的起始符号
O0001	程序 01
T1M6;	换 1 号刀,φ12mm 的端铣刀
G90G54G0X0Y0S1300M3;	刀具初始化
G43H1Z100.0;	1 号刀的长度补偿
X35.Y25.;	加工起始点($X35,Y25,Z100$)
Z5.M08;	定义初始平面,打开切削液
G01Z0F100;	（铣工件上表面的程序,走 Z 字形轨迹）
X-35.F200;	直线切入
Y17.;	刀具横向移动距离,为刀具直径的 0.7~0.9 倍
X35.;	
Y9.;	
X-35.;	
Y1.;	
X35.;	
Y-7.;	
X-35.;	
Y-15.;	

主程序内容（第一面）	程序注释
X35. ;	
Y - 23. ;	
X - 35. ;	直线切出
G0Z100. ;	回到安全平面
X35. Y0 ;	加工起始点（X35，Y0，Z100.）
Z5. ;	
G01Z - 6.5F100 ;	
D1M98P1000F200（D1 = 17.）;	用不同的刀具半径补偿值重复调用子程序去除工件的余量
D2M98P1000F200（D2 = 6.2）;	半径补偿值和切削速度传入子程序
G01Z - 13. F100 ;	分层铣削 ϕ34mm 的圆台
D1M98P1000F200 ;	
D2M98P1000F200 ;	
G01Z - 8. F100 ;	
D2M98P2000F200 ;	铣削 25mm 的台阶
G0Z100. ;	
M5 ;	
T2M6 ;	换 2 号刀，ϕ8mm 端铣刀
G90G54G0X0Y0S2000M3 ;	
G43H2Z100. ;	
X35. Y0 ;	加工起始点（X35，Y0，Z100）
Z5. ;	
G01Z - 5. F100 ;	
D4M98P1000F250（D4 = 3.99）;	用合适的刀具半径补偿，通过调用子程序完成精加工
G01Z - 9. F100 ;	
D4M98P1000F250 ;	
G01Z - 13. F100 ;	
D4M98P1000F250 ;	
G01Z - 4. F100 ;	
D3M98P2000F250（D3 = 4.）;	因为公差不同，其刀具半径补偿也不同
G01Z - 8. F100 ;	
D3M98P2000F250 ;	
G0Z100. ;	
M5 ;	
M30 ;	程序结束
%	传输程序的结束符号

子程序内容	程序注释
%	传输程序时的开始符号
O1000	O1000 子程序(铣削 ϕ34mm 的圆台)
X35. Y0;	起始点
G01G41Y18. ;	刀具半径补偿有效,补偿值由主程序传入
G03X17. Y0R18. ;	圆弧切入
G02I - 17. J0;	加工轨迹的描述,铣削整圆
G03X35. Y - 18. R18. ;	圆弧切出
G01G40Y0;	刀具半径补偿取消
M99;	返回主程序
%	传输程序时的结束符号
%	传输程序时的开始符号
O2000	O2000 子程序(铣削 25 ± 0.02 的台阶)
X35. Y0;	起始点
G01G41Y - 12.5;	刀具半径补偿有效,补偿值由主程序传入
X - 35. ;	直线切入
Y12.5;	加工轨迹的描述
X35. ;	直线切出
G01G40Y0;	刀具半径补偿取消
M99;	返回主程序
%	传输程序时的结束符号

6. 零件图纸左侧部分的工艺安排

（1）用虎钳装夹 25mm 的台阶,利用 ϕ34mm 的圆柱面用百分表找正零件中心,然后粗铣零件上表面,测量零件的长度,根据零件长度,精铣零件上表面后,将零件中心和零件上表面设为 G55 的原点。**注意**:零件翻面后,其用户坐标系和刀具长度补偿值需要重新设置。

（2）零件图左侧为翻面加工的部分,加工对象有:

上表面,T1 刀具平面铣削;

4 个 ϕ10mm 的圆柱,深度为 6mm,T1 刀具外形铣削完成粗加工,T2 刀具完成精铣;

48mm × 48mm 的外形,深度为 17mm,T1 刀具外形铣削完成粗加工,T2 刀具完成精铣。

ϕ29mm 的圆槽,深度为 17mm,T1 刀具外形铣削完成粗加工,T2 刀具完成精铣。

16mm × 42mm 的凹槽,深度为 13mm,T2 刀具完成半精铣加工,T2 刀具完成精铣。

（3）加工路线:铣削 Z0 平面→粗铣 4 个 ϕ10mm 的圆柱→粗铣 48mm × 48mm 的外形→粗铣 ϕ29mm 的圆槽→精铣 4 个 ϕ10mm 的圆柱→精铣 48mm × 48mm 的外形→半精铣 16mm × 42mm 的凹槽→精铣 16mm × 42mm 的凹槽→精铣 ϕ29mm 的圆槽。

7. 零件图纸左侧部分的手工编程参考程序

程序内容（工步1，铣平面）	程序注释
%	传输程序时的起始符号
O0002	程序 O2
T1M6;	换1号刀，ϕ12mm 的端铣刀
G90G55G0X0Y0S1300M3;	刀具初始化
G43H1Z100.;	1号刀的长度补偿
X50.Y0;	加工起始点(X50，Y0，Z100)
Z5.0M08;	定义初始平面，打开切削液
G01Z0F100;	（铣工件上表面的程序，走同心圆轨迹）
X40.F200;	直线切入
G02I−40.J0;	同心圆轨迹
G01X30.;	刀具横向移动距离，为刀具直径的 0.7~0.9 倍
G02I−30.J0;	
G01X20.;	
G02I−20.;	
G01X10.;	
G02I−10.;	
G01X0;	
G0Z100.M09;	回到安全平面，关闭切削液
M05;	主轴转动停止
M30;	程序结束
%	传输程序的结束符号

注：工步1的程序需要运行2次，第1次运行后，测量零件是否符合30mm 的厚度，如果不符，则需要根据测量结果，修改 G55 的 Z 值设置，再进行第2次运行加工

主程序内容（第二面）	程序注释
%	传输程序时的起始符号
O0003	
T1M6;	换1号刀，ϕ12mm 平铣刀
G90G55G0X0Y0S1300M3;	刀具初始化
G43H1Z100.0M8;	1号刀的长度补偿
X0Y35.0;	
Z5.0;	
G01Z−5.98F100;	
G01Y−35.F200;	切削轨迹为一个十字线，去处余量
G0Z100.0;	
X−35.0Y.0;	
Z5.0;	
G01Z−5.98F100;	
G01X35.0F200;	
X35.0Y0;	
D2M98P100F200(D2 = 6.2);	

128

主程序内容（第二面）	程序注释
G01Z-11.5F100；	粗铣4个φ10mm圆柱
D2M98P200F200；	
G01Z-17.2F100；	粗铣48mm×48mm的外形
D2M98P200F200；	深度多切0.2mm,确保无薄边
G0Z100.；	
X0Y0；	
Z5.0；	
G01Z-10.F80；	新的加工起始点(X0,Y0,Z100.)
D2M98P300F150；	
G01Z-14.F80；	
D2M98P300F150；	粗铣φ29mm的圆槽
G01Z-17.F80；	
D2M98P300F150；	半径补偿值和切削速度传入子程序
G0Z100.0M9；	
M05；	
T2M6；	换2号刀,φ8mm端铣刀
G90G55G0X0Y0S2000M3；	
G43H2Z100.0；	
X35.Y0；	加工起始点(X35,Y0,Z100.)
Z5.0M8；	
G01Z-5.98F150；	
D4M98P100F250(D4=3.99)；	精铣4个φ10mm圆柱
D4M98P100F250；	重复铣削一次,减小刀具弹性变形的影响
G01Z-11.5F100；	
D4M98P200F250；	精铣48mm×48mm的外形
G01Z-17.2F100；	分层铣削
D4M98P200F250；	
D4M98P200F250；	重复铣削一次,减小刀具弹性变形的影响
G0Z100.；	
X0Y0；	新的加工起始点(X0,Y0,Z100.)
Z5.M8；	
G01Z-9.5F150；	
D5M98P400F150(D5=4.1)；	半精铣16mm×42mm的凹槽
G01Z-13.05F150；	分层铣削
D5M98P400F150；	
D4M98P400F250；	精铣16mm×42mm的凹槽
D4M98P400F250；	重复铣削一次,减小刀具弹性变形的影响
G01Z-17.03F150；	
D4M98P300F250；	
G0Z100.M9；	
M05；	
M30；	程序结束
%	传输程序时的结束符号

子程序内容	程序注释
%	传输程序时的开始符号
O0100	O100 程序(铣削四个 ϕ10mm 圆柱)
X35. Y0;	
G01G41X22. ;	
Y – 17. ;	
G2I – 5. J0;	第 1 圆柱
G1Y – 24. ;	
X – 22. ;	
Y – 17. ;	
G2I5. J0;	第 2 圆柱
G1Y17. ;	
G2I5. J0;	第 3 圆柱
G1Y24. ;	
X22. ;	
Y17. ;	
G2I – 5. J0;	第 4 圆柱
G1Y0;	
G1G40X35. ;	
M99;	返回主程序
%	传输程序时的结束符号
%	传输程序时的结束符号
O0200	O200(铣削 48mm × 48mm 的外形)
X35. Y0;	
G1G41X24. ;	
Y – 24. ,R2. ;	G01 指令倒圆角
X – 24. ,R2. ;	
Y24. ,R2. ;	
X24. ,R2. ;	
Y0;	
G1G40X35. ;	
M99;	返回主程序
%	传输程序时的结束符号
%	传输程序时的开始符号
O0300	O300(铣削 ϕ29mm 的圆槽)
X0Y0;	
G01G41X14.5;	直线切入
G3I – 14.5J0;	加工轨迹的描述
G01G40X0;	
M99;	返回主程序
%	传输程序时的结束符号

子程序内容	程序注释
%	传输程序时的开始符号
O0400	O400（铣削 16mm×42mm 的凹槽）
X0Y0；	
G01G41X14.5；	
G3X9.565Y10.897R14.5；	加工轨迹的描述
G2X8.Y14.354R4.6；	
G1Y21.,R4.5；	
G1X－8.,R4.5；	
G1Y14.354；	
G2X－9.565Y10.897R4.6；	
G3X－9.565Y－10.897R14.5；	
G2X－8.Y－14.354R4.6；	
G1Y－21.,R4.5；	
G1X8.,R4.5；	
G1Y－14.354；	
G2X9.565Y－10.897R4.6；	
G3X14.5Y0.R14.5；	
G01G40X0；	
M99；	返回主程序
%	传输程序时的结束符号

8. 图纸加工完成的结果

图纸右侧加工完成的结果如图 5－5 所示，图纸左侧加工完成的结果如图 5－6 所示。

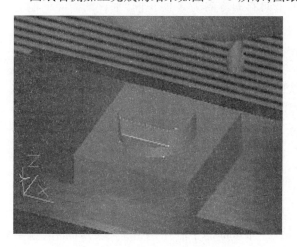

图 5－5　图纸右侧加工完成的结果　　　　图 5－6　图纸左侧加工完成的结果

131

5.2 加工中心编程实例一

1. 零件图纸

加工中心编程实例一的零件图纸如图5-7所示。

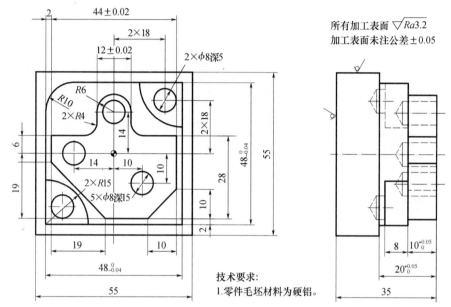

图5-7 加工中心编程实例一

2. 刀具参数

加工采用的刀具参数如表5-1所列。

3. 工艺分析

（1）选择零件中心为编程原点，水平向右的方向为 X 的正向，垂直纸面向上的方向为 Z 的正向，工件的上表面定为 $Z0$。

（2）需要加工的部分为：

$Z0$ 平面的铣削；

宽度为44mm的外形轮廓，深度为10mm；

粗铣两个半径为 $R15$ 的外轮廓，深度为18mm；

48mm×48mm的外形轮廓，深度为20mm；

$3 \times \phi 8$ mm 深度为15mm的孔；

$2 \times \phi 8$ mm 深度为23mm的孔。

4. 工艺安排

（1）用虎钳装夹零件，铣平零件上表面，将零件中心和零件上表面设为 G54 的原点。

（2）加工路线是：铣削 $Z0$ 平面→钻 $5 \times \phi 3$ mm 的中心孔→钻 $5 \times \phi 7.8$ mm 的孔→粗铣宽为44mm的外形轮廓→粗铣两个半径为15mm的外轮廓→粗铣48mm×48mm的外形轮廓→精铣宽为44mm的外形轮廓→精铣两个半径为15mm的外轮廓→精铣48mm×48mm的外形轮廓→铰孔至尺寸 $\phi 8$ mm。

132

5. 手工编程参考程序

主程序内容	程序注释
%	传输程序时的起始符号
O00001	主程序 O1
T1M6；	换 1 号刀，ϕ12mm 的端铣刀
G90G54G0X35.Y-24.S1300M3；	刀具初始化
G43H1Z100.；	1 号刀的长度补偿
Z5.0M08；	定义初始平面
G01Z0F100；	铣工件上表面的程序，单独使用（走回字形轨迹）
X-24.F200；	
Y24.；	刀具横向移动距离，刀具直径的 0.7~0.9 倍
X24.；	
Y-16.；	
X-16.；	
Y16.；	
X16.；	
Y-8.；	
X-8.；	
Y8.；	
X8.；	
Y0.；	
X0.；	
G0Z100.M09；	回到安全平面
M05；	
T3M6；	换 3 号刀，ϕ3mm 的中心钻
G90G54G0X0Y0S2000M3；	刀具初始化，选择用户坐标系为 G54
G43H3Z100.M08；	3 号刀的长度补偿
G99G81X-14.Y0Z-5.R5.F80；	G81 钻孔循环指令钻中心孔（第 1 点 $X-14.$，$Y0$）
X0Y14.；	（第 2 点 $X0$，$Y14$）
X10.Y-10.；	（第 3 点 $X10$，$Y-10$）
X18.Y18.；	（第 4 点 $X18$，$Y18$）
X-18.Y-18.；	（第 5 点 $X-18$，$Y-18$）
G80；	取消钻孔指令
G00Z100.M05；	
T4M6；	换 4 号刀，ϕ7.8mm 钻头
G90G54G0X0Y0S1000M3；	
G43H4Z100.M08；	
G99G73X-14.Y0Z-17.R5.Q2.F100；	G73 钻孔循环指令钻孔（第 1 点 $X-14.$，$Y0$）
X0Y14.；	（第 2 点 $X0$，$Y14$）
X10.Y-10.；	（第 3 点 $X10$，$Y-10$）
G99G83X18.Y18.Z-25.R5.Q2.F100；	（第 4 点 $X18$，$Y18$）
X-18.Y-18.；	（第 5 点 $X-18$，$Y-18$）

（续）

主程序内容	程序注释
G80M09；	取消钻孔指令
G00Z100.M5；	
T1M6；	换1号刀,φ12mm平铣刀
G90G54G0X35.Y35.S1300M3；	刀具初始化
G43H1Z100.；	1号刀的长度补偿
Z5.M08；	
G01Z−5.F100；	
D1M98P100F200(D1=16.)；	用不同的刀具半径补偿值重复调用子程序去除工件的余量
D2M98P100F200(D2=6.2)；	
G01Z−10.02F100；	
D1M98P100F200；	半径补偿值和切削速度传入子程序
D2M98P100F200；	粗铣宽度为44mm的外轮廓,凹陷部分除外
G0Z10.；	
X−35.Y0；	
Z5.；	
G01Z−5.F100；	
D2M98P200F200；	粗铣宽度为44mm的外轮廓的凹陷部分
G0Z10.；	
X−35.Y0；	
Z5.；	
G01Z−10.02F100；	
D2M98P200F200；	粗铣宽度为44mm的外轮廓的凹陷部分
X35.Y35.；	
G01Z−14.F100；	
D3M98P300F200(D3=14.8)；	粗铣48mm×48mm的外轮廓带R15凹槽的形状
D2M98P300F200；	
G01Z−18.F100；	
D3M98P300F200；	
D2M98P300F200；	
G01Z−20.02F100；	
D2M98P400F200；	粗铣48mm×48mm的外轮廓,不含R15凹槽的形状
G00Z100.M5；	
T2M6；	换2号刀,φ8mm端铣刀
G90G54G0X35.Y35.S2000M3；	加工起始点(X35,Y35,Z100)
G43H2Z100.；	
Z5.M08；	
G01Z−10.02F100；	
D4M98P100F250(D4=4.)；	用合适的刀具半径补偿,通过调用子程序完成精加工
D4M98P100F250；	
G0Z100.；	

134

主程序内容	程序注释
X－35. Y0；	
Z5.；	
G01Z－10. F100；	
D4M98P200F250；	
X35Y35.；	
G01Z－18. F100；	
D5M98P300F250（D5＝3.99）；	
G01Z－20.02F100；	
D5M98P400F250；	
G00Z100. M9；	
T5M6；	换5号刀，ϕ8mm 铰刀
G90G54G0X0Y0S300M3；	刀具初始化
G43H5Z100. M08；	
G99G81X－14. Y0Z－15. R5. F50；	G81 循环指令铰孔
X0Y14.；	
X10. Y－10.；	
G99G81X18. Y18. Z－23. R5. F50；	
X－18. Y－18.；	
G80；	
G0Z100. M09；	
M5；	
M30；	程序结束
％	传输程序时的结束符号

子程序内容	程序注释
％	传输程序时的开始符号
O0100	O100 子程序（宽度为44mm 的外轮廓的余量铣削）
X35. Y35.；	刀具起始点
G01G41X22.；	刀具半径补偿有效，补偿值由主程序传入
Y－12.；	直线切入
X12. Y－22.；	加工轨迹的描述
X－3.；	
X－22. Y－3.；	
Y6.；	
X－6. Y20.；	
X6.；	
X22. Y6.；	
G1X35.；	直线切出
G1G40Y35.；	刀具半径补偿取消
M99；	返回主程序
％	传输程序时的结束符号

子程序内容	程序注释
%	传输程序时的开始符号
O0200	O200 子程序（宽度为 44mm 的外轮廓凹陷部分的铣削）
X – 35. Y0；	刀具起始点
G01G41Y6.；	刀具半径补偿有效，补偿值由主程序传入，直线切入
X – 6.；	加工外轮廓轨迹描述
Y14.；	
G2X6. Y14. I6. J0；	
G1Y6.；	
G1X35.；	直线切出
G1G40Y35.；	刀具半径补偿取消
M99；	返回主程序
%	传输程序时的结束符号
%	传输程序时的开始符号
O0300	O300 子程序（48mm×48mm 的外轮廓带 R15 凹槽的铣削）
X35. Y35.；	刀具起始点
G01G41X24.；	刀具半径补偿有效，补偿值由主程序传入
Y – 24.；	直线切入
X – 9.；	加工外轮廓轨迹描述
G3X – 24. Y – 9. R15.；	
G1Y14.；	
G02X – 12. Y24. R10.；	
G01X9.；	
G3X24. Y9. R15.；	
G1X35.；	直线切出
G1G40Y35.；	刀具半径补偿取消
M99；	返回主程序
%	传输程序时的结束符号
%	传输程序时的开始符号
O0400	O400 子程序（48mm×48mm 的外轮廓，不含 R15 凹槽）
X35. Y35.；	定义刀具起始点
G01G41X24.；	刀具半径补偿有效，补偿值由主程序传入
Y – 24.；	直线切入
X – 24.；	加工外轮廓轨迹描述
G1Y14.；	
G02X – 12. Y24. R10.；	
G01X24.；	
G1X35.；	直线切出
G1G40Y35.；	刀具半径补偿取消
M99；	返回主程序
%	传输程序时的结束符号

6. 加工完成的结果

加工完成的结果如图 5-8 所示。

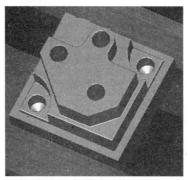

图 5-8　加工完成的结果

5.3　加工中心编程实例二

1. 零件图纸

加工中心编程实例二的零件图纸如图 5-9 所示。

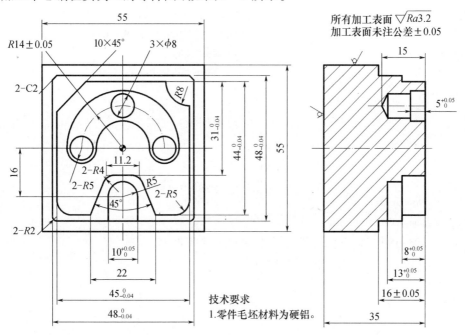

图 5-9　加工中心编程实例二

2. 刀具参数

加工采用的刀具参数如表 5-1 所列。

3. 工艺分析

（1）选择零件中心为编程原点,水平向右的方向为 X 的正向,垂直纸面向上的方向为 Z 的正向,工件的上表面定为 $Z0$。

（2）需要加工的部分为：

44mm×45mm 的外形轮廓铣削，深为 8mm；

48mm×48mm 的外形轮廓铣削，深为 16mm；

腰形槽，深为 5mm；

宽为 10mm 的开口槽，深为 13mm；

3×φ8mm 的孔，深为 15mm。

4．工艺安排

（1）用虎钳装夹零件，铣平零件上表面，将零件中心和零件上表面设为 G54 的原点。

（2）加工路线是：钻中心孔→扩 3×φ7.8mm 孔→粗铣 44mm×45mm 的外形轮廓→粗铣 48mm×48mm 的外形轮廓→粗铣开口槽→粗铣腰形槽→精铣腰形槽→半精铣 44mm×45mm 的外形轮廓→精铣 44mm×45mm 的外形轮廓→精铣 48mm×48mm 的外形轮廓→精铣开口槽→铰 3×φ8mm 的孔。

注：从 5.3 节开始不再进行 Z0 平面的铣削。

5．手工编程参考程序

主程序内容	程序注释
%	传输程序时的起始符号
O0001	O1 主程序
T3M6；	换 3 号刀，φ3mm 的中心钻
G90G54G0X0Y0S2000M3；	刀具初始化，选择用户坐标系为 G54
G43H3Z100.M08；	3 号刀的长度补偿
G99G81X14.Y0Z-5.R5.F80；	G81 钻孔循环指令钻中心孔
X0Y14.；	
X-14.Y0；	
G80M09；	
M05；	
T4M6；	换 4 号刀，φ7.8mm 钻头
G90G54G0X0Y0S1000M3；	
G43H4Z100.M08；	
G99G73X14.Y0Z-15.Q2.R5.F100；	G73 钻孔，深度 Z-15
X0Y14.；	
X-14.Y0；	
G80M09；	
M05；	
T1M6；	换 1 号刀，φ12mm 平铣刀
G90G54G0X0Y0S1300M3；	刀具初始化
G43H1Z100.；	1 号刀的长度补偿
X40.Y40.；	加工起始点（X40，Y40，Z100.）
Z5.M08；	
G01Z-4.F100；	

138

主程序内容	程序注释
D1M98P100F200（D1＝16）；	用不同的刀具半径补偿值重复调用子程序去除工件
D2M98P100F200（D2＝6.2）；	的余量
G01Z－8.F100；	
D1M98P100F200；	分层铣削44mm×45mm的外形轮廓
D2M98P100F200；	
G01Z－12.F100；	
D2M98P200F200；	分层铣削48mm×48mm的四方
G01Z－16.F100；	
D2M98P200F200；	
G0Z100.M09；	
M05；	
T2M6；	换2号刀，φ8mm端铣刀
G90G54G0X0Y0S1500M3；	
G43H2Z100.；	
X0Y－40.；	
Z5.M08；	
G01Z－4.5F100；	
D3M98P400F130（D3＝4.15）；	分层粗铣开口槽
G01Z－9.0F100；	
D3M98P400F130；	
G01Z－13.0F100；	
D3M98P400F130；	
G0Z100.M09；	
X14.Y0；	
Z5.M08；	
G01Z－5.0F70；	
D3M98P300F130；	粗铣腰形槽
S2000M3；	改变主轴转数
D4M98P300F250（D4＝4）；	精铣腰形槽
G0Z100.M09；	
X40.Y40.；	
Z5.M08；	
G01Z－8.F100；	
D3M98P500F130；	半精铣44mm×45mm的外形轮廓
D5M98P500F250（D5＝3.99）；	精铣44mm×45mm的外形轮廓
D5M98P500F250；	重复铣削一次，减小刀具弹性变形的影响
G01Z－16.F100；	
D5M98P200F250；	精铣48mm×48mm的外形轮廓
D5M98P200F250；	重复铣削一次，减小刀具弹性变形的影响
G0Z100.M09；	

139

主程序内容	程序注释
X0Y－40.；	
Z5.M08；	
G01Z－13.0F100；	
D5M98P400F250；	精铣开口槽
G0Z100.M09；	
M05；	
T5M6；	换5号刀，ϕ8mm 铰刀
G90G54G0X0Y0S300M3；	刀具初始化
G43H5Z100.M08；	
G99G81X14.Y0Z－15.R5.F50；	G81 循环指令铰孔
X0Y14.；	
X－14.Y0；	
G80；	
G0Z100.M09；	
M05；	
M30；	程序结束
％	传输程序时的结束符号

子程序内容	程序注释
％	传输程序时的开始符号
O0100	0100 子程序（粗铣 44mm×45mm 的外形，不包含 R8mm 内圆弧）
X40.Y40.；	起始点
G01G41X14.5；	刀具半径补偿有效，补偿值由主程序传入
Y22.；	加工轨迹的描述
X22.5Y14.；	
G01Y－22.，R5.；	
X－22.5，R5.；	
Y22.，C10.；	
G1X40.；	刀具半径补偿取消
G1G40Y40.；	
M99；	返回主程序
％	传输程序时的结束符号
％	传输程序时的开始符号
O0200	0200 子程序（铣削 48mm×48mm 的四方）
X40.Y40.；	起始点
G01G41X22.；	刀具半径补偿有效，补偿值由主程序传入
Y24.；	加工轨迹的描述
X24.Y22.；	
Y－24.，R2.；	
X－24.，R2.；	
Y24.，C2.；	
X40.；	直线切出

子程序内容	程序注释
G01G40Y40.；	刀具半径补偿取消
M99；	返回主程序
％	传输程序时的结束符号
％	传输程序时的开始符号
O0300	O300 子程序（铣削腰形槽）
X14.Y0；	起始点
G1G41X19.；	刀具半径补偿有效，补偿值由主程序传入
G03X−19.Y0I−19.J0；	加工轨迹的描述
G03X−9.Y0I5.J0；	
G02X9.Y0I9.J0；	
G03X19.Y0I5.J0；	
G1G40X14.；	刀具半径补偿取消
M99；	返回主程序
％	传输程序时的结束符号
％	传输程序时的开始符号
O0400	O400 子程序（铣削开口槽）
X0Y−40.；	起始点
G01G41X5.；	刀具半径补偿有效，补偿值由主程序传入
Y−16.；	加工轨迹的描述
G03X−5.Y−16.I−5.J0；	
G01Y−40.；	
G1G40X0；	刀具半径补偿取消
M99；	返回主程序
％	传输程序时的结束符号
％	传输程序时的开始符号
O0500	O500 子程序（精铣 44mm×45mm 的外形轮廓）
X40.Y40.；	起始点
G01G41X14.5；	刀具半径补偿有效，补偿值由主程序传入
Y22.；	加工轨迹的描述
G03X22.5Y14.R8.；	
G01Y−22.，R5.；	
X11.；	
X5.615Y−9.；	
X−5.615；	
X−11.Y−22.；	
X−22.5，R5.；	
Y22.，C10；	
G1X40.；	刀具半径补偿取消
G1G40Y40.；	
M99；	返回主程序
％	传输程序时的结束符号

6. 加工完成的结果

加工完成的结果如图 5 – 10 所示。

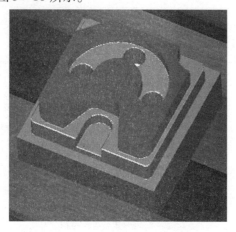

图 5 – 10　加工完成的结果

5.4　加工中心编程实例三

1. 零件图纸

加工中心编程实例三的零件图纸如图 5 – 11 所示。

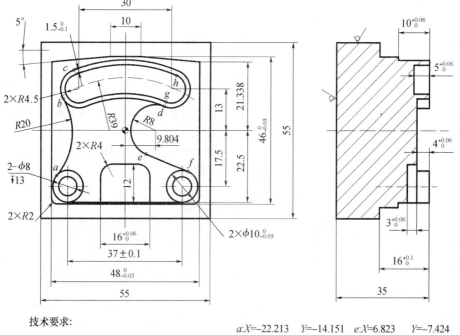

技术要求:

1. 零件毛坯材料为铝。
2. 所有的加工表面为 $\sqrt{Ra3.2}$。
3. 加工表面未注公差±0.05mm。

a:X=−22.213	Y=−14.151	e:X=6.823	Y=−7.424
b:X=−20.092	Y=9.826	f:X=20.363	Y=−12.860
c:X=−17.308	Y=18.538	g:X=13.269	Y=8.846
d:X=12.773	Y=7.429	h:X=16.731	Y=17.154

图 5 – 11　加工中心编程实例三

2. 刀具参数

加工采用的刀具参数如表 5 - 1 所列。

3. 工艺分析

（1）选择零件中心为编程原点，水平向右的方向为 X 的正向，垂直纸面向上的方向为 Z 的正向，工件的上表面定为 $Z0$。

（2）需要加工的部分为：

46mm × 48mm 的外形轮廓铣削，深度为 16mm；

异形外轮廓铣削，深为 10mm；

2 × ϕ10mm 的小圆柱，深 4mm；

腰形凸台，深为 4mm；

腰形槽，深为 5mm；

宽为 16mm 的开口槽铣削，深度为 3mm

2 × ϕ8mm 的孔，深 13mm。

4. 工艺安排

（1）用虎钳装夹零件，铣平零件上表面，将零件中心和零件上表面设为 G54 的原点。

（2）加工路线是：钻中心孔→扩 2 × ϕ7.8mm 孔→粗铣 46mm × 48mm 的外形轮廓→粗铣腰形凸台→粗铣 2 × ϕ10mm 的小圆柱→粗铣异形外轮廓→半精铣腰形槽内轮廓→半精铣宽为 16mm 的开口槽→精铣宽为 16mm 的开口槽→精铣腰形外轮廓→精铣腰形槽内轮廓→精铣 2 × ϕ10mm 的小圆柱→精铣异形外轮廓→精铣 46mm × 48mm 的外轮廓→铰 2 × ϕ8mm 孔。

5. 手工编程参考程序

主程序内容	程序注释
%	传输程序时的起始符号
O0001	O1 主程序
T3M6；	换 3 号刀，ϕ3mm 的中心钻
G90G54G0X0Y0S2000M3；	刀具初始化，选择用户坐标系为 G54
G43H3Z100.；	3 号刀的长度补偿
G99G81X - 18.5Y - 17.5Z - 5. R5. F80；	G81 钻孔循环指令钻中心孔（第 1 点 $X-18.5, Y-17.5$）
X18.5Y - 17.5；	（第 2 点 $X18.5, Y-17.5$）
G80；	取消钻孔指令
M5；	
T4M6；	换 4 号刀，ϕ7.8mm 钻头
G90G54G0X0Y0S1000M3；	
G43H4Z100.；	
G99G83X - 18.5Y - 17.5Z - 15. R5. Q2. F100；	G83 钻孔循环指令钻孔（第 1 点 $X-18.5, Y-17.5$）
X18.5Y - 17.5；	（第 2 点 $X18.5, Y-17.5$）
G80；	取消钻孔指令
M5；	
T1M6；	换 1 号刀，ϕ12mm 平铣刀
G90G54G0X35. Y35. S1300M3；	刀具初始化

主程序内容	程序注释
G43H1Z100.；	1号刀的长度补偿
Z5.；	加工起始点（X35，Y35，Z100.）
G1Z－8.F100；	
D1M98P100F200（D1＝6.2）；	调用子程序，用于去除余量
G1Z－16.F100；	半径补偿值和切削速度传入子程序
D1M98P100F200；	粗铣46mm×48mm的外轮廓
G0Z10.；	
X0Y35.；	
Z5.；	
G1Z－4.F100；	
D2M98P200F200（D2＝12）；	粗铣腰形外轮廓
G1Z－4.F100；	
D1M98P200F200；	
G0Z10.；	
X35.Y－35.；	
Z5.；	
G1Z－4.F100；	
D2M98P300F200；	粗铣2×φ10mm的小圆柱
G1Z－4.F100；	
D1M98P300F200；	
G0Z10.；	
X0Y－35.；	
G0Z5.；	
G1Z－10.F100；	
D3M98P400F200（D3＝8）；	粗铣异形外轮廓
G1Z－10.F100；	
D1M98P400F200；	
G0Z100.M5；	
T2M6；	换2号刀，φ8mm端铣刀
G90G54G0X15.Y13.S1500M3；	
G43H2Z100；	加工起始点（X15，Y13，Z100）
Z5.；	
G1Z－2.5F70；	
D4M98P500F130（D4＝4.15）；	半精铣腰形槽内轮廓
G1Z－5.F70；	
D4M98P500F130；	
G0Z10.；	
X0Y－35.；	
Z5.；	
G1Z－7.F100；	

主程序内容	程序注释
D4M98P600F130；	半精铣宽为16mm的开口槽
S2000M3；	提高主轴转速
D5M98P600F250（D5＝3.987）；	精铣宽为16mm的开口槽
G0Z10.；	
X0Y35.；	
G1Z－4.F100；	
D5M98P200F250；	精铣腰形外轮廓
G0Z10.；	
X15.Y13.；	
G0Z5.；	
G1Z－5.F100；	
D5M98P500F250；	精铣腰形槽内轮廓
D5M98P500F250；	重复铣削一次,减小刀具弹性变形的影响
G0Z10.；	
X35.Y－35.；	
Z5.；	
G1Z－4.F100；	
D5M98P300F250；	精铣2×φ10mm的小圆柱
G0Z10.；	
X0Y－35.；	
G0Z5.；	
G1Z－10.F100；	
D5M98P400F200；	精铣异形外轮廓
D5M98P400F200；	重复铣削一次,减小刀具弹性变形的影响
G0Z10.；	
X35.Y35.；	
Z5.；	
G1Z－16.F100；	
D5M98P100F250；	精铣46mm×48mm的外轮廓
G0Z100.M5；	
T5M6；	换5号刀,φ8mm铰刀
G90G54G0X0Y0M3S300；	刀具初始化
G43H5Z100.；	
G99G81X－18.5Y－17.5Z－15.R5.F50；	G81循环指令铰孔
X18.5Y－17.5；	
G80；	
G0Z100.M5；	
M30；	程序结束
％	传输程序时的结束符号

子程序内容	程序注释
%	传输程序时的开始符号
O0100	O100 子程序(46mm×48mm 的外轮廓铣削)
X35. Y35. ;	定义刀具起始点
G1G41X24. ;	刀具半径补偿有效,补偿值由主程序传入
Y−23. ,R2. ;	直线切入
X−24. ,R2. ;	加工轨迹的描述
Y21.338 ;	
X−5. Y23. ;	
X5. ;	
X24. Y21.338 ;	
X35. ;	直线切出
G1G40Y35. ;	刀具半径补偿取消
M99 ;	返回主程序
%	传输程序时的结束符号
%	传输程序时的开始符号
O0200	O200 子程序(腰形外轮廓铣削)
X0Y35. ;	刀具起始点
G1G41Y22. ;	刀具半径补偿有效,补偿值由主程序传入
G2X17.308Y18.538R45. ;	直线切入
G2X12.695Y7.462R6. ;	加工轨迹的描述
G3X−12.695Y7.462R33. ;	
G2X−17.308Y18.538R6. ;	
G2X0Y22. R45. ;	直线切出
G1G40Y35. ;	刀具半径补偿取消
M99 ;	返回主程序
%	传输程序时的结束符号
%	传输程序时的开始符号
O0300	O300 子程序(2×φ10mm 的小圆柱铣削)
X35. Y−35. ;	刀具起始点
G1G41Y−22.5 ;	直线切入
X18.5 ;	刀具半径补偿有效,补偿值由主程序传入
G2I0J5. ;	加工轨迹的描述
G1X−18.5 ;	
G2I0J5. ;	
Y−35. ;	
G1G40X35. ;	刀具半径补偿取消
M99 ;	返回主程序
%	传输程序时的结束符号

子程序内容	程序注释
%	传输程序时的开始符号
O0400	O400 子程序（异形外轮廓的铣削）
X0Y－35.；	刀具起始点
G01G41Y－22.5；	刀具半径补偿有效,补偿值由主程序传入,直线切入
X－18.5；	加工轨迹的描述
G2X－22.213Y－14.151R5.；	
G3X－20.092Y9.826R20.；	
G2X－17.308Y18.538R6.；	
G2X17.308Y18.538R45.；	
G2X12.773Y7.429R6.；	
G3X6.823Y－7.424R8；	
G1X20.363Y－12.860；	
G2X18.5Y－22.5R5.；	
G1X0；	
G1G40Y－35.；	直线切出,刀具半径补偿取消
M99；	返回主程序
%	传输程序时的结束符号
%	传输程序时的开始符号
O0500	O500 子程序（腰形槽内轮廓铣削）
X15.Y13.；	刀具起始点
G1G41X16.731Y17.154；	刀具半径补偿有效,补偿值由主程序传入,直线切入
G3X－16.731Y17.154R43.5；	加工轨迹的描述
G3X－13.269Y8.846R4.5；	
G2X13.269Y8.846R34.5；	
G3X16.731Y17.154R4.5；	
G1G40X15.Y13.；	直线切出,刀具半径补偿取消
M99；	返回主程序
%	传输程序时的结束符号
%	传输程序时的开始符号
O0600	O600 子程序（宽为 16mm 的开口槽铣削）
X0Y－35.；	刀具起始点
G1G41X8.；	刀具半径补偿有效,补偿值由主程序传入
Y－10.5；	直线切入,加工轨迹的描述
X－8.；	
Y－35.；	
G1G40X0；	直线切出,刀具半径补偿取消
M99；	返回主程序
%	传输程序时的结束符号

6. 加工完成的结果

加工完成的结果如图 5 – 12 所示。

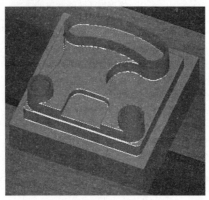

图 5 – 12　加工完成的结果

5.5　加工中心简化编程实例

5.5.1　镜像编程实例

1. 镜像编程实例加工完成的结果

图 5 – 13 为镜像编程实例,图 5 – 14 为加工完成的结果。

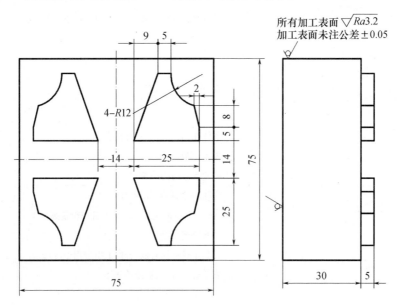

图 5 – 13　镜像编程实例

2. 刀具参数

加工采用的刀具参数如表 5 – 2 所列。

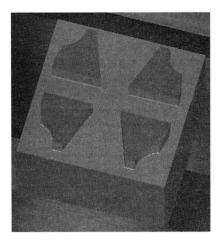

图 5 - 14　加工完成的结果

3. 工艺分析

（1）选择零件中心为编程原点，水平向右的方向为 X 的正向，垂直纸面向上的方向为 Z 的正向，工件的上表面定为 $Z0$。

（2）需要加工的部分为：

4 个 25mm × 25mm 的外形轮廓铣削，深度为 5mm。

4. 工艺安排

（1）用虎钳装夹零件，铣平零件上表面，将零件中心和零件上表面设为 G54 的原点。

（2）加工路线是：粗铣外形余量→粗铣 25mm × 25mm 外形轮廓→精铣 25mm × 25mm 外形轮廓。

5. 手工编程参考程序

主程序内容	程序注释
%	传输程序时的起始符号
O0001	主程序 O1
T1M6；	换 1 号刀，φ12mm 的端铣刀
G90G54G0X0Y0S1300M3；	刀具初始化
G43H1Z100.M08；	1 号刀的长度补偿
M98P200；	调用 O200 子程序，粗加工外形余量
D1M98P100（D1 = 6.2）；	粗铣第一个形状
G51I - 1.0；	以局部坐标系的 X 轴镜像加工
D1M98P100；	粗铣第二个形状
G50；	取消镜像
G51I - 1.J - 1.；	以局部坐标系原点镜像加工
D1M98P100；	粗铣第三个形状
G50；	取消镜像
G51J - 1.；	以局部坐标系的 Y 轴镜像加工
D1M98P100；	粗铣第四个形状
G50；	取消镜像
G0Z100.M09；	

主程序内容	程序注释
M05；	
T2M6；	换2号刀，ϕ8mm的端铣刀
G90G54G0X0Y0S2000M3；	刀具初始化
G43H2Z100.M08；	
D2M98P100（D2＝4）；	精铣第一个形状
G51I－1.0；	
D2M98P100；	精铣第二个形状
G50；	
G51I－1.J－1.；	
D2M98P100；	精铣第三个形状
G50；	
G51J－1.；	
D2M98P100；	精铣第四个形状
G50；	
G0Z100.M05；	
M30；	程序结束
％	传输程序时的结束符号

子程序内容	程序注释
％	传输程序时的起始符号
O0100	O100子程序（加工第一个形状）
X0.Y0；	起始点
Z5.；	
G01Z－5.F100；	
G01G41X7.0F200；	刀具半径补偿有效
Y7.；	加工轮廓描述
X16.Y32.；	
X21.；	
G03X30.Y20.R12.；	
G01X32.Y12.；	
Y7；	
X0.；	
G01G40Y0.；	刀具半径补偿取消
G00Z10.；	
M99；	返回主程序
％	传输程序时的结束符号
％	传输程序时的起始符号
O0200	O200子程序（加工外形余量）
X50.Y0；	起始点
Z5.；	
G01Z－5.F100；	
G01G41D1X32.F200（D1＝6.2）；	

150

子程序内容	程序注释
Y – 32. ,C4. ;	
X – 32. ,C4. ;	
Y32. ,C4. ;	
X32. ,C4. ;	
Y0 ;	
G01G40X50. ;	
G1X – 50. F120 ;	
G0Z10. ;	
X0Y50 ;	
G01Z – 5. F100 ;	
G01Y – 50. F120 ;	
G0Z100. ;	
M99 ;	返回主程序
%	传输程序时的结束符号

5.5.2　缩放及极坐标编程实例

1. 缩放及极坐标编程实例和加工完成的结果

缩放及极坐标编程实例如图 5 – 15 所示,加工完成的结果如图 5 – 16 所示。

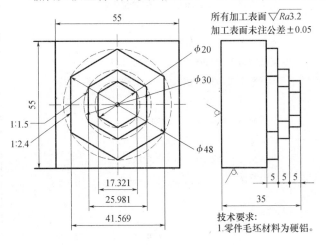

图 5 – 15　缩放及极坐标编程实例

图 5 – 16　加工完成的结果

2. 刀具参数

加工采用的刀具参数如表 5 – 2 所列。

3. 工艺分析

(1) 选择零件中心为编程原点,水平向右的方向为 X 的正向,垂直纸面向上的方向为 Z 的正向,工件的上表面定为 $Z0$。

(2) 需要加工的部分:

宽为 17.321mm 的六边形轮廓铣削,深为 5mm;

151

宽为 25.981mm 的六边形轮廓铣削,深为 5mm;

宽为 41.569mm 的六边形轮廓铣削,深为 5mm。

4. 工艺安排

(1) 用虎钳装夹零件,铣平零件上表面,将零件中心和零件上表面设为 G54 的原点。

(2) 加工路线是:分层去除外形余量→粗铣和半精铣宽为 17.32mm 的六边形→粗铣和半精铣宽为 25.98mm 的六边形→粗铣和半精铣宽为 41.57mm 的六边形→精铣宽为 17.32mm 的六边形→精铣宽为 25.98mm 的六边形→精铣宽为 41.57mm 的六边形。

5. 手工编程参考程序

主程序内容	程序注释
%	传输程序时的起始符号
O0001	
T1M6;	换 1 号刀,φ12mm 平铣刀
G90G54G0X0Y0S1300M3;	刀具初始化
G43H1Z100.;	加工起始点(X35.,Y35.,Z100.)
M98P100;	调用 O100 子程序,去除外形余量
X0.Y−45.;	
Z5.;	
G1Z−5.F100;	
D1M98P200F200(D1=14);	粗铣宽为 17.32mm 的六边形轮廓铣削
D2M98P200F200(D2=6.2);	半精铣宽为 17.32mm 的六边形轮廓铣削
G1Z−10.F100;	
G51X0Y0I1.5J1.5;	使用 G51 缩放指令设置缩放比例为 1.5
D1M98P200F200;	粗铣宽为 25.98mm 的六边形轮廓铣削
D2M98P200F200;	半精铣宽为 25.98mm 的六边形轮廓铣削
G1Z−15F100;	
G51X0Y0I2.4J2.4;	使用 G51 缩放指令设置缩放比例为 2.4
D1M98P200F200;	粗铣宽为 41.57mm 的六边形轮廓铣削
D2M98P200F200;	半精铣宽为 41.57mm 的六边形轮廓铣削
G50;	取消缩放
G0Z100.M5;	
T2M6;	
G90G54G0X0Y0S2000M3;	
G43H2Z100.;	
X0.Y−45.;	
Z5.;	
G1Z−5.F100;	
D3M98P200F250(D3=4);	精铣宽为 17.32mm 的六边形轮廓铣削
G1Z−10.F100;	
G51X0Y0I1.5J1.5;	使用 G51 缩放指令设置缩放比例为 1.5
D3M98P200F250;	精铣宽为 25.98mm 的六边形轮廓铣削
G1Z−15F100;	

主程序内容	程序注释
G51X0Y0I2.4J2.4;	使用 G51 缩放指令设置缩放比例为 2.4
D3M98P200F250;	精铣宽为 41.57mm 的六边形轮廓铣削
G50;	取消缩放
G0Z100.M5;	
M30;	程序结束
%	传输程序时的结束符号

子程序内容	程序注释
%	传输程序时的开始符号
O0100	O100 子程序（外形余量铣削）
X35.Y35.;	起始点
Z5.;	直线切入
G01Z – 8.F100;	加工轨迹的描述
G01G41D2X24.F200(D2 = 6.2);	
Y – 24.,C9.;	
X – 24.,C9.;	
Y24.,C9.;	
X24.,C9.;	
Y0.;	
X35.;	
G01G40Y35.;	
G01Z – 15.F100;	分层粗铣
G01G41D2X24.F200(D2 = 6.2);	
Y – 24.,C5.;	
X – 24.,C5.;	
Y24.,C5.;	
X24.,C5.;	
Y0.;	
X35.;	
G01G40Y35.;	
G0Z100.;	
M99;	返回主程序
%	传输程序时的结束符号
%	传输程序时的开始符号
O0200	O200 子程序（六边形铣削）
X0.Y – 45.;	起始点
G1G41X0Y – 10.;	刀具半径补偿有效，补偿值由主程序传入
G16;	直线切入
G1X10.Y210.;	加工轨迹的描述（极坐标方式）
X10.Y150.;	
X10.Y90.;	
X10.Y30.;	

子程序内容	程序注释
X10. Y－30.；	
X10. Y－90.；	
G15；	
G1G40Y－40.；	直线切出,刀具半径补偿取消
M99；	返回主程序
%	传输程序时的结束符号

5.5.3 旋转编程实例

1. 旋转编程实例

旋转编程实例如图 5－17 所示。

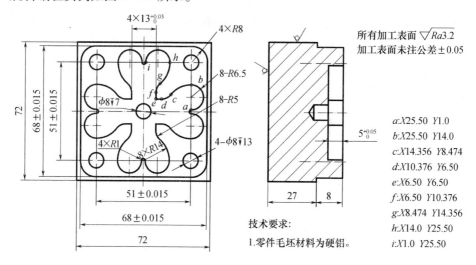

图 5－17 旋转编程实例

2. 刀具参数

加工采用的刀具参数如表 5－1 所列。

3. 工艺分析

（1）选择零件中心为编程原点,水平向右的方向为 X 的正向,垂直纸面向上的方向为 Z 的正向,工件的上表面定为 $Z0$。

（2）需要加工的部分:

68mm×68mm 的外形轮廓,深度为 8mm;

花型内凹槽铣削,深度为 5mm;

4×φ8mm 深度为 13 的孔;

1×φ8mm 深度为 7 的孔。

4. 工艺安排

（1）用虎钳装夹零件,铣平零件上表面,将零件中心和零件上表面设为 G54 的原点。

（2）加工路线是:钻中心孔→钻 5×φ7.8mm 的孔→粗铣 68mm×68mm 的外形轮廓→粗铣花型内凹槽→精铣 68mm×68mm 的外形轮廓→精铣花型内凹槽→铰 5×φ8mm 的孔。

154

5. 手工编程参考程序

主程序内容	程序注释
%	传输程序时的起始符号
O0001	主程序 O1
T3M6;	换 3 号刀, ϕ3mm 的中心钻
G90G54G0X0Y0M3S2000;	刀具初始化,选择用户坐标系为 G54
G43H3Z100. M08;	3 号刀的长度补偿
G99G81X − 25.5Y25.5Z − 5. R5. F80;	G81 钻孔循环指令钻中心孔(第 1 点 $X − 25.5$,$Y25.5$)
X25.5;	(第 2 点 $X25.5$,$Y25.5$)
X25.5Y − 25.5;	(第 3 点 $X25.5$,$Y − 25.5$)
X − 25.5Y − 25.5;	(第 4 点 $X − 25.5$,$Y − 25.5$)
X0Y0;	(第 5 点 $X0$,$Y0$)
G80M09;	
T4M6;	换 4 号刀, ϕ7.8mm 钻头
G90G54G0X0Y0M3S1000;	
G43H4Z100. M08;	
G99G83X − 25.5Y25.5Z − 15.0R5. Q2. F100;	G83 钻孔循环指令钻孔(第 1 点 $X − 25.5$,$Y25.5$)
X25.5;	(第 2 点 $X25.5$,$Y25.5$)
X25.5Y − 25.5;	(第 3 点 $X25.5$,$Y − 25.5$)
X − 25.5Y − 25.5;	(第 4 点 $X − 25.5$,$Y − 25.5$)
G83X0Y0Z − 14.0R5. Q2. F100;	(第 5 点 $X0$,$Y0$)
G80M09;	
T1M6;	换 1 号刀, ϕ12mm 端铣刀
G90G54G0X45. Y0. M3S1300;	刀具初始化
G43H1Z100. M08;	1 号刀的长度补偿,加工起始点($X45$,$Y0$,$Z100$)
Z5.;	
G1Z − 8. F100;	
D1M98P100F200(D1 = 6.2);	半径补偿值和切削速度传入子程序
G0Z10.;	
Z5.;	
X0Y0;	
G1Z − 5. F80;	
D1M98P200F120;	
G17G68X0Y0R90;	G68 旋转指令(第一次旋转 90°)
D1M98P200F120;	
G69;	取消旋转指令
G17G68X0Y0R180;	(第二次旋转 180°)
D1M98P200F120;	
G69;	取消旋转指令

155

主程序内容	程序注释
G17G68X0Y0R - 90；	（第三次旋转270°）
D1M98P200F120；	
G69；	取消旋转指令
G0Z100. M05；	
T2M6；	换2号刀，φ8mm 端铣刀
G90G54G00X45. Y0. M3S2000；	加工起始点（X45，Y0，Z100）
G43H2Z100. ；	
Z5. ；	
G1Z - 8. F100；	
D2M98P100F250（D2 =4）；	用合适的刀具半径补偿，通过调用子程序完成精加工
D2M98P100F250；	
G0Z10. ；	
X0Y0；	
Z5. ；	
G1Z - 5. F80；	
D2M98P200F250；	
G17G68X0Y0R90；	G68 旋转指令
D2M98P200F250；	（第一次旋转90°）
G69；	取消旋转指令
G17G68X0Y0R180；	（第二次旋转180°）
D2M98P200F250；	
G69；	取消旋转指令
G17G68X0Y0R270；	（第三次旋转270°）
D2M98P200F250；	
G69；	取消旋转指令
G0Z100. M5；	
T5M6；	换5号刀，φ8mm 铰刀
G90G54G0X0Y0M3S300；	刀具初始化
G43H5Z100. M08；	
G99G81X - 25.5Y25.5Z - 13.0R5. F50；	G81 循环指令铰孔
X25.5；	
X25.5Y - 25.5；	
X - 25.5Y - 25.5；	
G81X0Y0Z - 12.0R5. F50；	
G80M09；	
G00Z100. M5；	主轴停转
M30；	程序结束
%	传输程序时的结束符号

O100 子程序(68mm×68mm 的外轮廓铣削)	O200 子程序(内凹槽轮廓铣削)
%	%
O0100	O0200
X45.0Y0;	X0Y0;
G1G41Y11.;	G1G41X24.5;
G3X34.Y0R11.;	G2X25.5Y1.R1.;
G1Y－34.,R8.;	G3X25.5Y14.R6.5;
X－34.,R8.;	G3X14.356Y8.474R14.;
Y34.,R8.;	G2X10.376Y6.5R6.5;
X34.,R8.;	G1X6.5;
Y0.;	Y10.376;
G3X45.Y－11.R11;	G2X8.474Y14.356R6.5;
G1G40Y0;	G3X14.Y25.5R14.;
M99;	G3X1.Y25.5R6.5;
%	G2X0Y24.5R1;
	G1G40Y0;
	M99;
	%

6. 加工完成的结果

加工完成结果如图 5-18 所示。

图 5-18　加工完成的结果

练　习

1. 综合编程练习题一(图 5-19)。

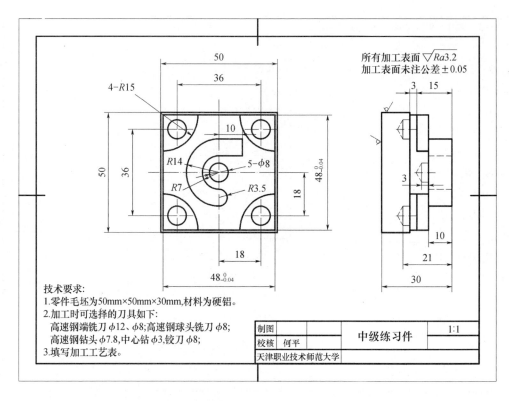

图 5 – 19 综合编程练习题一

2. 综合编程练习题二(图 5 – 20)。

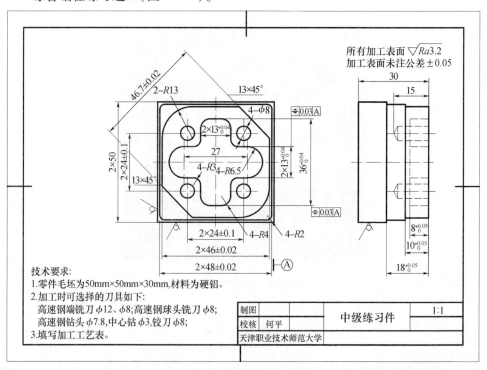

图 5 – 20 综合编程练习题二

158

3. 综合编程练习题三(图5-21)。

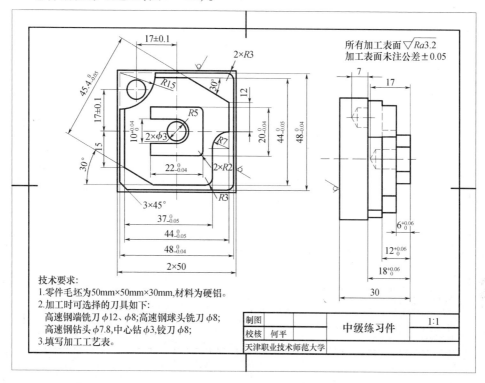

图5-21 综合编程练习题三

4. 综合编程练习题四(图5-22)。

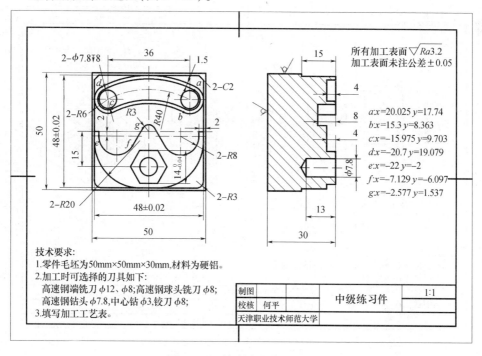

图5-22 综合编程练习题四

5. 综合编程配合件练习题五(图5-23)。

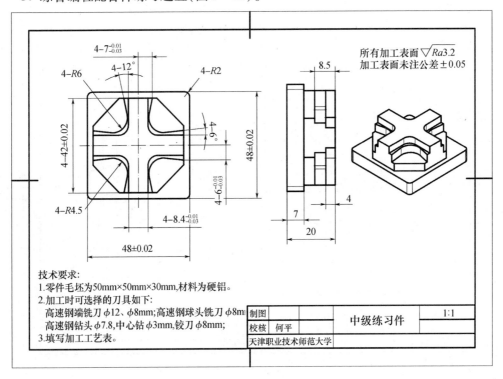

技术要求:
1.零件毛坯为50mm×50mm×30mm,材料为硬铝。
2.加工时可选择的刀具如下:
　高速钢端铣刀φ12、φ8mm;高速钢球头铣刀φ8mm;
　高速钢钻头φ7.8,中心钻φ3mm,铰刀φ8mm;
3.填写加工工艺表。

制图		中级练习件	1:1
校核	何平		
天津职业技术师范大学			

图5-23　综合编程配合件练习题五

6. 综合编程配合件练习题六(图5-24)。

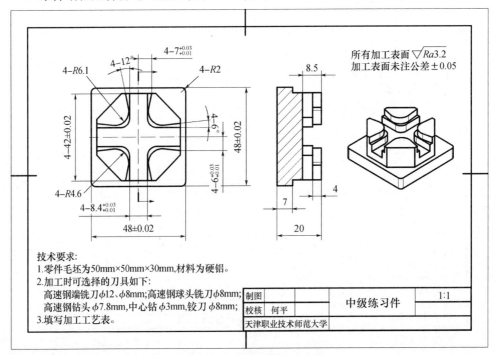

技术要求:
1.零件毛坯为50mm×50mm×30mm,材料为硬铝。
2.加工时可选择的刀具如下:
　高速钢端铣刀φ12、φ8mm;高速钢球头铣刀φ8mm;
　高速钢钻头φ7.8mm,中心钻φ3mm,铰刀φ8mm;
3.填写加工工艺表。

制图		中级练习件	1:1
校核	何平		
天津职业技术师范大学			

图5-24　综合编程配合件练习题六

第6章　宏程序编程

实训要点：

● 掌握 FANUC 系统宏程序指令的使用

6.1　宏程序编程概述

宏程序编程简单地解释就是利用变量编程的方法。在本书第 3 章中介绍的数控指令，其指令代码的功能是固定的，使用者只需且只能按照指令规定的参数编程。但这些指令并不能满足用户的全部需求，数控系统因此提供了宏程序编程功能，利用数控系统提供的变量、数学运算功能、逻辑判断功能、程序循环功能实现一些特殊的用法。宏程序编程实际上是为满足用户的加工需求，在数控系统的平台上进行的二次开发。当然这里的开发都是有条件和有限制的。

宏程序与普通程序存在一定的区别，认识和了解这些区别，将有助于宏程序的学习理解和掌握运用，表 6 - 1 为宏程序和普通程序的简要对比。

表 6 - 1　宏程序和普通程序的简单对比

普通程序	宏程序
只能使用常量	可以使用变量，并给变量赋值
常量之间不可以运算	变量之间可以运算
程序只能顺序执行，不能跳转	程序运行可以跳转

手工编程是数控编程的基础，在手工编程中使用宏程序编程，最大特点就是将有规律的形状或尺寸用最短的程序段表示出来，编写出的程序非常简洁，逻辑严密，通用性强。

任何数控加工只要能够用宏程序完整地表达，即使再复杂，其程序都比较精炼。任何一个合理、优化的宏程序，极少超过 60 行，换算成字节数，至多不过 2kB。即使是最廉价的机床数控系统，其内部程序存储空间也完全容纳得下任何复杂的宏程序。

为了描述复杂的加工运动，宏程序必然会最大限度地使用数控系统内部的各种指令代码，例如直线插补 G01 指令和圆弧插补 G02/G03 指令等。因此机床在执行宏程序时，数控系统的计算机可以直接进行插补运算，且运算速度快，再加上伺服电动机和机床的迅速响应，使得加工效率极高。

宏程序的上述技术特点，使其特别适宜机械零件的批量加工。

机械零件的形状主要是由各种凸台、凹槽、圆孔、斜平面、回转面等组成，很少包含不规则的复杂曲面。构成机械零件形状的几何因素无外乎点、直线、圆弧，最多加上各种二次圆锥曲线(椭圆、抛物线、双曲线),以及一些渐开线(常应用于齿轮及凸轮等)。所有这些都是基于三角函数、解析几何的应用,而数学上都可以用三角函数表达式及参数方程加以表述,因此宏程序有广泛的应用空间,可以发挥其强大的作用。

机械零件绝大多数都是批量生产,在保证质量的前提下要求最大限度地提高加工效率以降低生产成本,一个零件的加工时间哪怕仅仅节省1s,加工成百上千同样零件节省的时间就非常可观了。另外批量零件在加工的几何尺寸精度和形状位置精度方面都要求保证高度的一致性,而加工工艺的优化主要就是程序的优化,这是一个反复调整、尝试的过程,要求操作者能够非常方便地调整程序中的各项加工参数(如刀具尺寸、刀具补偿值、每层切削量、步距、计算精度、进给速度等)。

宏程序在这方面有很大的优越性,只要能用宏程序来表述,操作者就可以不改动加工程序的主体,只需将各项加工参数所对应的自变量赋值做出相应调整,就能迅速地将程序调整到最优化的状态。

如果使用 CAD/CAM 软件编制机械零件的批量加工程序,前面提到的加工参数,只要其中一项或几项发生变化,再智能的 CAD/CAM 软件也要根据变化后的加工参数重新计算刀具轨迹,再经后处理生成程序,这个过程繁琐且耗时很多。

当然,宏程序也不是无所不能。对于主要由大量不规则复杂曲面构成的模具成型零件,特别是各种注塑模、压铸模等型腔类模具的型芯、型腔和电极,以及汽车覆盖件模具的凸模、凹模等,由于从设计、分析到制造的整个产业链在技术层面及生产管理上都是通过以各种 CAD/CAM 软件为核心(还包括 PDM、CAE 等)的纽带紧密相联的,从而形成一种高度的一体化和关联性,无论从哪个角度来看,此类零件的数控加工程序几乎百分之百地依赖各种 CAD/CAM 软件来编制,宏程序在这里的发挥空间是非常有限的。

6.2　宏程序基础 (FANUC 0i 系统)

FANUC 0i 系统提供两种用户宏程序,即用户宏程序功能 A 和用户宏程序功能 B。

由于用户宏程序功能 A 的宏程序需要使用"G65Hm"格式的宏指令来表达各种数学运算和逻辑关系,极不直观,且可读性非常差,因而导致在实际工作中已经很少有人使用它。由于绝大部分的 FANUC 系统都支持用户宏程序功能 B,本书篇幅有限,只介绍用户宏程序功能 B 的相关知识。

6.2.1　变量

普通加工程序直接用数值指定 G 代码和移动距离。例如:G01 和 X100.0。

使用用户宏程序时,数值可以直接指定或用变量指定,当用变量时,变量值可用程序或由 MDI 设定或修改。例如:

#1 = #2 + 100;

G01X#1 F80;

1. 变量的表示

宏程序的变量是用变量符号"#"和后面的变量号指定。例如:#2。

表达式可以用于指定变量号,这时表达式必须封闭在括号中。例如:#1[#2 + #41 - 15]。

2. 变量的类型

变量根据变量号可以分成 4 种类型,如表 6-2 所列。

表 6-2 变量类型

变量号	变量类型	功 能
#0	空变量	该变量总是空,没有值能赋给该变量
#1~#33	局部变量	局部变量只能用在宏程序中存储数据,如运算结果。当断电时,局部变量被初始化为空。调用宏程序时,自变量对局部变量赋值
#100~#199 #500~#999	公共变量	公共变量在不同的宏程序中的意义相同。当断电时,变量#100~#199 初始化为空。变量#500~#999 的数据保存,即使断电也不丢失
#1000 以上	系统变量	系统变量用于读和写 CNC 的各种数据,如刀具的当前位置和补偿值

变量从功能上主要可归纳为 2 种:

系统变量(系统占用部分),用于系统内部运算时各种数据的存储;

用户变量,如局部变量和公共变量,用户可以单独使用,系统作为处理资料的一部分。

3. 变量值的范围

局部变量和公共变量可以为 0 值或下面范围中的值:

$-10^{47} \sim 10^{-29}$ 或 $10^{-29} \sim 10^{47}$。

如果计算结果超出有效范围,则触发程序错误 P/S 报警 No. 111。

4. 小数点的省略

当在程序中定义变量值时,小数点可以省略。例如:当定义#1 = 123;变量#1 的实际值是 123.000。

5. 变量的引用

在地址后指定变量号即可引用其变量值。当用表达式指定变量时,要把表达式放在括号中,如 G01 X[#1 + #2] F#3。

被引用变量的值根据地址的最小设定单位自动地舍入。如当系统的最小输入增量为 0.001mm 单位,指令 G00X#1,并将 12.3456 赋值给变量#1,实际指令值为 G00X12.346;。

改变引用变量的值的符号,要把负号(-)放在#的前面。如:G00X - #1;。

当引用未定义的变量时,变量及地址字都被忽略。如当变量#1 的值是 0,并且变量#2 的值是空时,G00 X#1 Y#2;的执行结果为 G00X0;。

注意:从这个例子可以看出,所谓"变量的值是 0"与"变量的值是空"是两个完全不同的概念,可以这样理解:"变量的值是 0"相当于"变量的数值等于 0",而"变量的值是空"则意味着"该变量所对应的地址根本就不存在,不生效"。

不能用变量代表的地址符有:程序号 O,顺序号 N,任选程序段跳转号 / 。如以下情况不能使用变量:O#11;N#33 Y200.0;。

另外,使用 ISO 代码编程时,可用"#"代码表示变量,若用 EIA 代码,则应用"&"代码代替"#"代码,因为 EIA 代码中没有"#"代码。

6.2.2 系统变量

系统变量用于读和写 NC 内部数据。如刀具偏置值和当前位置数据。但是,某些系统变量只能读。系统变量是自动控制和通用加工程序开发的基础,在这里仅介绍与编程及操作相关性较大的系统变量部分。FANUC 0i 系统变量一览表如表 6-3 所列。

表 6-3 FANUC 0i 系统变量一览表

变 量 号	含 义
#1000 ~ #1015,#1032	接口输入变量
#1100 ~ #1115,#1132,#1133	接口输出变量
#10001 ~ #10400,#11001 ~ #11400	刀具长度补偿值
#12001 ~ #12400,#13001 ~ #13400	刀具半径补偿值
#2001 ~ #2400	刀具长度与半径补偿值(偏置组数≤200 时)
#3000	报警
#3001,#3002	时钟
#3003,#3004	循环运行控制
#3005	设定数据(SETTING 值)
#3006	停止和信息显示
#3007	镜像
#3011,#3012	日期和时间
#3901,#3902	零件数
#4001 ~ #4120,#4130	模态信息
#5001 ~ #5104	位置信息
#5201 ~ #5324	工件坐标系补偿值(工件零点偏移值)
#7001 ~ #7944	扩展工件坐标系补偿值(工件零点偏移值)

1. 刀具补偿值

用系统变量可读和写刀具补偿值。通过对系统变量赋值,可以修改刀具补偿值。FANUC 0i 刀具补偿存储器 C 的系统变量如表 6-4 所列。

表 6-4 FANUC 0i 刀具补偿存储器 C 的系统变量

补偿号	刀具长度补偿 H		刀具半径补偿 D	
	几何补偿	磨损补偿	几何补偿	磨损补偿
1	#11001(#2201)	#10001(#2001)	#13001	#12001
2	#11002(#2202)	#10002(#2002)	#13002	#12002
⋮	⋮	⋮	⋮	⋮
24	#11024(#2224)	#10024(#2024)	#13024	#12024
⋮	⋮	⋮	⋮	⋮
400	#11400	#10400	#13400	#12400

在 FANUC 0i 系统中,刀具补偿分为几何补偿和磨损补偿,而且长度补偿和半径补偿也是分开的。刀具补偿号可达 400 个,理论上数控系统支持控制达 400 把刀的刀库。

当刀具补偿号≤200 时(一般情况也的确如此),刀具长度补偿(H)也可使用#2001 ~ #2400。

刀具补偿值的系统变量,在宏程序编程中可以这样使用:

假设有一把 ϕ10mm 的立铣刀,在机床上刀号为 10 号刀,刀具半径补偿(D)为 5.0,即 #13010 = 5.0;刀具半径补偿中的磨损补偿为 0.02,即#12010 = 0.02。那么在应用宏程序编写加工程序时,就可以有以下形式的描述:

#2 = #13010;把 10 号刀的半径补偿值赋值给变量#2,即#2 = 5.0。

#3 = #12010;把 10 号刀的半径补偿值中的磨损补偿值赋值给变量#3,即#3 = 0.02。

在程序中,调用#2 就可以理解为对刀具的识别,设置和调整磨损补偿值(#3)则可以控制 10 号刀铣削零件的尺寸了。

2. 模态信息

正在处理的当前程序段之前的模态信息可以从系统变量中读出,如表 6 – 5 所列。

表 6 – 5　FANUC 0i 模态信息的系统变量

变量号	功　　能	组号	变量号	功　　能	组号
#4001	G00,G01,G02,G03,G33	(组 01)	#4022	待定	(组 22)
#4002	G17,G18,G19	(组 02)	#4102	B 代码	
#4003	G90,G91	(组 03)	#4107	D 代码	
#4004		(组 04)	#4109	F 代码	
#4005	G94,G95	(组 05)	#4111	H 代码	
#4006	G20,G21	(组 06)	#4113	M 代码	
#4007	G40,G41,G42	(组 07)	#4114	顺序号	
#4008	G43,G44,G49	(组 08)	#4115	程序号	
#4009	G73,G74,G76,G80 ~ G89	(组 09)	#4119	S 代码	
#4010	G98,G99	(组 10)	#4120	T 代码	
#4011	G50,G51	(组 11)	#4130	P 代码(现在选择的附加工件坐标系)	
#4012	G65,G66,G67	(组 12)			
#4013	G96,G97	(组 13)			
#4014	G54 ~ G59	(组 14)			
#4015	G61 ~ G64	(组 15)			
#4016	G68,G69	(组 16)			
⋮	⋮				

注:1. P 代码为当前选择的附加工件坐标系;
　　2. 当执行#1 = #4002 时,在#1 中得到的值是 17,18 或 19;
　　3. 系统变量#4001 ~ #4120 不能用于运算指令左边的项;
　　4. 模态信息不能写,只能读。如果阅读模态信息指定的系统变量为不能用的 G 代码时,系统则发出程序错误 P/S 报警

3. 当前位置信息

FANUC 0i 系统中当前位置信息的系统变量见表 6 – 6。

表6-6 FANUC 0i 当前位置信息的系统变量

变量号	位置信息	相关坐标系	移动时的读操作	刀具补偿值（长度、半径补偿）
#5001 #5002 #5003 #5004	X轴程序段终点位置（ABSIO） Y轴程序段终点位置（ABSIO） Z轴程序段终点位置（ABSIO） 第4轴程序段终点位置（ABSIO）	工件坐标系	可以	不考虑刀尖位置（程序指令位置）
#5021 #5022 #5023 #5024	X轴当前位置（ABSMT） Y轴当前位置（ABSMT） Z轴当前位置（ABSMT） 第4轴当前位置（ABSMT）	机床坐标系	不可以	考虑刀具基准点位置（机床坐标）
#5041 #5042 #5043 #5044	X轴当前位置（ABSOT） Y轴当前位置（ABSOT） Z轴当前位置（ABSOT） 第4轴当前位置（ABSOT）	工件坐标系	不可以	考虑刀具基准点位置（与位置的绝对坐标显示相同）
#5061 #5062 #5063 #5064	X轴跳跃信号位置（ABSKP） Y轴跳跃信号位置（ABSKP） Z轴跳跃信号位置（ABSKP） 第4轴跳跃信号位置（ABSKP）	工件坐标系	可以	已考虑刀具基准点位置
#5081 #5082 #5083 #5084	X轴刀具长度补偿值 Y轴刀具长度补偿值 Z轴刀具长度补偿值 第4轴刀具长度补偿值	—	不可以	已考虑
#5101 #5102 #5103 #5104	X轴伺服位置补偿 Y轴伺服位置补偿 Z轴伺服位置补偿 第4轴伺服位置补偿	—	不可以	已考虑

注：1. ABSIO：工件坐标系中，前一程序段终点坐标值；

ABSMT：机床坐标系中，当前机床坐标位置；

ABSOT：工件坐标系中，当前坐标位置；

ABSKP：工件坐标系中，G31程序段中跳跃信号有效的位置；

2. 在G31（触发功能）程序段中，当触发信号接通时的刀具位置存储在变量#5061～#5064中。当G31程序段中的触发信号不接通时，这些变量存储指定程序段的终点值；

3. 变量#5081～#5084所存储的刀具长度补偿值是当前的执行值（即当前正在执行中的程序段的量），不是后面的程序段的处理值；

4. 移动期间不能读取是由于缓冲（预读）功能的原因，不能读取目标指令值

4. 工件坐标系补偿值（工件零点偏移值）

用系统变量可以读和写工件零点偏移值（表6-7）。

表 6 - 7　FANUC 0i 工件零点偏移值的系统变量

变量号	功　能	变量号	功　能
#5201 ⋮ #5204	第 1 轴外部工件零点偏移值 ⋮ 第 4 轴外部工件零点偏移值	#5301 ⋮ #5304	第 1 轴 G58 工件零点偏移值 ⋮ 第 4 轴 G58 工件零点偏移值
#5221 ⋮ #5224	第 1 轴 G54 工件零点偏移值 ⋮ 第 4 轴 G54 工件零点偏移值	#5321 ⋮ #5324	第 1 轴 G59 工件零点偏移值 ⋮ 第 4 轴 G59 工件零点偏移值
#5241 ⋮ #5244	第 1 轴 G55 工件零点偏移值 ⋮ 第 4 轴 G55 工件零点偏移值	#7001 ⋮ #7004	第 1 轴工件零点偏移值(G54.1 P1) ⋮ 第 4 轴工件零点偏移值(G54.1 P1)
#5261 ⋮ #5264	第 1 轴 G56 工件零点偏移值 ⋮ 第 4 轴 G56 工件零点偏移值	#7021 ⋮ #7024	第 1 轴工件零点偏移值(G54.1 P2) ⋮ 第 4 轴工件零点偏移值(G54.1 P2)
#5281 ⋮ #5284	第 1 轴 G57 工件零点偏移值 ⋮ 第 4 轴 G57 工件零点偏移值	#7941 ⋮ #7944	第 1 轴工件零点偏移值(G54.1 P48) ⋮ 第 4 轴工件零点偏移值(G54.1 P48)

6.2.3　算术和逻辑运算

表 6 - 8 中列出的运算可以在变量中运行。等式右边的表达式可包含常量或由函数或运算符组成的变量。表达式右边的变量 #j 和 #k 可以用常量赋值。等式左边的变量也可以用表达式赋值。其中算术运算主要是指加、减、乘、除、函数等，逻辑运算可以理解为比较运算。

表 6 - 8　FANUC 0i 算术和逻辑运算一览表

功　能		格　式	备　注
定义、置换		#i = #j	
算术 运算	加法	#i = #j + #k	三角函数及反三角函数的数值均以度为单位来指定。 如 90°30′应表示为 90.5°
	减法	#i = #j - #k	
	乘法	#i = #j * #k	
	除法	#i = #j/#k	
	正弦	#i = SIN[#j]	
	反正弦	#i = ASIN[#j]	
	余弦	#i = COS[#j]	
	反余弦	#i = ACOS[#j]	
	正切	#i = TAN[#j]	
	反正切	#i = ATAN[#j]/[#k]	

167

功　能		格　式	备　注
定义、置换		#i = #j	—
算术运算	平方根	#i = SQRT[#j]	—
	绝对值	#i = ABS[#j]	
	舍入	#i = ROUND[#j]	
	指数函数	#i = EXP[#j]	
	（自然）对数	#i = LN[#j]	
	上取整	#i = FIX[#j]	
	下取整	#i = FUP[#j]	
逻辑运算	与	#i AND #j	逻辑运算一位一位地按二进制数执行
	或	#i OR #j	
	异或	#i XOR #j	
从 BCD 转为 BIN		#i = BIN[#j]	用于与 PMC 的信号交换
从 BIN 转为 BCD		#i = BCD[#j]	

以下是算术和逻辑运算指令的详细说明。

1. 反正弦运算 #i = ASIN[#j]

（1）取值范围：

当参数（NO. 6004#0）NAT 位设置为 0 时，在 270°~90°范围内取值；

当参数（NO. 6004#0）NAT 位设置为 1 时，在 -90°~90°范围内取值。

（2）当#j 超出 -1~1 的范围时，触发程序错误 P/S 报警 NO. 111。

（3）常数可替代变量#j。

2. 反余弦运算#i = ACOS[#j]

（1）取值范围：180°~0°。

（2）当#j 超出 -1 到 1 的范围时，触发程序错误 P/S 报警 NO. 111。

（3）常数可替代变量#j。

3. 反正切运算#i = ATAN[#j]/[#K]

（1）采用比值的书写方式（可理解为对边/邻边）。

（2）取值范围：

当参数（NO. 6004#0）NAT 位设置为 0 时，取值范围为 0°~360°。例如，当指定#1 = ATAN[-1]/[-1]时，#1 = 225°。

当参数（NO. 6004#0）NAT 位设置为 1 时，取值范围为 -180°~180°。例如，当指定 #1 = ATAN[-1]/[-1]时，#1 = -135°。

（3）常数可替代变量#j。

4. 自然对数运算#i = LN[#j]

（1）相对误差可能大于 10^{-8}。

（2）当反对数（#j）为 0 或小于 0 时，触发程序错误 P/S 报警 NO. 111。

（3）常数可替代变量#j。

5. 指数函数#i = EXP[#j]

（1）相对误差可能大于 10^{-8}。

（2）当运算结果超过 3.65×10^{47}（j 大约是 110）时，出现溢出并触发程序错误 P/S 报警 NO. 111。

（3）常数可替代变量#j。

6. 上取整#i = FIX[#j]和下取整#i = FUP[#j]

CNC 处理数值运算时，无条件地舍去小数部分称为上取整；小数部分进位到整数称为下取整（注意与数学上的四舍五入对照）。对于负数的处理要特别小心。

例如：假设#1 = 1.2,#2 = -1.2

当执行#3 = FUP[#1]时,2.0 赋予#3;

当执行#3 = FIX[#1]时,1.0 赋予#3;

当执行#3 = FUP[#2]时, -2.0 赋予#3;

当执行#3 = FIX[#2]时, -1.0 赋予#3。

7. 算术与逻辑运算指令的缩写

程序中指令函数时，函数名的前两个字符可以用于指定该函数。

例如：ROUND→RO　FIX→FI

8. 混合运算时的运算顺序

上述运算和函数可以混合运算，其运算顺序与一般数学上的定义基本一致，优先级顺序从高到低依次为

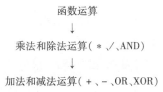

函数运算
↓
乘法和除法运算（ * 、√、AND）
↓
加法和减法运算（ + 、- 、OR、XOR）

9. 括号嵌套

用"[ ]"，可以改变运算顺序，最里层的[ ]优先运算。括号[ ]最多可以嵌套 5 层（包括函数内部使用的括号）。当超出 5 层时，触发程序错误 P/S 报警 NO. 118。

10. 逻辑运算说明

逻辑运算相对于算术运算来说，比较特殊和费解，详细说明见表 6 - 9。

表 6 - 9　FANUC 0i 逻辑运算说明

运算符	功　能	逻辑名	运算特点	运算实例
AND	与	逻辑乘	（相当于串联）有 0 得 0	$1 \times 1 = 1, 1 \times 0 = 0, 0 \times 0 = 0$
OR	或	逻辑加	（相当于并联）有 1 得 1	$1 + 1 = 1, 1 + 0 = 1, 0 + 0 = 0$
XOR	异或	逻辑减	相同得 0,不同得 1	$1 - 1 = 0, 1 - 0 = 1, 0 - 0 = 0, 0 - 1 = 1$

11. 运算精度

同任何数学计算一样，运算的误差是不可避免的，用宏程序运算时必须考虑用户宏程序的精度。用户宏程序处理数据的浮点格式为 $M \times 2^{E}$。

每执行一次运算,便产生一次误差,在重复计算的过程中,这些误差将累加。FANUC 0i 运算中的误差精度见表 6 – 10。

表 6 – 10　FANUC 0i 运算中的误差

运　算	平均误差	最大误差	误差类型
$a = b * c$	1.55×10^{-10}	4.66×10^{-10}	相对误差
$a = b/c$	4.66×10^{-10}	1.88×10^{-9}	$\dfrac{\varepsilon}{a}$（绝对值）
$a = \sqrt{b}$	1.24×10^{-9}	3.73×10^{-9}	
$a = b + c$ $a = b - c$	2.33×10^{-10}	5.32×10^{-10}	最小 $\dfrac{\varepsilon}{b}$, $\dfrac{\varepsilon}{c}$（绝对值）
$a = \sin[b]$ $a = \cos[b]$	5.0×10^{-9}	1.0×10^{-8}	绝对误差
$a = \text{actan}[b]/[c]$	1.8×10^{-6}	3.6×10^{-6}	ε（绝对值）度

注:如果 sin、cos 或 tan 函数的运算结果小于 10^{-8} 或由于运算精度的限制不为 0 的话,设定参数 NO.6004#1 为 1,则运算结果可视为 0。

（1）相对误差取决于运算结果;

（2）使用两类误差的较小者;

（3）绝对误差是常数,而不管运算结果;

（4）函数 tan 执行 sin/cos

说明:

（1）加减运算。由于用户宏程序的变量值的精度仅有 8 位十进制数,当在加减运算中处理非常大的数时,将得不到期望的结果。

例如,当试图把下面的值赋给变量#1 和#2 时:

#1 = 687644327777.777

#2 = 687644321012.456

变量值实际上已经变成:

#1 = 6876443300000.000

#2 = 6876443200000.000

此时,当编程计算#3 = #1 – #2 时,其结果#3 并不是期望值 6765.321,而是#3 = 100000.000。（该计算的实际结果稍有误差,因为是以二进制执行的。）

（2）逻辑运算。即使用条件表达式 EQ、NE、GT、GE、LT、LE 时,也可能造成误差,其情形与加减运算基本相同。

例如,IF[#1EQ#2]的运算会受到#1 和#2 的误差的影响,并不总是能估算正确;要求两个值完全相同,有时是不可能的;由此会造成错误的判断,所以应该改用误差来限制比较稳妥。即用 IF[ABS[#1 – #2]LT 0.001]代替上述语句,以避免两个变量的误差。此时,当两个变量的差值的绝对值未超过允许极限（此处为 0.001）,就认为两个变量的值是相等的。

（3）三角函数运算。在三角函数运算中会发生绝对误差,它不在 10^{-8} 之内,所以注意使用三角函数后的积累误差,由于三角函数在宏程序的应用非常广泛,特别在极具数学代表性的参数方程表达上,因此必须对此保持应有的重视。

6.2.4　赋值与变量

赋值是指将一个数据赋予一个变量。例如:#1 = 0,则表示#1 的值是 0。其中#1 代表变量,"#"是变量符号(注意:根据数控系统的不同,它的表示方法可能有差别),0 就是给变量#1 赋的值。这里的"="是赋值符号。

赋值的规律有:

(1)赋值号"="两边内容不能随意互换,左边只能是变量,右边可以是表达式、数值或变量。

(2)一个赋值语句只能给一个变量赋值。

(3)可以多次给一个变量赋值,新变量值将取代原变量值(即最后赋的值生效)。

(4)赋值语句具有运算功能,它的一般形式为:变量 = 表达式。

在赋值运算中,表达式可以是变量自身与其他数据的运算结果,如#1 = #1 + 1,则表示#1 的值为#1 + 1,这一点与数学运算是有所不同的。

需要强调的是:"#1 = #1 + 1"形式的表达式可以说是宏程序运行的"原动力",任何宏程序几乎都离不开这种类型的赋值运算,而它偏偏与人们头脑中根深蒂固的数学上的等式概念严重偏离,因此对于初学者往往造成很大的困扰。但是,如果对计算机编程语言(如 C 语言)有一定了解的话,对此应该更易理解。

(5)赋值表达式的运算顺序与数学运算顺序相同。

(6)辅助功能(M 代码)的变量有最大值限制,如将 M30 赋值为 300 显然是不合理的。

6.2.5　转移和循环

在程序中,使用 GOTO 语句和 IF 语句可以改变程序的流向。有 3 种转移和循环操作可供使用。

- GOTO 语句:无条件转移。
- IF 语句:条件转移,格式为 IF…THEN…。
- WHILE 语句:当……时循环。

1. 无条件转移(GOTO 语句)

转移(跳转)到标有顺序号 n(即俗称的行号)的程序段。当指定 1 ~ 9999 以外的顺序号时,会触发 P/S 报警 NO.128。其格式为

GOTO n;n 为顺序号(1 ~ 9999)。例如:GOTO 99,即转移至程序的第 99 行。

2. 条件转移(IF 语句)

IF 之后指定条件表达式。

(1)IF [<条件表达式 >] GOTO n

表示如果指定的条件表达式满足时,则转移(跳转)到标有顺序号 n(即俗称的行号)的程序段。如果不满足指定的条件表达式,则顺序执行下个程序段。

例如:如果变量#1 的值大于 100,则转移(跳转)到顺序号为 N99 的程序段。

（2）IF［＜条件表达式＞］THEN

如果指定的条件表达式满足时,则执行预先指定的宏程序语句,而且只执行一个宏程序语句。

IF［#1 EQ #2］THEN #3 = 10;如果#1 和#2 的值相同,10 赋值给#3。

说明:

● 条件表达式:条件表达式必须包括运算符。运算符插在两个变量中间或变量和常量中间,并且用"［　］"封闭。表达式可以替代变量。

● 运算符:运算符由 2 个字母组成(见表 6 – 11),用于两个值的比较,以决定它们是相等还是一个值小于或大于另一个值(注意:不能使用不等号。)

表 6 – 11　运算符

运算符	含　义	英文注释	运算符	含　义	英文注释
EQ	等于(=)	Equal	GE	大于或等于(≥)	Great than or Equal
NE	不等于(≠)	Not Equal	LT	小于(<)	Less Than
GT	大于(>)	Great Than	LE	小于或等于(≤)	Less than or Equal

典型程序示例:下面的程序为计算数值 1 ~ 10 的累加总和。

程序内容	程序解释
08000;	
#1 = 0;	存储和数变量的初值
#2 = 1;	被加数变量的初值
N5 IF［#2 GT 10］GOTO 99;	当被加数大于 10 时转移到 N99
#1 = #1 + #2;	计算和数
#2 = #2 + #1;	下一个被加数
GOTO 5;	转到 N5
N99 M30;	程序结束

3. 循环(WHILE 语句)

在 WHILE 后指定一个条件表达式。当指定条件满足时,则执行从 DO ~ END 之间的程序。否则,转到 END 后的程序段。

DO 后面的号是指定程序执行范围的标号,标号值为 1,2,3。如果使用了 1,2,3 以外的值,会触发 P/S 报警 No. 126。

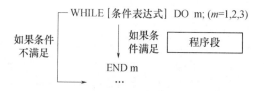

1）嵌套

在 DO~END 循环中的标号(1~3)可根据需要多次使用。但是需要注意的是,无论怎样多次使用,标号永远限制在 1,2,3;此外,当程序有交叉重复循环(DO 范围的重叠)时,会触发 P/S 报警 No.124。以下为关于嵌套的详细说明。

（1）标号(1~3)可以根据需要多次使用。

（2）DO 的范围不能交叉。

（3）DO 循环可以 3 重嵌套。

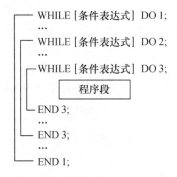

（4）（条件）转移可以跳出循环的外面。

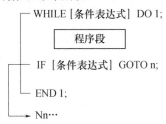

（5）（条件）转移不能进入循环区内,注意与上述第4点对照。

2）关于循环(WHILE 语句)的其他说明

（1）DO m 和 END m 必须成对使用,而且 DO m 一定要在 END m 指令之前。用识别号 m 来识别;

（2）当指定 DO 而没有指定 WHILE 语句时,将产生从 DO~END 之间的无限循环;

（3）在使用 EQ 或 NE 的条件表达式中,值为空和值为零将会有不同的效果。而在其他形式的条件表达式中,空即被当作零;

（4）处理时间:当在 GOTO 语句(无论是无条件转移的 GOTO 语句,还是"IF…GO-TO"形式的条件转移 GOTO 语句)中有标号转移的语句时,系统将进行顺序号检索。一般来说数控系统执行反向检索要比正向检索用的时间长,因为系统通常先正向搜索到程序结束,再返回程序开头进行搜索,所以花费的时间要多。因此,用 WHILE 语句实现循环可减少处理时间。

6.3 宏程序的调用

用户可以用以下6种方法来调用宏程序:

首先说明用户宏程序调用(G65)与子程序调用(M98)之间的差别:

（1）G65 可以进行自变量赋值,即指定自变量(数据传送到宏程序),M98 则不能。

（2）当 M98 程序段包含另一个 NC 指令(例如,G01 X200.0 M98 P<p>)时,在执行完这种含有非 N、P 或 L 的指令后可调用(或转移到)子程序。相反,G65 则只能无条件地调用宏程序。

（3）当 M98 程序段包含有 O、N、P、L 以外的地址的 NC 指令时,(例如,G01 X200.0 M98P<p>,在单程序段方式中,可以单程序段停止(即停机)。相反,G65 则不会停止(即不停机)。

（4）G65 改变局部变量的级别。M98 不改变局部变量的级别。

6.3.1 宏程序非模态调用(G65)

当指定 G65 时,调用以地址 P 指定的用户宏程序,数据(自变量)能传递到用户宏程序中,指令格式如下所示:

G65 P<p>L<I> <自变量赋值>;

<p>:要调用的程序号。

<I>:重复次数(默认值为 1)。

<自变量赋值>:传递到宏程序的数据。

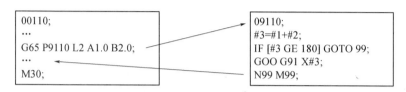

1. 调用说明

(1)在 G65 之后,用地址 P 指定用户宏程序的程序号。

(2)任何自变量前必须指定 G65。

(3)当要求重复时,在地址 L 后指定从 1~9999 的重复次数,省略 L 值时,默认 L 值等于 1。

(4)使用自变量指定(赋值),其值被赋值给宏程序中相应的局部变量。

2. 自变量赋值

若要向用户宏程序本体传递数据时,须由自变量赋值来指定,其值可以有符号和小数点,且与地址无关。

宏程序本体使用的是局部变量($\#1 \sim \#33$ 共有 33 个),与其对应的自变量赋值共有 2 种类型。第 1 种类型:自变量指定 I 使用除了 G、L、O、N 和 P 以外的字母,每个字母指定一次。第 2 种类型:自变量指定 II 使用 A、B、C 、I_i、J_i 和 K_i(i 为 1~10)。根据使用的字母,自动决定自变量指定的类型。

这两种自变量赋值与用户宏程序本体中局部变量的对应关系见表 6-12。

表 6-12 自变量赋值与局部变量的对应关系

自变量 赋值 I 地址	用户宏程序 本体中的变量	自变量 赋值 II 地址	自变量 赋值 I 地址	用户宏程序 本体中的变量	自变量 赋值 II 地址
A	#1	A	S	#19	I_6
B	#2	B	T	#20	J_6
C	#3	C	U	#21	K_6
I	#4	I_1	V	#22	I_7
J	#5	J_1	W	#23	J_7
K	#6	K_1	X	#24	K_7
D	#7	I_2	Y	#25	I_8
E	#8	J_2	Z	#26	J_8
F	#9	K_2	—	#27	K_8

自变量 赋值Ⅰ地址	用户宏程序 本体中的变量	自变量 赋值Ⅱ地址	自变量 赋值Ⅰ地址	用户宏程序 本体中的变量	自变量 赋值Ⅱ地址
—	#10	I_3	—	#28	I_9
H	#11	J_3	—	#29	J_9
—	#12	K_3	—	#30	K_9
M	#13	I_4	—	#31	I_{10}
—	#14	J_4	—	#32	J_{10}
—	#15	K_4	—	#33	K_{10}
—	#16	I_5	—	—	—
Q	#17	J_5	—	—	—
R	#18	K_5	—	—	—

注:对于自变量赋值Ⅱ,上表中 I、J、K 的下标用于确定自变量赋值的顺序,在实际编程中不写(也无法写,语法上无法表达)

3. 自变量赋值的其他说明

（1）自变量赋值Ⅰ、Ⅱ的混合使用。CNC 内部自动识别自变量赋值Ⅰ和Ⅱ。如果自变量赋值Ⅰ和Ⅱ混合赋值,后赋值的自变量类型有效(以从左到右书写的顺序为准,左为先,右为后)。

例:

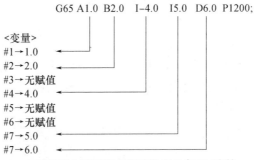

I5.0和D6.0都给变量#7赋值,但后者D6.0有效

由此可以看出,自变量赋值Ⅱ用 10 组 I、J、K 来对自变量进行赋值,在表 6 - 12 中似乎可以通过 I、J、K 的下标很容易识别地址和变量的关系,但实际上在实际编程中无法输入下标,尽管自变量赋值Ⅱ"充分利用资源",可以对#1 ~ #33 全部 33 个局部变量进行赋值,但是在实际编程时要分清是哪一组 I、J、K,又是第几个 I、J 或 K,是一件非常麻烦的事。如果再让自变量赋值Ⅰ和自变量赋值Ⅱ混合使用,那就更容易引起混淆。

如果只用自变量赋值Ⅰ进行赋值,由于地址和变量是一一对应的关系,混淆和出错的概率相当小,尽管只有 21 个英文字母可以给自变量赋值,但是毫不夸张地说,绝大多数编程工作再复杂也不会出现超过 21 个变量的情况。因此,建议在实际编程时,使用自变量赋值Ⅰ进行赋值。

（2）小数点的问题。没有小数点的自变量数据的单位为各地址的最小设定单位。传递的没有小数点的自变量的值将根据机床实际的系统配置而定。因此建议在宏程序调用中一律使用小数点,既可避免无谓的差错,也可使程序对机床及系统的兼容性好。

（3）调用嵌套调用可以四级嵌套,包括非模态调用(G65)和模态调用(G66),但不包括子程序调用(M98)。

（4）局部变量的级别局部变量嵌套从 0 到 4 级,主程序是 0 级。用 G65 或 G66 调用宏程序,每调用一次(2、3、4 级),局部变量级别加 1,而前一级的局部变量值保存在 CNC 中,即每级局部变量(1、2、3 级)被保存,下一级的局部变量(2、3、4 级)被准备,可以进行自变量赋值。

当宏程序中执行 M99 时,控制返回到调用的程序。此时,局部变量级别减 1,并恢复宏程序调用时保存的局部变量值,即上一级被储存的局部变量被恢复,如同它被储存一样,而下一级的局部变量被清除。

6.3.2　宏程序模态调用与取消(G66、G67)

当指定 G66 时,则指定宏程序模态调用,即指定沿移动轴移动的程序段后调用宏程序。G67 取消宏程序模态调用。指令格式与非模态调用(G65)相似。

G66 P < p > L < I > < 自变量赋值 > :

< p > :要调用的程序号。

< I > :重复次数(默认值为1)。

< 自变量赋值 > :传递到宏程序的数据。

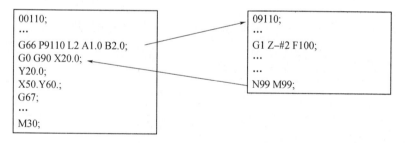

说明:

（1）在 G66 之后,用地址 P 指定用户宏程序的程序号。

（2）任何自变量前必须指定 G66。

（3）当要求重复时,在地址 L 后指定从 1 ~ 9999 的重复次数,省略 L 值时,默认 L 值等于 1。

（4）与非模态调用(G65)相同,使用自变量指定(赋值),其值被赋值给宏程序中相应的局部变量。

（5）指定 G67 时,取消 G66,即其后面的程序段不再执行宏程序模态调用。G66 和 G67 应该成对使用。

（6）可以调用 4 级嵌套,包括非模态调用(G65)和模态调用(G66),但不包括子程序调用(M98)。

（7）在模态调用期间,指定另一个 G66 代码,可以嵌套模态调用。

（8）限制：①在 G66 程序段中，不能调用多个宏程序。②在只有诸如辅助功能（M 代码），但无移动指令的程序段中不能调用宏程序。③局部变量（自变量）只能在 G66 程序段中指定。注意：每次执行模态调用时，不再设定局部变量。

6.3.3　用 G 代码调用宏程序（G < g >）

可用 G < g > 代码代替 G65 P < p > G < g > < 自变量赋值 > = G65P < p > < 自变量赋值 > 。

在参数 No.6050 ~ No.6059 中设定调用宏程序的 G 代码 < g > ，与非模态调用（G65）同样的方法用该代码调用宏程序。对应关系见表 6 – 13。

表 6 – 13　FANUC 0i 参数、G 代码与宏程序号之间的对应关系

参数号	G 代码 < g >	被调用的用户宏程序号 < p >	参数号	G 代码 < g >	被调用的用户宏程序号 < p >
6050	g1	09010	6055	g6	09015
6051	g2	09011	6056	g7	09016
6052	g3	09012	6057	g8	09017
6053	g4	09013	6058	g9	09018
6054	g5	09014	6059	g10	09019

注：< g > 值范围为 1 ~ 255（65 ~ 67 除外）

例如：在系统中将 No.6050 参数设置为 50，则 G50 即为 G65 P9010。

说明：

（1）重复：与非模态调用（G65）完全一样，地址 L 可以指定 1 ~ 9999 的重复次数。

（2）自变量赋值：与非模态调用（G65）完全一样。

（3）限制：①在用 G 代码调用的程序中，不能用一个 G 代码调用多个宏程序。这种程序中的 G 代码被处理为普通的 G 代码。②在用 M 或 T 代码作为子程序调用的程序中，不能用一个 G 代码调用多个宏程序。这种程序中的 G 代码也被处理为普通的 G 代码。

6.3.4　用 M 代码调用宏程序（M < m >）

可用 M < m > 代码代替 G65 P < p > ；M < m > < 自变量赋值 > = G65P < p > < 自变量赋值 > 。

在参数 No.6080 ~ No.6089 中设定调用宏程序的 M 代码 < m > ，与非模态调用（G65）同样的方法用该代码调用宏程序。对应关系见表 6 – 14。

表 6 – 14　FANUC 0i 参数、M 代码与宏程序号之间的对应关系

参数号	M 代码 < m >	被调用的用户宏程序号 < p >	参数号	M 代码 < m >	被调用的用户宏程序号 < p >
6080	m1	09020	6085	m6	09025
6081	m2	09021	6086	m7	09026
6082	m3	09022	6087	m8	09027
6083	m4	09023	6088	m9	09028
6084	m5	09024	6089	m10	09029
注：< m > 值范围为 6 ~ 255					

例如：在系统中将 No. 6080 参数设置为 50，则 M50 为 G65 P9020。

```
00200;
...
M50 A2.0 B4.0;
...
M30;
```

```
09020;
...
...
...
M99;
```

说明：

（1）重复：与非模态调用（G65）完全一样，地址 L 可以指定 1 ~ 9999 的重复次数。

（2）自变量赋值：与非模态调用（G65）完全一样。

（3）限制：①调用宏程序的 M 代码必须在程序段的开头指定。②在用 G 代码调用的宏程序或用 M、T 代码作为子程序调用程序中，不能用一个 M 代码调用多个宏程序。这种宏程序中的 M 代码被处理为普通的 M 代码。

6.3.5　用 M 代码调用子程序

可用 M < m > 代码代替 M98 P < p >。

在参数 No. 6071 ~ No. 6079 中设定调用子程序的 M 代码 < m >，可与子程序调用（M98）相同的方法用该代码调用子程序。对应关系见表 6 – 15。

表 6 – 15　FANUC 0i 参数、M 代码与宏程序号之间的对应关系

参数号	M 代码 < m >	被调用的用户宏程序号 < p >	参数号	M 代码 < m >	被调用的用户宏程序号 < p >
6071	m1	09001	6076	m6	09006
6072	m2	09002	6077	m7	09007
6073	m3	09003	6078	m8	09008
6074	m4	09004	6079	m9	09009
6075	m5	09005	—	—	—
注：< m > 值范围为 0 ~ 97，但 30 和其他不能进入缓冲区寄存器的 M 代码除外					

例如:在系统中将 No.6071 参数设置为 71,则 M71 为 M98 P9001。

说明:

(1) 重复:与非模态调用(G65)完全一样,地址 L 可以指定 1~9999 的重复次数。

(2) 自变量赋值:不允许自变量赋值。

(3) 限制:在用 G 代码调用的宏程序或用 M、T 代码作为子程序调用程序中,不能用一个 M 代码调用多个子程序。这种宏程序中的 M 代码被处理为普通的 M 代码。

6.3.6 用 T 代码调用子程序

可用 T<t>代码代替 M98 P<p>。

在参数中设定调用子程序(宏程序)的 T 代码<t>,可与子程序调用(M98)相同的方法用该代码调用子程序(宏程序)。

例如:参数 No.6001 的#5 位 TCS = 1,公共变量#149 = 22。

说明:

(1) 调用:设置参数 No.6001 的#5 位 TCS = 1 时,可用 T<t>代码代替 M98 P9000。在加工程序中指定的 T 代码<t>赋值到(存储)公共变量#149 中。

(2) 限制:在用 G 代码调用的宏程序或用 M、T 代码作为子程序调用的程序中,不能用一个 T 代码调用多个子程序。这种宏程序或程序中的 T 代码被处理为普通的 T 代码。

6.3.7 宏程序语句和 NC 语句

1. 宏程序语句和 NC 语句的定义

在宏程序中,可以把程序段分为 2 种语句,第 1 种为宏程序语句,第 2 种为 NC 语句。以下类型的程序段均属宏程序语句:

- 包含算术或逻辑运算(=)的程序段。
- 包含控制语句(如 GOTO,DO ~ END)的程序段。
- 包含宏程序调用指令(如用 G65,G66,G67 或其他 G、M 代码调用宏程序)的程序段。

除了宏程序语句以外的任何程序段都是 NC 语句。

2. 宏程序语句与 NC 语句的区别

宏程序语句即使置于单程序段运行方式,机床也不停止运行。但是,当参数 No.6000 #5SBM 设定为 1 时,在单程序段方式中也执行单程序段停止(这只在调试时才使用)。在刀具半径补偿方式 C 中宏程序语句段不作为不移动程序段处理。

3. 与宏程序语句有相同功能的 NC 语句

NC 语句含有子程序调用程序段,包括 M98、M 和 T 代码调用子程序的指令,但只包括子程序调用指令和地址 O、N、P、L。

NC 语句含 M99 的程序段,但只包括地址 O、N、P、L。

4. 宏程序语句的处理

为了平滑加工,CNC 会预读下一个要执行的 NC 语句,这种运行称为缓冲。

在刀具半径补偿方式(G41,G42)中,CNC 为了找到交点会提前预读 2 或 3 个程序段的 NC 语句。

算术表达式和条件转移的宏程序语句在它们被读进缓冲寄存器后立即被处理。

CNC 不预读以下 3 种类型的程序段:①包含 M00,M01,M02 或 M30 的程序段;②包含由参数 NO.3411～NO.3420 设置的禁止缓冲的 M 代码的程序段;③包含 G31 的程序段。

6.3.8 用户宏程序的使用限制

1. MDI 运行

在 MDI 方式中,不可以指定宏程序,但可进行下列操作:调用子程序或调用一个宏程序,但该宏程序在自动运行状态下不能调用另一个宏程序。

2. 顺序号检索

用户宏程序不能检索顺序号。

3. 单程序段

(1)除了包含宏程序调用指令、运算指令和控制指令的程序段之外,可以执行一个程序段作为一个单程序的停止(在宏程序中),换言之,即使宏程序在单程序段方式下正在执行,程序段也能停止。

(2)包含宏程序调用指令(G65/G66)的程序段中即使单程序段方式时也不能停止。

(3)当设定参数 SBM(参数 No.6000 的#5 位)为 1 时,包含算术运算指令和控制指令的程序段可以停止(即单程序段停止)。该功能主要用于检查和调试用户宏程序本体。

注意:在刀具半径补偿 C 方式中,当宏程序语句中出现单程序段停止时,该语句被认为不包含移动的程序段。并且在某些情况下,不能执行正确的补偿(严格地说,该程序段被当作指定移动距离为 0 的移动。)

4. 使用任选程序段跳过(跳跃功能)

在＜表达式＞中间出现的"/"符号(即在算术表达式的右边,封闭在[ ]中)被认为是除法运算符,而不作为任选程序段跳过代码。

5. 在 EDIT 方式下的运行

(1)设定参数 NE8(参数 No.3202 的#0 位)和 NE9(参数 No.3202 的#4 位)为 1 时,可对程序号为 8000～8999 和 9000～9999 的用户宏程序和子程序进行保护。

(2)当存储器全清时,存储器的全部内容包括宏程序(子程序)将被清除。

6. 复位

(1)复位后,所有局部变量和从#100～#149 的公共变量被清除为空值。

(2)设定参数 CLV(参数 No.6001 的#7 位)和 CCV(参数 No.6001 的#6 位)为 1 时,它们可以不被清除(这取决于机床制造厂的设定)。

（3）复位不清除系统变量#1000～#1133。

（4）复位可清除任何用户宏程序和子程序的调用状态并返回到主程序。

7. 程序再启动的显示

和 M98 一样，子程序调用中使用的 M、T 代码不显示。

8. 进给暂停

在宏程序执行期间，且进给暂停有效时，在宏程序执行完成后机床停止。但复位或出现报警时，机床停止。

9. ＜表达式＞中可以使用的常数值

表达式中可以使用的常数值在"＋0.0000001～＋99999999"以及"－99999999～－0.0000001"范围内的 8 位十进制数，如果超过这个范围，会触发 P/S 报警 No.003。

6.4　常用的宏程序实例

6.4.1　铣平面的宏程序

按照加工工艺的要求，一般是先面后孔。平面加工是最基本、最简单的加工方式，常见的平面加工是矩形平面的加工。如图 6－1 所示（零件 X、Y 对称中心为 G54 原点，加工刀具为高速钢 $\phi12$mm 圆柱立铣刀）。下面分别以 IF 和 WHILE 两种循环方式为例进行简单的平面铣削。

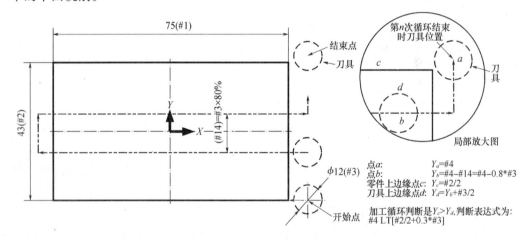

图 6－1　平面加工示意图

程序正文（IF 指令格式）	注释说明
%	
#1 = 75.0;	矩形 X 方向边长
#2 = 43.0;	矩形 Y 方向边长
#3 = 12.0;	（平底立铣刀）刀具直径
#4 = － #2/2;	Y 坐标设为自变量，赋初始值为 － #2/2
#14 = 0.8 * #3;	变量#14，即步距（0.8 倍刀具直径）
#5 = [#1 + #3]/2 + 2.0;	开始点的 X 坐标

程序正文（IF 指令格式）	注释说明
T1M6；	调用 φ12mm 圆柱立铣刀
G54G90G00X0Y0S1300M3；	刀具初始化，选择用户坐标系为 G54
G43H1Z100.；	1 号刀的长度补偿
X#5Y#4；	定位到 X#5Y#4 上方
Z5.；	
G01Z - 2. F100；	下切至 Z - 2 平面（假设此为加工平面）
N1IF［#4GT］［#2/2 + 0.3 * #3］GOTO2；	如果刀具还没有加工到上边缘，继续以下循环
G01X - #5F200；	开始铣削，G01 移动至左边
#4 = #4 + #14；	Y 坐标即变量#4 递增#14
Y#4；	Y 坐标向正方向 G01 移动#4
X#5；	G01 移动至右边
#4 = #4 + #14；	Y 坐标即变量#4 递增#14
Y#4；	Y 坐标向正方向 G01 移动#14（完成一个循环）
GOTO1；	循环 1 结束
N2G0Z100.0；	循环结束，提刀至安全高度。
M30；	程序结束
%	

程序正文（WHILE 指令格式）	注释说明
%	
#1 = 75.0；	矩形 X 方向边长
#2 = 43.0；	矩形 Y 方向边长
#3 = 12.0；	（平底立铣刀）刀具直径
#4 = - #2/2；	Y 坐标设为自变量，赋初始值为 - #2/2
#14 = 0.8 * #3；	变量#14，即步距（0.8 倍刀具直径）
#5 = ［#1 + #3］/2 + 2.0；	开始点的 X 坐标
T1M6；	调用 φ12mm 圆柱立铣刀
G54G90G00X0Y0S1300M3；	刀具初始化，选择用户坐标系为 G54
G43H1Z100.；	1 号刀的长度补偿
X#5Y#4；	定位到 X#5Y#4 上方
Z5.；	
G01Z - 4. F100；	下切至 Z - 4 平面（假设此为加工平面）
WHILE［#4LT［#2/2 + 0.3 * #3］］DO1；	如果刀具还没有加工到上边缘，继续以下循环
G01X - #5F200；	开始铣削，G01 移动至左边
#4 = #4 + #14；	Y 坐标即变量#4 递增#14
Y#4；	Y 坐标向正方向 G01 移动#4
X#5；	G01 移动至右边
#4 = #4 + #14；	Y 坐标即变量#4 递增#14
Y#4；	Y 坐标向正方向 G01 移动#14（完成一个循环）
END1；	循环 1 结束
G0Z50.0；	循环结束，提刀至安全高度
M30；	程序结束
%	

6.4.2 单孔的铣削加工宏程序(圆孔直径 *D* 与刀具直径比值 *D*/ϕ>1.5)

单个孔的铣削加工宏程序主要是利用了数控系统的螺旋插补功能 G02 和 G03,可应用于圆孔的各种加工。如开粗(无论有无预先钻底孔)、扩孔、精铣(实现以铣代铰、以铣代镗)等。

如图 6-2 所示,设零件孔心为 G54 任意点,顶面为 Z0,采用顺铣方式。加工刀具为高速钢 ϕ12mm 圆柱立铣刀。加工结果如图 6-3 所示。

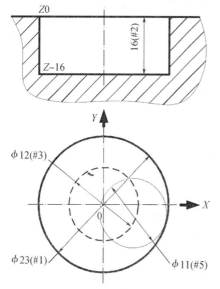

图 6-2 单孔螺旋铣削加工示意图

图 6-3 单孔螺旋铣削加工结果

考虑宏程序的适应性,假设为不通孔加工,即需准确控制加工深度,如果加工零件为通孔,只需把加工深度设置比通孔深度略大即可。

如果要逆铣,只需把下面程序中两处的"G03"改为"G02"即可,其余部分完全不变。

程序正文	注释说明
%	
#1 = 23.0;	圆孔直径
#2 = 16.0;	圆孔深度
#3 = 6.2;	(平底立铣刀)刀具半径 + 加工余量
#4 = 0;	*Z* 坐标(绝对值)设为自变量,赋初始值为 0
#17 = 2.0;	*Z* 坐标(绝对值)每次递增量(每层切深 *q*)
#24 = 0;	定义圆心点 *X* 坐标
#25 = 0;	定义圆心点 *Y* 坐标
#5 = #1/2 - #3;	螺旋加工时刀具中心的回转半径
T1M6;	调用 ϕ12mm 圆柱立铣刀
G54G90G00X#24Y#25S1300M3;	程序开始,定位于圆心点上方安全高度
G43H1Z50.0;	快速移动到起始点上方
Z5. M08;	下降至 *Z* 以上 5.0mm 处

184

程序正文	注释说明
G91G00X#5;	
G90G01Z - #4F100;	Z 方向 G01 下降至当前开始加工深度（Z - #4）
WHILE[#4LT#2]DO1;	如果加工深度#4 < 圆孔深度#2，循环 1 继续
#4 = #4 + #17;	Z 坐标（绝对值）依次递增#17（即层间距 q）
G03I - #5Z - #4F200;	G03 逆时针螺旋加工至下一层
END1;	循环 1 结束
G03I - #5;	到达圆孔深度（此时#4 = #2）逆时针走一整圆
G91G01X - 1.0;	G01 向中心回退 1
G90G0Z50.0;	G00 快速提刀至安全高度
M30;	程序结束
%	
注意：加工不通孔时，应对#17 的赋值有所要求，即#2 必须能被#17 整除，否则孔底会有余量，或加工深度超差	

6.4.3　圆孔型腔的铣削加工宏程序

对于大直径的圆孔类型腔（圆孔直径 D 与刀具直径比值 D/φ≥3），使用宏程序可以方便地完成加工。

如图 6 - 4 所示，圆孔中心为 G54 原点，顶面为 Z0 面，圆孔内腔尺寸为：直径 × 深度 = #1 × #2。加工刀具为高速钢 φ12mm 圆柱立铣刀。加工方式为：平底立铣刀每次从中心下刀，向 X 正方向走第一段距离，逆时针走整圆，采用顺铣，走完最外圈后提刀返回中心，进给至下一层继续，直至到达预定深度。如果特殊情况下要逆铣，只需把下面程序中的"G03I - #9"改为"G02I - #9"即可，其余部分完全不变。加工结果如图 6 -5 所示。

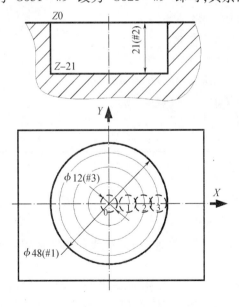

图 6 -4　圆孔型腔铣削加工示意图

图 6 -5　圆孔型腔铣削加工结果

185

程序正文	注释说明
%	
#1 = 48. ;	圆孔直径
#2 = 21. ;	圆孔深度
#3 = 12.0 ;	(平底立铣刀)刀具直径
#4 = 0 ;	Z 坐标(绝对值)设为自变量,赋初始值为 0
#17 = 3.0 ;	Z 坐标(绝对值)每次递增量(每层切深即层间距 q)
#5 = 0.8 * #3 ;	步距设为刀具直径的 80%(经验值)
#6 = #1 − #3 ;	刀具(中心)在型腔加工时的最大回转直径
T1M6 ;	调用 ϕ12mm 圆柱立铣刀
G54G90G00X0Y0S1300M3 ;	程序开始定位于 G54 原点
G43H1Z100. ;	1 号刀长度补偿
WHILE[#4LT#2]DO1 ;	如果加工深度#4 < 内腔深度#2,循环 1 继续
Z[− #4 + 1.0] ;	快速下降至当前加工平面 Z − #4 以上 1.0 处
G01Z − [#4 + #17]F100 ;	Z 方向 G01 下降至当前加工深度(Z − #4 处下降#17)
#7 = FIX[#6/#5] ;	刀具在内腔最大回转直径除以步距并上取整
#8 = FIX[#7/2] ;	#7 是奇数或偶数都可上取整,重置#8 为初始值
WHILE[#8GE0]DO2 ;	如果#8≥0(即还没有走到最外一圈),循环 2 继续
#9 = #6/2 − #8 * #5 ;	每圈在 X 方向上移动的距离目标值(绝对值)
G01X#9F200 ;	以 G01 移动至图中 1 点
G03I − #9 ;	逆时针走整圆
#8 = #8 − 1.0 ;	#8 依次递减至 0
END2 ;	循环 2 结束(最外一圈已走完)
G00Z50.0 ;	G00 提刀至安全高度
X0Y0 ;	G00 快速回到 G54 原点,准备下一层加工
#4 = #4 + #17 ;	Z 坐标(绝对值)依次递增#17(层间距 q)
END1 ;	循环 1 结束(此时#4 = #2)
M30 ;	程序结束
%	

6.4.4 矩形型腔的铣削加工宏程序

在实际加工中,加工矩形型腔要比加工圆形型腔的情况多。

如图 6 - 6 所示,矩形型腔中心为 G54 原点,顶面为 $Z0$ 面,加工刀具为高速钢 ϕ12mm 立铣刀。加工结果如图 6 - 7 所示。

矩形内腔尺寸为:长 × 宽 × 深 = #1 × #2 × #4。加工方式为:使用平底立铣刀,每次从中心垂直下刀,以回字形走刀,先 Y 后 X,全部采用顺铣,走完最外圈后提刀返回中心,进给至下一层继续,直至到达预定深度。

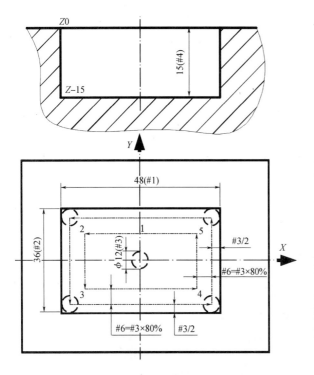

图6-6 矩形型腔铣削加工示意图

图6-7 矩形型腔铣削加工结果

程序正文	注释说明
%	
#1 = 48. ;	矩形内腔 X 方向边长
#2 = 36. ;	矩形内腔 Y 方向边长
#3 = 12.0;	(平底立铣刀)刀具直径
#4 = 15.0;	矩形内腔深度 Depth(绝对值)
#5 = 0;	Z 坐标(绝对值)设为自变量,赋初始值为 0
#17 = 3.0;	Z 坐标(绝对值)每次递增量(每层切深即层间距 q)
#6 = 0.8 * #3;	步距设为刀具直径的80%(经验值)
#7 = #1 – #3;	刀具(中心)在内腔中 X 方向上最大移动距离
#8 = #2 – #3;	刀具(中心)在内腔中 Y 方向上最大移动距离
T1M6;	调用 φ12mm 圆柱立铣刀
G54G90G00X0Y0S1300M3;	程序开始,定位于 G54 原点
G43H1Z100. ;	1 号刀长度补偿
WHILE[#5LT#4]DO1;	如果加工深度#5 < 内腔深度#4,循环 1 继续
Z[– #5 + 1.0];	快速下降至当前加工平面 Z – #5 以上1.0 处
G01Z – [#5 + #17]F100;	Z 向 G01 下降至当前加工深度(Z – #5 处下降#17)
IF[#1GE#2]GOTO1;	如果#1≥#2,跳转至 N1 行
N1#9 = FIX[#8/#6];	Y 方向上最大移动距离除以步距,并上取整
IF[#1GE#2]GOTO3;	如果#1≥#2,跳转至 N3 行(此时已执行完 N1 行)
IF[#1LT#2]GOTO2;	如果#1 < #2,跳转至 N2 行

187

程序正文	注释说明
N2#9 = FIX[#7/#6];	X 方向上最大移动距离除以步距，并上取整
IF[#1LT#2]GOTO3;	如果#1 < #2，跳转至 N3 行（此时已执行完 N2 行）
N3#10 = FIX[#9/2];	#9 是奇数或偶数都上取整，重置#10 为初始值
WHILE[#10GE0]DO2;	如#10≥0（即还没有走到最外一圈），循环 2 继续
#11 = #7/2 − #10 * #6;	每圈在 X 方向上移动的距离目标值（绝对值）
#12 = #8/2 − #10 * #6;	每圈在 Y 方向上移动的距离目标值（绝对值）
Y#12F200;	以 G01 移至图中 1 点
X − #11;	以 G01 移至图中 2 点
Y − #12;	以 G01 移至图中 3 点
X#11;	以 G01 移至图中 4 点
Y#12;	以 G01 移至图中 5 点
X0;	以 G01 移至中心点，一圈结束
#10 = #10 − 1.0;	#10 依次递减至 0
END2;	循环 2 结束（最外一圈已走完）
G00Z50.0;	G00 提刀至安全高度
X0Y0;	G00 快速回到 G54 原点，准备下一层加工
#5 = #5 + #17;	Z 坐标（绝对值）依次递增#17（层间距 q）
END1;	循环 1 结束（此时#5 = #4）
M30;	程序结束
%	

注意：

（1）如果特殊情况下要逆铣，只需把#12 前面加上负号即可；

（2）如果上述#1、#2 值为最终尺寸，则粗加工时只需把程序中的#1、#2 值适当减小。例如内腔轮廓单边拟预留 0.3mm 余量，可设置为（#1 − 0.6）及（#2 − 0.6）；

（3）#17 的设置要特别小心，需确保内腔深度#4 能被#17 整除；

（4）如果内腔深度拟预留 0.3mm 余量，可按理论值编程，实际加工时把 G54 的 Z 原点提高 0.3mm；

（5）例中#1≥#2，如果#1 < #2，由于程序中有相应语句进行自动判断，程序也完全通用；

（6）由于每层都在中心垂直下刀，加工前可以考虑先行在内腔中心加工一个尺寸与刀具直径相近的圆孔以利于更顺利地下刀，否则一定要使用刀刃过中心的刀具，而且 Z 方向下刀速度一定要足够慢；

（7）在 4 个角上有残留余量，如果要去除，可在加工型腔前，在 4 个角上提前钻孔去除；或采用电加工方法去除残留的余量。

6.4.5　曲线类零件的铣削加工宏程序

曲线类零件的编程，通常用 CAD/CAM 软件来编程比较方便。能够用手工编程的曲线零件，其曲线是平面曲线，这些零件的曲线可以是二次曲线（椭圆、双曲线、抛物线），也可以是其他平面曲线（摆线、渐开线、螺线等）。这类零件的共同特征是曲线能用直角坐标（或极坐标）参数方程来表达零件轮廓，这为使用宏程序编程提供了非常有利的数学基础和必要条件。

　　下面以一个阿基米德螺线形凸轮的凹槽部分加工为例,介绍相关的宏程序编程方法。为了突出重点,这里尽量淡化其他各种加工因素,主要说明非圆曲线(阿基米德螺线)加工的宏程序表述。

　　如图6-8所示,凸轮曲线由两段阿基米德螺线和半径分别为20mm和40mm的两段圆弧组成。加工结果如图6-9所示。

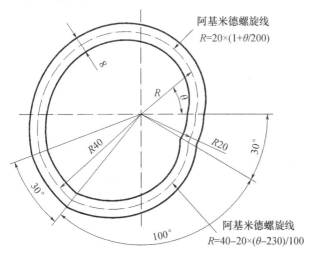

图6-8　阿基米德螺线形凸轮

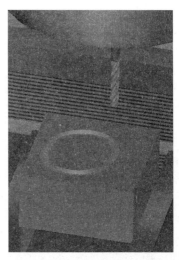

图6-9　阿基米德螺线形凹槽加工结果

　　加工时,圆弧中心为 XY 的原点,凹槽上表面为 $Z0$。刀具中心按曲线轮廓走刀,槽宽由刀具尺寸来保证。采用子(宏)程序 $O100$ 来描述凸轮曲线轮廓。在 $+X$(即 $\theta = 0$)处开始加工,当刀具下到槽底时(假设此为精加工,如果需要考虑粗加工,可以先用直径略小的刀具等高逐层加工),调用子程序进行加工。

　　第1段阿基米德螺线,以角度 θ 为自变量,$\theta = 0° \sim 200°$(定义域),极坐标参数方程式为 $R = 20 \times (1 + \theta/200)$,$R = 20 \sim 40$mm(值域)。

　　第2段阿基米德螺线,以角度 θ 为自变量,$\theta = 230° \sim 330°$(定义域),极坐标参数方程式为 $R = 40 - 20 \times (\theta - 230)/100$,$R = 40 \sim 20$mm(值域)。

　　其余两段均为30°的圆弧(半径分别为20mm、40mm)。

主程序	注释说明
%	
T2M6;	调用 ϕ8mm圆柱立铣刀
G54G90G00X0Y0S2000M03;	程序开始,定位于G54原点上方安全高度
G43H2Z50.0;	1号刀长度补偿
Z5.0;	快速下降至加工平面 $Z5.0$ 处
M98P100F250;	调用子程序加工凹槽
G0Z50.0;	G00提刀至安全高度
M30;	程序结束
%	

主程序	注释说明
子程序 O100	注释说明
%	
O0100;	
G16;	极坐标方式生效
#1 = 0;	第 1 段阿基米德螺线角度 θ 为自变量,赋初始值 0
#11 = 0.5;	角度 θ(#1)递增量(经验值)
#2 = 200.0;	第 1 段阿基米德螺线角度 θ 的终止值
WHILE[#1LT#2]DO1;	如果#1≤#2,循环 1 继续
#3 = 20.0 * [1.0 + #1/#2];	计算第 1 段阿基米德螺线的极径 R
G90G01X#3Y#1F250;	以 G01 直线逼近第 1 段阿基米德螺线
Z − 4. F100;	Z 方向 G01 下切至加工深度 $Z − 2.0$(根据需要修改)
#1 = #1 + #11;	自变量#1 依次递增#11
END1;	循环 1 结束
G03X40.0Y230.0R40.0F250;	加工 R40 圆弧,至第 2 段阿基米德螺线起点
#4 = 230.0;	第 2 段阿基米德螺线角度 θ 为自变量赋初始值 230.0
#14 = 0.5;	角度 θ(#4)递增量(经验值)
#5 = 330.0;	第 2 段阿基米德螺线角度 θ 的终止值
WHILE[#4LT#5]DO2;	如果#4 < #5,循环 2 继续
#6 = 40.0 − 20.0 * [#4 − 230.0]/100.0;	计算第 2 段阿基米德螺线的极径 R
G90G01X#6Y#4F250;	以 G01 直线逼近第 2 段阿基米德螺线
#4 = #4 + #14;	自变量#4 依次递增#14
END2;	循环 2 结束
G03X20.0Y0R20.0;	加工 $R20$ 圆弧
G15;	取消极坐标方式
M99;	子程序结束返回
%	

注意:

（1）对于螺线的宏程序编程,如条件允许,尽可能采用简单、明了的极坐标方式编程;

（2）在极坐标方式下,应特别注意角度值的正确用法以及 G02/G03 圆弧插补的使用限制(极坐标方式中对圆弧插补或螺旋线切削 G02/G03 须用 R 指定半径)。

6.4.6　平底立铣刀加工 45°外倒角

机械零件因为装配的原因,一般会有倒角或倒圆角的要求,0.5 × 45°这类小的倒角,钳工可以锉配完成,大的倒角则无法保证尺寸,只能机械加工来完成。在铣削加工中,为了提高加工效率,应尽量使用成型铣刀,来完成倒角加工。但如果是单件或无成型铣刀,也可使用宏程序编程来完成倒角加工。

如图 6 − 10 所示,零件轮廓周边与顶部平面形成倒角,使用平底立铣刀加工该斜面。利用宏程序编程加工,可以实现相关的倒角加工,这里假设顶面为 $Z0$ 面,零件中心为 G54

原点,加工刀具为 φ12mm 的平底立铣刀。加工结果如图 6 – 11 所示。

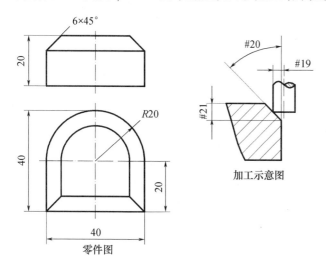

图 6 – 10　平底立铣刀加工 45°外倒角

图 6 – 11　平底立铣刀加工 45°
外倒角的结果

程　序	注释说明
%	
#19 = 6.0;	(平底立铣刀)刀具半径 r
#20 = 45.0;	倒角斜面与垂直方向夹角
#21 = 6.0;	倒角斜面的高度 H
#11 = 0;	dZ(绝对值)设为自变量,赋初始值 0
##7 = 1.;	深度增量
T1M6;	调用刀具
G54G90G0X35. Y0S1300M3;	程序开始,刀具初始化,定位于(X35.0,Y0)上方
G43H1Z100.;	Z 向快速降低至 Z100.0 处
Z5. M08;	Z 向快速降低至 Z5.0 处
G01Z – 10. F100;	以 G01 速度进给至当前加工深度
D3G41X20.0Y0F200;	以 G01 速度进给至轮廓上的起点(D3 = 15)
Y – 20.0;	斜体部分的程序是描述零件轮廓(大端轮廓)
X – 20.0;	
Y0;	
G02X0. Y20. R20.0;	
G02X20.0Y0. R20.0;	
G01G40X35. Y0;	取消刀补
G01Z – 10. F100;	以 G01 速度进给至当前加工深度
D4G41X20.0Y0F200;	以 G01 速度进给至轮廓上的起点(D4 = 6)
Y – 20.0;	加工运动轨迹描述(精加工)
X – 20.0;	
Y0;	
G02X20.0R20.0;	

程　序	注释说明
G01G40X35.Y0;	
G0Z100.;	快速提刀至安全高度
X35.Y0;	
Z5.M08;	Z 向快速降低至 Z5.0 处
WHILE[#11LE#21]DO1;	加工高度#11≤#21,加工循环开始
#22 = [#21 - #11] * TAN[#20];	每次爬高 dZ 所对应的刀补的变化值
#23 = #19 - #22;	每层对应的刀具半径补偿值
G10L12P01R#23;	变量#23 赋给刀具半径补偿值 D01
G01Z - #11F100;	以 G01 速度进给至当前加工深度
D1G41X20.0Y0F200;	
Y - 20.0;	
X - 20.0;	
Y0;	
G02X20.0R20.0;	
G01G40X35.Y0;	取消刀补
#11 = #11 + #7;	#11(dZ)依次递增 1.0(层间距)
END1;	循环 1 结束(此时#11 >#21)
G0Z100.0;	快速提刀至安全高度
M30;	程序结束
%	

说明:

（1）本例中的斜体部分程序是描述加工零件的轮廓,类似零件的加工只需要替换斜体部分的程序,宏程序的其他部分无须改动。

（2）本例中的斜体部分程序是描述外(封闭)轮廓的,但是对于加工内(封闭)轮廓也完全适用,只需要注意的是在 G41 语句前应选择合理的下刀点。

（3）斜体部分的程序只是针对一般的带有刀具半径补偿 G41 或 G42 的常规编程方法,如果在该轮廓的加工程序中没有应用刀补 G41 或 G42,而是直接对刀具中心运动轨迹进行编程,则需把程序中的语句"#23 = #19 - #22"更改为"#23 = - #22",其余部分不需再作其他处理。

（4）在本例中采用自上而下的走刀方式,如果要改用自下而上的方式,可按表 6 - 16 修改。

表 6 - 16　两种走刀方式程序比较

自上而下	自下而上
#11 = 0	#11 = #21
WHILE[#11LE#2] D01	WHILE[#11GT0] D01
#11 = #11 + #7	#11 = #11 - #7

（5）G10 指令的说明：G10 是 FANUC 系统提供的在程序中对刀具补偿数据进行修改的指令。

表 6-17 中，P 表示刀具补偿号。R 表示绝对值指令（G90）方式下的刀具补偿值；如果在增量值指令（G91）方式下的刀补值，该值与指定的刀具补偿号的值相加和为刀具补偿值。显然，一般情况下使用比较多的当属表中第 3 种 D 代码（半径补偿）的几何补偿值→L12。

表 6-17　G10 指令的使用

刀具补偿存储器的种类	指令格式
H 代码（长度补偿）的几何补偿值	G10 L10 P xx R xx
H 代码（长度补偿）的磨损补偿值	G10 L11 P xx R xx
D 代码（半径补偿）的几何补偿值	G10 L12 P xx R xx
D 代码（半径补偿）的磨损补偿值	G10 L13 P xx R xx

在以上 4 种指令格式中，R 后面的刀具补偿值同样可以是变量，如 G10 L12 P18 R#5，变量#5 代表的值等于“D18”所代表的刀具半径补偿值，即在程序中输入了刀具的半径补偿值。这种使用方式决定了它的主要使用场合就是在宏程序，使用了 G10 指令的宏程序可以解决各种斜面和倒 R 面的加工。

6.4.7　球头铣刀加工 45°外倒角

用平底刀来完成倒角加工，如果加工步距小，则加工耗时；如果步距大，虽然角度准确，但表面粗糙度不好。因此，平底刀加工主要是在粗加工时使用。精加工一般是用球头铣刀来加工，如图 6-12 所示，是用球头铣刀加工 45°外倒角的例子。这里假设顶面为 Z0 面，零件中心为 G54 原点，加工刀具为 φ8mm 的球头铣刀。加工结果如图 6-13 所示。

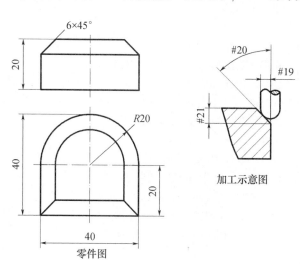

图 6-12　球头铣刀加工 45°外倒角

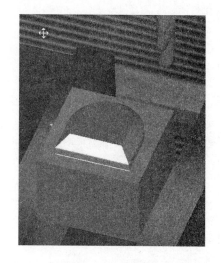

图 6-13　球头铣刀加工 45°外倒角的结果

程　序	注释说明
%	
#19 = 4.0;	球头铣刀半径 r
#20 = 45.0;	倒角斜面与垂直方向夹角
#21 = 6.0;	倒角斜面的高度 H
#11 = 0;	dZ(绝对值)设为自变量,赋初始值 0
#7 = 0.5;	深度增量
T1M6;	调用 ϕ12mm 圆柱立铣刀完成轮廓加工
G54G90G0X35. Y0S1300M3;	程序开始,刀具初始化,定位于(X35.0,Y0)上方
G43H1Z100.;	Z 向快速降低至 Z100.0 处
Z5. M08;	Z 向快速降低至 Z5.0 处
G01Z − 10. F100;	以 G01 速度进给至当前加工深度
D3G41X20.0Y0F200;	以 G01 速度进给至轮廓上的起点(D3 = 15)
Y − 20.0;	斜体部分的程序是描述零件轮廓(大端轮廓)
X − 20.0;	
Y0;	
G02X0. Y20. R20.0;	
G02X20.0Y0. R20.0;	
G01G40X35. Y0;	取消刀补
G01Z − 10. F100;	以 G01 速度进给至当前加工深度
D4G41X20.0Y0F200;	以 G01 速度进给至轮廓上的起点(D4 = 6)
Y − 20.0;	加工运动轨迹描述(精加工)
X − 20.0;	
Y0;	
G02X20.0R20.0;	
G01G40X35. Y0;	
G0Z100.;	快速提刀至安全高度
M05;	Z 向快速降低至 Z5.0 处
T7M6;	换 7 号刀,直径 8mm 的球头铣刀
G54G90G0X35. Y0S2000M3;	程序开始,刀具初始化,定位于(X35.0,Y0)上方
G43H7Z100.;	Z 向快速降低至 Z100.0 处
Z5. M08;	Z 向快速降低至 Z5.0 处
WHILE[#11LE#21]DO1;	如加工高度#11≤#21,加工循环开始
#22 = #11 + #19 ∗ [1 − SIN[#20]];	每次爬高 dZ 值
#23 = #19 ∗ COS[#20] − [#21 − #11] ∗ TAN[#20];	每次爬高 dZ 所对应的刀补的变化值
G10L12P01R#23;	变量#23 赋给刀具半径补偿值 D01
G01Z − #22F100;	以 G01 速度进给至当前加工深度
G41D01X20.0Y0F300;	以 G01 速度进给至轮廓上的起点
Y − 20.0;	斜体部分的程序是描述零件轮廓(大端轮廓)
X − 20.0;	
Y0;	

194

程　序	注释说明
G02X20.0R20.0;	
G01G40X35.Y0;	取消刀补
#11 = #11 + #7;	#11(dZ)依次递增1.0(层间距)
END1;	循环1结束(此时#11 > #21)
G0Z50.0;	快速提刀至安全高度
M30;	程序结束
%	

6.4.8　球头铣刀加工 *R* 倒圆角

图 6 – 14 是用球头铣刀加工倒圆角的例子。这里假设顶面为 $Z0$ 面,零件中心为 G54 原点,加工刀具为 $\phi 8mm$ 的球头铣刀。加工结果如图 6 – 15 所示。

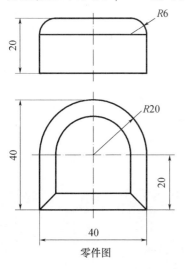

加工示意图

零件图

图 6 – 14　球头铣刀加工 *R* 倒圆角

图 6 – 15　球头铣刀加工 *R* 倒圆角的结果

程　序	注释说明
%	
T1M6;	调用 $\phi 12mm$ 圆柱立铣刀完成轮廓加工
G54G90G0X35.Y0S1300M3;	程序开始,定位于($X35.0$ $Y0$)上方
G43H1Z100.;	Z 向快速降低至 $Z100.0$ 处
Z5.M08;	Z 向快速降低至 $Z5.0$ 处
G01Z – 12.F100;	以 G01 速度进给至当前加工深度
D3G41X20.0Y0F200;	以 G01 速度进给至轮廓上的起点($D3 = 15$)
Y – 20.0;	斜体部分的程序是描述零件轮廓(大端轮廓)
X – 20.0;	
Y0;	

程　序	注释说明
G02X0. Y20. R20.0；	
G02X20.0Y0. R20.0；	
G01G40X35. Y0；	取消刀补
G01Z－12. F100；	
D4G41X20.0Y0F200；	（D4＝6）
Y－20.0；	
X－20.0；	
Y0；	
G02X20.0R20.0；	
G01G40X35. Y0；	
G0Z100.；	
M05；	
#19＝4.0；	（球头铣刀）刀具半径 r
#20＝6.0；	周边倒 R 面圆角半径 R
#11＝0；	角度设为自变量,赋初始值为 0
#7＝1.；	角度增量
#21＝#19＋#20；	倒 R 面圆心与刀心连线距离（常量）
T7M6；	换 7 号刀,直径 8mm 的球头铣刀
G54G90G0X35. Y0S2000M3；	
G43H7Z100.；	
Z5. M08；	
WHILE［#11LE90.0］DO1；	如果加工角度#11≤90°,加工循环开始
#22＝#21＊［COS［#11］－1.］；	任意角度时刀尖的 Z 坐标值（非绝对值）
#23＝#21＊SIN［#11］－#20；	任意角度时对应的刀具半径补偿值
G01Z#22F100；	以 G01 速度进给至当前加工深度
G10L12P01R#23；	变量#23 赋给刀具半径补偿值 D01
G41D01X20.0Y0F300；	以 G01 速度进给至轮廓上的起点
Y－20.0；	斜体部分的程序是描述零件轮廓（大端轮廓）
X－20.0；	
Y0；	
G02X0.0Y20.0R20.0；	
G02X20.0Y0R20.0；	
G01G40X35. Y0；	取消刀补（非常重要）
#11＝#11＋#7；	角度#11 每次以 1°递增
END1；	循环 1 结束（此时#11＞90°）
G0Z100.0；	快速提刀至安全高度
M05；	
M30；	程序结束
％	

说明：

（1）本例中的斜体部分程序是描述加工零件的轮廓，类似零件的加工只需要替换斜体部分的程序，宏程序的其他部分无须改动。

（2）本例中的斜体部分程序是描述外（封闭）轮廓的，但是对于加工内（封闭）轮廓也完全适用，只需要注意的是在 G41 语句前应选择合理的下刀点。

（3）程序中角度变量#11 的递增可以根据粗、精加工等不同工艺要求而定。

（4）在本例中采用自上而下的走刀方式，如果要改用自下而上的方式，可按表 6－18 修改。

表 6－18　两种走刀方式程序比较

自上而下	自下而上
#11 = 0	#11 = 90
WHILE［#11LE90］D01	WHILE［#11GT0］D01
#11 = #11 + #7	#11 = #11 − #7

6.4.9　综合实例

图 6－16 为椭圆凸台的加工实例。加工结果如图 6－17 所示。

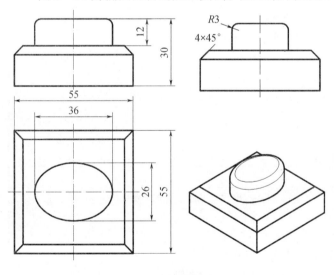

图 6－16　椭圆凸台

图 6－17　椭圆凸台的加工结果

这里假设顶面为 Z0 面，零件中心为 G54 原点，加工刀具为 ϕ8mm 的球头铣刀。

程　序	注释说明
%	直径 12mm 立铣刀铣削椭圆立柱程序
O0001；	
#4 = 6.；	铣刀半径（第一次粗铣外形时，可改为#4 = 18）
#1 = 18. + #4；	椭圆 X 方向半轴 + 铣刀半径

197

程　序	注释说明
#2 = 13. + #4；	椭圆 Y 方向半轴 + 铣刀半径
#3 = 0；	角度变量赋起始值
#5 = 4. ；	每层铣削深度
#6 = 12. ；	总深度
G91G28Z0；	
T1M6；	换 1 号刀, 直径 12mm 的立铣刀
G90G54G0X38. Y0M3S1300；	刀具初始化
G43H1Z100. ；	
Z5. M8；	
WHILE［#5LE#6］DO1；	循环开始, 循环条件深度不够, 就继续下切
G1Z – #5F100；	进给到每层深度
G1X#1F200；	直线切入
WHILE［#3LE360］DO2；	第二个循环, 循环条件角度是否到达 360°
X［#1 * COS［#3］］Y – ［#2 * SIN［#3］］；	根据角度变量计算刀具 XY 的位置
#3 = #3 + 2；	角度递增量 2°
END2；	
G1X38. ；	直线切出
#5 = #5 + 4. ；	深度递增量 4mm
#3 = 0；	角度归零
END1；	
G0Z100. ；	
M9；	
M30；	
%	

程　序	注释说明
%	直径 8mm 球头铣刀铣削椭圆立柱圆角
O0002；	
#1 = 18. ；	椭圆 X 方向半轴
#2 = 13. ；	椭圆 Y 方向半轴
#3 = 0；	XY 平面的角度变量赋起始值
#19 = 4.0；	球铣刀半径
#20 = 3.0；	倒圆角半径
#11 = 90；	XZ 平面(高度方向)的角度变量赋起始值
#7 = 2. ；	深度方向的角度递增量 2°
#21 = #19 + #20；	
T7M6；	换 7 号刀, 直径 8mm 的球头铣刀
G54G90G0X38. Y0S2000M3；	刀具初始化

程　序	注释说明
G43H7Z100.； Z5.M08； WHILE［#11GT-0.1］DO1； #22=#21*［SIN［#11］］； #23=#21*［COS［#11］］-#20； G01Z［#22-#19-#20］F100； G10L12P01R#23； G41D01X#1Y0F300； WHILE［#3LE360.］DO2； X［#1*COS［#3］］Y［-#2*SIN［#3］］； #3=#3+2.； END2； G01G40X38.Y0； #3=0； #11=#11-#7； END1； G0Z100.0； M05； M30； %	 循环开始,循环条件深度方向的角度不够,就继续 根据角度变量计算出每次进给的深度值 根据角度变量计算出每层切削的半径补偿值 进给到深度 半径补偿值赋值给 D01 直线切入 第二个循环,循环条件角度是否到达360° 根据角度变量计算刀具 XY 的位置 角度递增量2° 角度归零 深度递增

程　序	注释说明
% O0003； #19=4.0 #20=45.0 #21=4.0 #11=0 #7=0.5 T7M6 G54G90G0X38.Y0S2000M3 G43H7Z100. Z5.M08 WHILE［#11LE#21］DO1 #22=#11+#19*［1-SIN［#20］］	直径8mm球头铣刀铣削第二层四方的45°倒角 球铣刀半径 45°倒角 倒角值 角度变量赋起始值 每次下切的递增量 换7号刀,直径8mm的球头铣刀 刀具初始化 循环开始,循环条件深度方向的角度不够,就继续 根据角度变量计算出每次进给的深度值

199

程　序	注释说明
#23 = #19 * COS[#20] - [#21 - #11] * TAN[#20] G10L12P01R#23	根据角度变量计算出每层切削的半径补偿值 半径补偿值赋值给 *D*01
G01Z - [#22 + 12.] F200 G41D01　X27.5Y0 F300 Y - 27.5 X - 27.5 Y27.5 X27.5 Y0 G01G40X35. Y0	进给到深度 轮廓轨迹
#11 = #11 + #7 END1 G0Z100. 0 M30 %	深度递增

练　习

1. 用宏程序指令编写的加工程序与普通程序相比有什么区别？
2. 哪类零件适宜使用宏程序指令来编写加工程序？

第7章 二维零件的自动编程

实训要点:

- 了解 CAD/CAM 软件的发展情况
- 掌握 CAD/CAM 软件的编程步骤
- 能熟练应用 Mastercam 软件编制二轴半零件数控程序

7.1 数控自动编程简介

数控自动编程是利用计算机和相应的编程软件编制数控加工程序的过程。

现代加工业的实际生产过程中,比较复杂的二维零件、具有曲线轮廓和三维零件越来越多,手工编程已满足不了实际生产的要求。如何在较短的时间内编制出高效、快速、合格的加工程序成为亟待解决的问题,在这种需求的推动下,数控自动编程快速发展。

数控自动编程的初期是利用通用微机或专用的编程器,在专用编程软件(如 APT 系统)的支持下,以人机对话的方式来确定加工对象和加工条件,然后编程器自动进行运算和生成加工指令。这种自动编程方式,对于形状简单(轮廓由直线和圆弧组成)的零件,可以快速完成编程工作。目前安装在有高版本数控系统的机床上,这种自动编程方式,已经完全集成在机床的内部(如西门子 810 系统、海德汉 430 系统)。但是如果零件的轮廓是由曲线样条或是三维曲面组成,这种自动编程是无法生成加工程序的。

随着微电子技术和 CAD 技术的发展,自动编程系统已逐渐过渡到以图形交互为基础、与 CAD 相集成的 CAD/CAM 一体化的编程方法。与以前的 APT 等语言型的自动编程系统相比,CAD/CAM 集成系统可以提供单一准确的产品几何模型,可以实现设计、制造一体化。其几何模型的产生和处理手段更为灵活、多样、方便。采用 CAD/CAM 系统进行自动编程已经成为数控编程的主要方式。

目前,商品化的 CAD/CAM 软件比较多,应用情况也各有不同,表 7 - 1 列出了国内应用比较广泛的 CAM 软件的基本情况。

表 7 - 1 常见 CAM 软件的基本情况

软件名称	基本情况
CATIA	法国达索(Dassault)公司出品的 CAD/CAE/CAM 集成化的大型软件,支持 3 轴~5 轴的加工,支持高速加工。由于其功能强大,相关模块较多,需要花费较长的时间学习掌握
NX	德国西门子(SIEMENS PLM SOFTWARE)公司出品的 CAD/CAE/CAM 集成化的大型软件,支持 3 轴~5 轴的加工。在大型软件中,加工能力最强。由于其功能强大、相关模块比较多,需要花费较多的时间来学习掌握。欲了解更多情况请访问其网站
Pro/Engineer	美国 PTC 公司出品的 CAD/CAE/CAM 集成化的大型软件,支持 3 轴~5 轴的加工,同样由于其功能强大,相关模块比较多,需要花费较多的时间学习掌握。欲了解更多情况请访问其网站

软件名称	基本情况
CimatronE	以色列的 CIMATRON 公司出品的 CAD/CAM 集成软件,相对于前面介绍的大型软件来说,是一个中端的专业加工软件,它支持 3 轴~5 轴的加工,支持高速加工,在模具行业应用广泛。欲了解更多情况请访问其网站
PowerMILL	英国的 Delcam PLC 公司出品的专业 CAM 软件,是目前唯一与 CAD 系统相分离的 CAM 软件。其功能强大,是加工策略非常丰富的数控加工编程软件。它支持 3 轴~5 轴的铣削加工,支持高速加工。欲了解更多情况请访问其网站
Mastercam	美国 CNCSoftware,INC 公司开发的 CAD/CAM 系统,是最早在微机上开发应用的 CAD/CAM 软件,用户数量最多,许多学校都用此软件作为机械制造及 NC 程序编制的范例软件
CAXA 制造工程师	北京数码大方科技股份有限公司(CAXA)出品的数控加工软件。更多情况请访问其网站

当然,还有一些 CAM 软件,因为目前国内用户数量相对比较少,所以没有在表中列出,如 EdgeCAM、Cam – tool、WorkNC 等。

上述 CAM 软件在功能、价格、服务等方面各有特点,一般来说,功能越强大的软件,价格也就越贵。对于使用者来说,应根据自己的实际情况,在充分调研的基础上,选择购买合适的 CAD/CAM 软件。

掌握并充分利用 CAD/CAM 软件,可以将微型计算机与 CNC 机床组成面向加工的系统,大大提高设计和加工的效率和质量,减少编程时间,充分发挥数控机床的优越性,提高整体生产制造水平。

由于目前 CAM 系统在 CAD/CAM 中仍处于相对独立状态,因此无论表 7 – 1 中的哪一个 CAM 软件都需要在引入零件 CAD 模型中几何信息的基础上,由人工交互方式,添加被加工的具体对象、约束条件、刀具与切削用量、工艺参数等信息,因而这些 CAM 软件的编程过程基本相同。

其操作步骤可归纳如下:

第 1 步,理解零件图纸或其他的模型数据,确定加工内容。

第 2 步,确定加工工艺(装卡、刀具、毛坯情况等),根据工艺确定刀具原点位置(即用户坐标系)。

第 3 步,利用 CAD 功能建立加工模型或通过数据接口读入已有的 CAD 模型数据文件,并根据编程需要,进行适当的删减与增补。

第 4 步,选择合适的加工策略,CAM 软件根据前面提到的信息,自动生成刀具轨迹。

第 5 步,进行加工仿真或刀具路径模拟,以确认加工结果和刀具路径与设想的一致。

第 6 步,通过与加工机床相对应的后置处理文件,CAM 软件将刀具路径转换成加工代码。

第 7 步,将加工代码(G 代码)传输到加工机床上,完成零件加工。

由于零件加工的难易程度各不相同,上述的操作步骤将会依据零件实际情况,而有所删减和增补。

CAD/CAM 系统,其工作流程如图 7 – 1 所示。

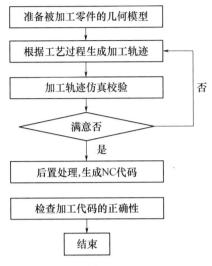

图 7 – 1　CAM 系统工作流程

下面将用 Mastercam 软件加工实际零件来分别予以说明。

7.2　二维零件加工综合实例

无论是数控铣床还是加工中心,均可以提供至少 3 轴联动的加工。但有很大比例的机械零件形状为较为规整,可以用二维图形表示其主要加工特征。此类零件的加工程序通常需要刀具在 XY 两轴定义的平面内联动,而 Z 轴向为间歇性进给,可将该类加工程序称为“两轴半”。

7.2.1　工艺分析

1. 两轴半加工综合实例

工件材料为硬铝合金,毛坯尺寸为 55mm × 55mm × 30mm,Z0 基准表面已加工完成,如图 7 – 2 所示。

2. 图纸分析

考虑到零件中心对称,选择零件水平向右的方向为 X 的正向,竖直向上的方向为 Y 的正向,垂直纸面向上的方向为 Z 的正向,工件的上表面中心为编程原点(G54)。

3. 工艺安排

(1)用虎钳装夹零件,将零件中心和零件上表面中心设为 G54 的原点。

(2)加工路线是:粗铣上面的 4 个凸台→粗铣花形凸台→粗铣十字槽→精铣上面的 4 个角度凸台→精铣花形凸台→精铣十字槽→钻中心孔→钻 ϕ7.8mm 孔→铰 ϕ8mm 的孔。

注:加工工艺安排原则为,先加工基准面,再加工其他表面;一般情况下,先加工平面,后加工孔;先加工主要表面,后加工次要表面;先安排粗加工工序,后安排精加工工序。

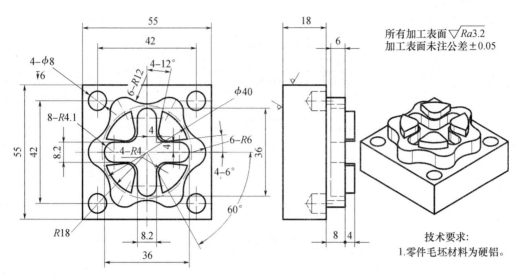

图 7-2　两轴半加工综合实例零件形状尺寸

4. 刀具参数

加工中心铣削实例一刀具参数如表 7-2 所列。

表 7-2　加工中心铣削实例一刀具参数表

刀具号码	刀具名称	刀具材料	刀具直径/mm	零件材料:铝			零件材料:45 钢			备注
				转速/(r/min)	径向进给量/(mm/min)	轴向进给量/(mm/min)	转速/(r/min)	径向进给量/(mm/min)	轴向进给量/(mm/min)	
T1	端铣刀	高速钢	$\phi 12$	1300	200	100	500	80	50	粗铣
T2	端铣刀	高速钢	$\phi 8$	2000	250	100	800	100	50	精铣
T3	中心钻	高速钢	$\phi 3$	2000	—	80	1500	—	60	钻中心孔
T4	钻头	高速钢	$\phi 7.8$	1000	—	100	600	—	60	钻孔
T5	铰刀	高速钢	$\phi 8$	300	—	50	200	—	40	铰孔

7.2.2　编程操作过程

1. 零件线框造型

Mastercam 的 CAD 功能,与 AutoCAD 之类的绘图软件不同,是针对数控加工的,只需绘制与加工有关的图形以及加工所需的必要图素即可,与加工无关的形状则不必绘出。

本零件主要的加工内容位于 XY 平面内,则绘图只需要在默认的 XY 平面内绘制即可,操作步骤如下:

1)启动 Mastercam,按下键盘 F9,显示坐标中心

2)绘制 55mm×55mm 外形

(1)调整 Z 深度。

转换状态区到 2D 状态,Z 值改为 -12,如图 7-3 所示。

(2)绘制矩形。

单击 🔳 "绘制矩形"的图标(或者依次单击下拉式菜单"绘图"/"R 矩形"),然后单

图 7 - 3 状态栏

击矩形绘图工具栏中的 ➕ 图标(A 设置基准点为中心点),鼠标捕捉坐标原点(X_0, Y_0),然后分别在矩形绘图工具栏中的矩形长宽对话框中输入 55,单击 ➕ 图标将应用当前尺寸值,并预览图形效果,单击 ☑ 图标即可确认当前绘图参数并结束操作,如图 7 - 4 所示。

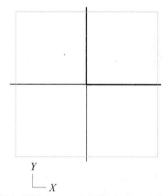

宽度	长度		中心定位	应用预览	确认

图 7 - 4 绘制矩形时的工具栏

绘制完成的矩形如图 7 - 5 所示。

视角:俯视图 WCS:俯视图 绘图平面:俯视图

图 7 - 5 绘制完成的矩形

3)绘制十字形槽

修改状态区 Z 值改为 -4,单击 ▦ "绘制矩形"的图标(或者依次单击下拉式菜单"绘图"→"R 矩形"),然后单击激活矩形绘图工具栏中的 ➕ 图标(A 设置基准点为中心点),鼠标捕捉坐标原点(X_0, Y_0),然后分别在矩形绘图工具栏中的矩形长宽对话框中输入 8.2 和 36,单击 ➕ 以应用当前尺寸值并预览图形效果,接着修改长宽尺寸为 8.2 和 36,鼠标再次捕捉单击坐标原点($X_0 Y_0$),单击 ☑ 图标完成当前绘图,如图 7 - 6 所示。

选取 ╰╮ ▾ "串联倒圆角"命令(或者依次单击下拉式菜单"绘图"→"倒圆角"→"C 串联倒圆角"),弹出串联选项对话框,默认设置不变,在绘图区分别选择每个矩形的任意一条边界,单击串联对话框的 ☑ "确认图标",修改串联倒圆角工具条中 R 半径值为

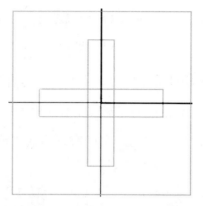

图 7-6　绘制完成的矩形和六边形

4.1,选取普通倒角并选择修剪角 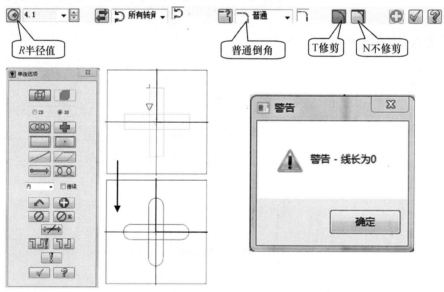 图标,单击 ✓ 图标完成当前绘图,此时弹出"警告－线长为 0"对话框,单击"确定"即可,如图 7-7 所示。

图 7-7　串联倒圆角

　　选取 ✂ "修剪"命令(或者依次单击下拉式菜单"编辑"→"T 修剪/打断"→"T 修剪/打断/延伸"),在修剪工具条中选中"分/删除"(D)图标 ⊞ 后,依次在绘图中选取两矩形的 4 条相交线进行修剪,单击 ✓ 图标完成当前修剪,如图 7-8 所示。

　　选取 ⌐ ▼ "倒圆角"命令(或者依次单击下拉式菜单"绘图"→"倒圆角"→"E 倒圆角"),修改倒圆角工具条中 R 半径值为 4.1,选取普通倒角和修剪 图标,在绘图区依次选取直角的 2 条边完成倒角,当 4 个角均完成倒角后,单击 ✓ 图标完成当前倒圆角,十字槽绘制完成如图 7-9 所示。

206

修剪一物体　修剪两物体　修剪三物体　中分/删除　修剪至点　　　L长度　　T修剪　返回

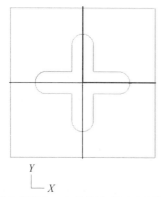

视角:俯视图　WCS:俯视图　绘图平面:俯视图

图 7 - 8　修剪完成后的结果

视角:俯视图　WCS:俯视图　绘图平面:俯视图

图 7 - 9　绘制十字槽

4）绘制 4 个角度凸台

（1）绘制凸台截面。

修改状态区 Z 值改为 0，选取 "绘制任意线"命令（或者依次单击下拉式菜单"绘图"→"L 任意线"→"E 绘制任意线"），设定坐标工具栏中 X 和 Y 的坐标均为 4，任意线命令工具条 L 长度 为 15，A 角度 为 6°，鼠标单击绘图区即可看到所画直线，然后单击 图标以应用当前尺寸值并预览图形效果，接着修改 A 角度 为 78°，其他值不变，同样单击选取绘图以确认，之后单击 图标完成当前直线绘制，如图 7 - 10 所示。

选取 "倒圆角"命令（或者依次单击下拉式菜单"绘图"→"倒圆角"→"E 倒圆角"），修改倒圆角工具条中 R 半径值为 4，选取普通倒角并修剪角 图标，在绘图区依次选取 2 条直边，单击 图标完成当前倒圆角，如图 7 - 11 所示。

选取"极坐标圆弧"命令（或者依次单击下拉式菜单"绘图"→"A 圆弧"→"P 极坐标圆弧"），在圆弧工具条中输入 R 半径值为 18，S 起始角度值为 5°，A 终止角度值为 80°，鼠标捕捉单击坐标原点（X_0，Y_0）完成圆弧绘制，单击 图标退出当前圆弧绘制，如图 7 - 12 所示。

选取 "修剪"命令（或者依次单击下拉式菜单"编辑"→"T 修剪/打断"→"T 修剪/打断/延伸"），在修剪工具条中选中 "修剪两物体"命令后，分别在绘图中选取两组相

207

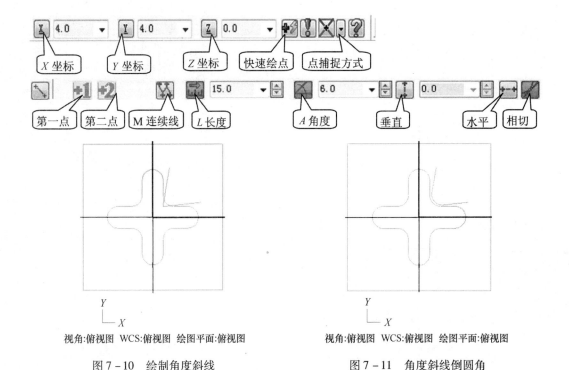

视角:俯视图 WCS:俯视图 绘图平面:俯视图　　　　　视角:俯视图 WCS:俯视图 绘图平面:俯视图

图 7 – 10　绘制角度斜线　　　　　　　　　　图 7 – 11　角度斜线倒圆角

交的直线与圆弧,单击 ✓ 图标完成当前修剪,如图 7 – 13 所示。

注意:在选取直线与圆弧时,光标必须单击需要保留的一侧。

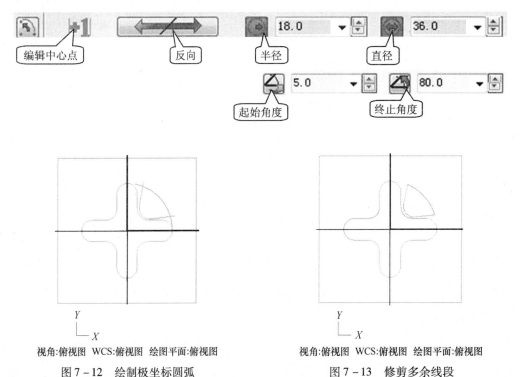

视角:俯视图 WCS:俯视图 绘图平面:俯视图　　　　　视角:俯视图 WCS:俯视图 绘图平面:俯视图

图 7 – 12　绘制极坐标圆弧　　　　　　　　　图 7 – 13　修剪多余线段

（3）镜像复制凸台。

选取 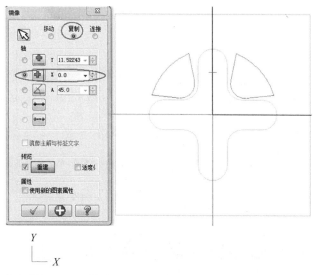"镜像"命令（或者依次单击下拉式菜单"转换"→"M 镜像"），依次选取所绘制凸台的四条边界曲线后，单击工具栏中的 "结束选择"命令，弹出镜像对话框，选取复制模式，镜像转向到 Y 轴，鼠标单击 图标，完成关于 Y 轴的凸台镜像，如图 7 – 14 所示。

视角:俯视图　WCS:俯视图　绘图平面:俯视图

图 7 – 14　镜像复制第 2 个凸台

重复镜像命令关于 X 轴的凸台镜像，鼠标单击工具条中 "清除屏幕颜色"命令（或者依次单击下拉式菜单"屏幕"→"C 清除颜色"），至此 4 个凸台绘制完成，如图 7 –15 所示。

5）绘制花形凸台

（1）绘制 1/6 花型轮廓。

修改状态区 Z 值为 – 4，选取 "绘制任意线"命令（或者依次单击下拉式菜单"绘图"→"L 任意线"→"E 绘制任意线"），设定任意线命令工具条 L 长度 为 30，A 角度 为 0°，鼠标捕捉单击坐标原点(X_0，Y_0)后，单击 图标以应用后，修改 A 角度 为 60°绘制另外一条参考线，单击 图标退出。选取 "圆心 + 点"命令，输入半径值为 20，鼠标捕捉单击坐标原点(X_0，Y_0)后，单击 图标以应用当前尺寸值，修改半径值为 6，分别绘制参考圆与两条参考线交点处的两个圆后，单击 "确定"图标退出，如图 7 – 16 所示。

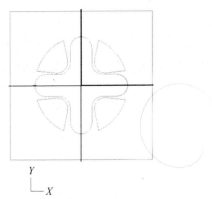

视角:俯视图 WCS:俯视图 绘图平面:俯视图

图 7-15 4 个角度凸台完成后的结果

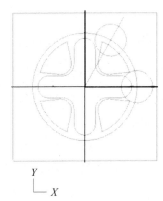

视角:俯视图 WCS:俯视图 绘图平面:俯视图

图 7-16 开始绘制花形凸台

选取 ◑ ▾ "切弧"命令(或者依次单击下拉式菜单"绘图"→"A 圆弧"→"T 切弧"),鼠标单击 ▦ "工具栏切二物体",半径输入 12,鼠标选择 2 个 R6 的圆后,选择虚线加粗显示的圆弧,单击 ✅ 图标完成切弧的创建,如图 7-17 所示。

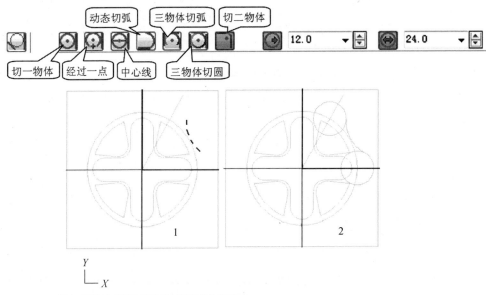

视角:俯视图 WCS:俯视图 绘图平面:俯视图

图 7-17 绘制花形凸台的圆弧部分

选取 ✂ "修剪"命令(或者依次选择"编辑"→"T 修剪/打断"→"T 修剪/打断/延伸"),然后在修剪工具栏中选择 ▜ "修剪单一物体",单击 R6 为要修剪的图素,再单击 R12 圆弧为修整边界,重复多次操作后即可完成图形修整,修剪完成后如图 7-18 所示。

注意:修剪时保留哪一段,即单击哪一段,否则会误修剪错误的段落;此外也可以利用打断成两截 ✳ 功能,将 R6 圆在与 R10 相交处打断,然后删除不需要的图素。

（2）旋转完成凸台绘制。

选取 ▣ "旋转"命令（或者依次单击下拉式菜单"转换"→"R 旋转"），依次选中 3 条花型轮廓圆弧，鼠标单击工具栏中 ▣ "结束选择"命令，弹出旋转对话框，选取复制模式，次数设置为 5，角度设置为 60°，如图 7 - 19 所示。至此花型凸台轮廓绘制完成，如图 7 - 20 所示。

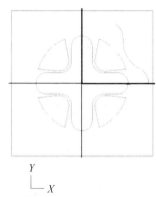
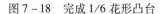

视角:俯视图　WCS:俯视图　绘图平面:俯视图

图 7 - 18　完成 1/6 花形凸台

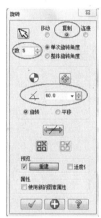

图 7 - 19　旋转整列花形凸台的其余部分

6）绘制 4 个 ϕ8mm 孔

修改状态区 Z 值为 - 12，选取 ▣ ▾ "圆心 + 点"命令（或者依次单击下拉式菜单"绘图"→"A 圆弧"→"C 圆心 + 点"），输入直径值为 ϕ8，在坐标工具栏分别输入 X 和 Y 的坐标值为 2、1，单击两次回车即可，重复上面的步骤修改坐标值绘制其余 3 个圆，完成后单击确定 ▣ 图标退出，至此工件线框造型全部完成如图 7 - 21 所示。

注意:在 Mastercam 里进行 CAD 造型并不是原样照搬地绘制工件图纸，而是根据加工需要、按照加工公差绘制所需的加工轮廓，对于编程所不需要使用的诸如其他视角的视图、尺寸标注、中心线乃至形位公差标题栏等与加工无关的内容，一律不必绘制。

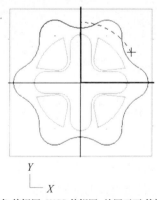

视角:俯视图　WCS:俯视图　绘图平面:俯视图

图 7 - 20　完成后的花形凸台

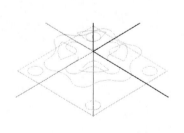

视角:俯视图　WCS:俯视图　刀具/绘图面:俯视图

图 7 - 21　轴测图观察图形绘制结果

2. 工件的程序编制

利用 Mastercam 的 CAM 功能,选择合适的加工策略,生成刀具轨迹。

1）定义机床组

如果没有特定的机床类型,机床类型可采用 Mastercam 自带的铣削类机床的默认项,该项适用于大多数的加工中心类机床,依次单击"机床类型"→"铣床"→"默认"。此时可注意到窗口侧面的刀具路径管理器中将建立相应的机床组等树状列表,如图 7 – 22 所示。

图 7 – 22　选择默认铣床

2）顶层的 4 个凸台粗加工

为便于使用工具栏图标,首先定制工具栏为 2D 加工即两轴半加工的工具栏,在工具栏空白处右键单击,再依次选择 2D Toolpath,此时可以注意到 Mastercam 的窗口出现两轴半加工策略的工具栏,用鼠标选择将其放到合适的位置。

（1）绘制辅助边界。

在 Z0 平面以 (X_0, Y_0) 为中心点绘制 65mm × 65mm 的矩形作为标准挖槽时的辅助边界,如图 7 – 23 所示。

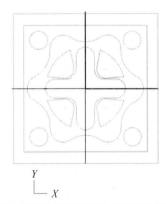

视角:俯视图　WCS:俯视图　绘图平面:俯视图

图 7 – 23　绘制辅助边界

注意: 辅助边界与要加工的轮廓间最小距离应稍微大于该工序所使用的刀具直径与余量之和,以保证产生的刀具路径完整,减少抬刀次数,保证刀具的连续切削。

（2）加工策略参数设定。

选择 ▣ "标准挖槽"命令(或者依次单击菜单"刀具路径"→"P 标准挖槽"),将弹出新建 NC 程序名字的对话框,直接单击"勾选"按钮确认即可。随后弹出串联对话框默认不变,选取 65 mm×65 mm 的辅助矩形和 4 个凸台轮廓,注意确保串联方向为顺时针,再在串联对话框中单击 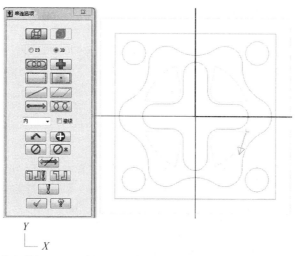 "确认",如图 7 - 24 所示,将弹出标准挖槽参数设定对话框,如图 7 - 25 所示。

视角:俯视图 WCS:俯视图 绘图平面:俯视图

图 7 - 24　选择辅助边界和 4 个凸台为加工对象

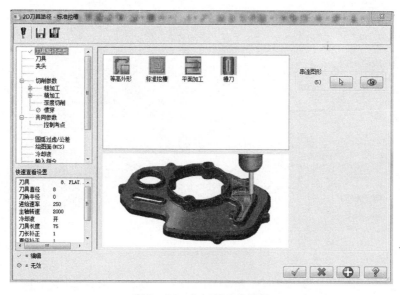

图 7 - 25　加工策略为挖槽

注意:确保外形选择的串联方向为顺时针,否则会出现后面的刀具半径补偿方向反向的情况,如果串联方向不对,需要在串联对话框中用按钮切换方向。

选择图 7 - 25 对话框左侧的"刀具"选项,弹出如图 7 - 26 所示的刀具选择对话框。单击对话框左下方的"选择库中的刀具"按钮,打开自带的刀库文件,浏览刀库数据,找到刀具号码为 221 的刀具,即 φ12 平底端铣刀,该刀具符合表 7 - 2 中对粗加工的刀具要求,选中该刀具后,单击 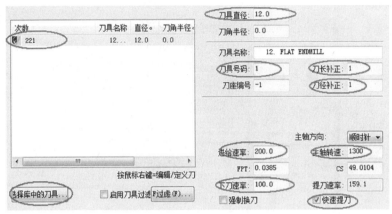 "确认",返回标准挖槽对话框,在图 7 - 26 右侧是定义刀具的刀具号码、刀长补正、刀径补正均为 1;按表 7 - 2 的要求,定义刀具进给速率为 200、下刀速率为 100、主轴转速为 1300、提刀速率勾选快速提刀,如图 7 - 26 所示。

图 7 - 26　刀具参数定义对话框

选择图 7 - 25 对话框左侧的"切削参数"选项,弹出如图 7 - 27 所示切削参数对话框,设定加工方向为顺铣,壁边预留量为 0.1(粗加工后的余量),底部预留量为 0。

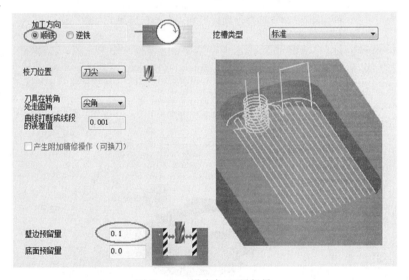

图 7 - 27　设定加工预留量

切换到"粗加工",设定切削方式为螺旋切削,切削间距为(直径%)75,如图 7 - 28 所示。

切换到"进刀模式"选择螺旋形下刀,设置最小半径为 4.0,最大半径为 12.0,其他参数默认即可,如图 7 - 29 所示。

注意:当采用螺旋下刀时,如果加工轮廓间的空间满足不了最小半径值,那么软件会默认为直接进刀,此时可以适当的减小最小半径以满足编程人员的要求。如图 7 - 30 是在螺旋进刀模式下,最小半径为 4 和 6 时的刀路对比。

214

图 7 - 28　选择挖槽去除余量的方式为螺旋切削

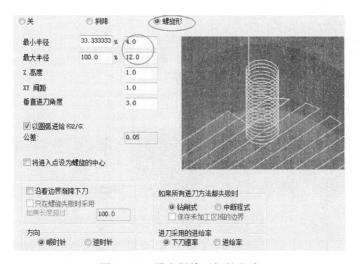

图 7 - 29　设定螺旋下切的方式

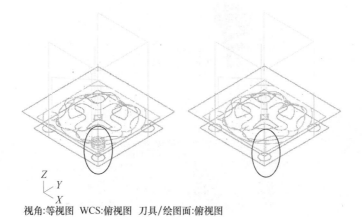

视角:等视图　WCS:俯视图　刀具/绘图面:俯视图

图 7 - 30　螺旋下切

切换到"精加工"勾选精加工,次数设为1,间距设为0.1,勾选不提刀和只在最后深度才执行一次精修,如图7-31所示。这里的精加工是为了保证在最后的精加工时轮廓上留有均匀的加工余量,从而得到好的加工效果。

切换到"进/退刀参数",设置进刀栏直线中相切为0,圆弧中半径为4,单击 → 图标使退出栏与进刀栏设置相同,如图7-32所示。

选取对话框左侧的"共同参数"选项,设定安全高度绝对坐标为50,参考高度增量坐

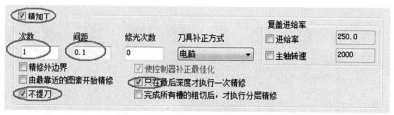

图 7 – 31　挖槽策略中,精加工的设定

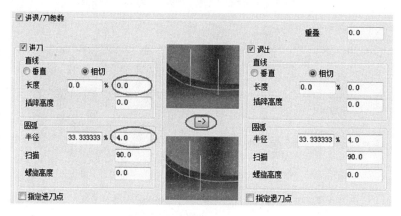

图 7 – 32　设定进刀和退刀的方式

标为 25,进给下刀位置增量坐标为 5,工件表面绝对坐标为 0,深度绝对坐标为 – 4,如图 7 – 33 所示。

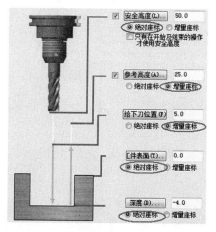

图 7 – 33　设定安全高度和切削深度等参数

切换到"冷却液"选项,设置 Flood 为 On,鼠标单击 ✅ 图标完成标准挖槽策略参数的设定,如图 7 – 34 所示。刀具路径如图 7 – 35 所示。

在刀具路径管理器中,选择要仿真的刀具路径,单击刀具路径管理器上方的 ≋ 按钮,可以进行线框仿真以查看刀具运动轨迹是否符合要求,由于粗加工时选择的刀具直径较大,有些地方太狭小,刀具无法加工到。图中白色区域就是刀具未加工到的区域,需要用较小直径的刀具二次走刀来去除余量,如图 7 – 36 所示。

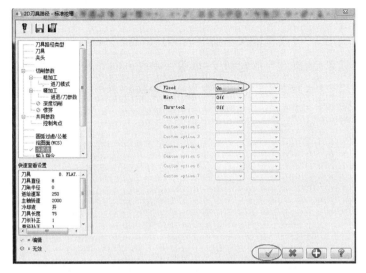

图 7 - 34 如果需要,可以设定加工程序自动打开切削液

视角:俯视图 WCS:俯视图 绘图平面:俯视图　视角:等视图 WCS:俯视图 刀具/绘图面:俯视图

图 7 - 35 挖槽的加工轨迹

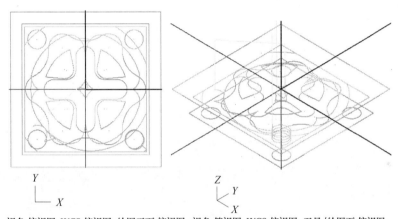

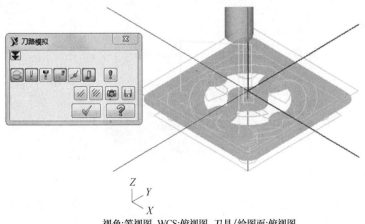

视角:等视图 WCS:俯视图 刀具/绘图面:俯视图

图 7 - 36 线条方式模拟刀路加工

3）花形凸台粗加工

选择 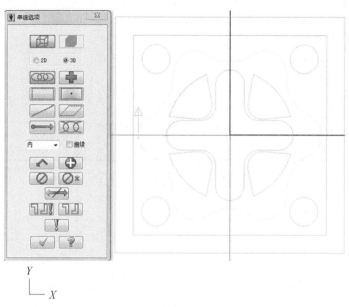"外形铣削"（或者依次单击菜单"刀具路径"→"C 外形铣削命令"）。随后弹出串联对话框默认不变,选取花形轮廓,注意确保串联方向为顺时针,再在串联对话框中单击 ✓ 图标,如图 7 - 37 所示,将弹出等高外形参数设定对话框,如图 7 - 38 所示。

视角:俯视图 WCS:俯视图 绘图平面:俯视图

图 7 - 37　选择加工花形凸台

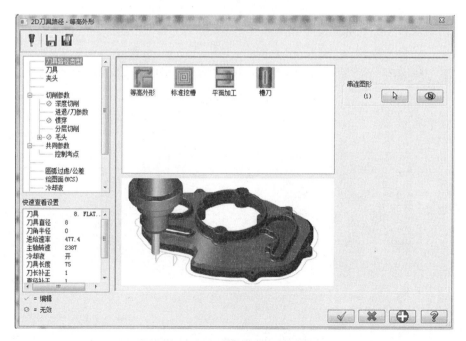

图 7 - 38　加工策略为外形铣削

选择图7-37对话框左侧的"刀具"选项,选择之前建立的1号φ12刀具,按表7-2的要求,定义刀具进给速率为250、下刀速率为100、由于余量较大因此主轴转速修改为1300、提刀速率勾选快速提刀。

选取"切削参数"选项,设置补正类型为默认的计算机补偿,壁边预留量为0.1,如图7-39所示。

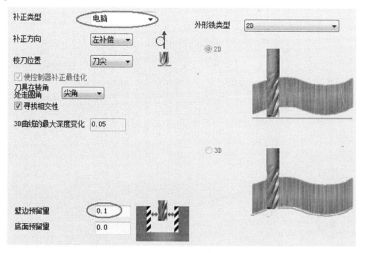

图7-39　设定外形铣削的预留余量

切换到"深度切削",勾选深度切削,设置最大粗切步进量为4,勾选不提刀,其他默认即可,如图7-40所示。

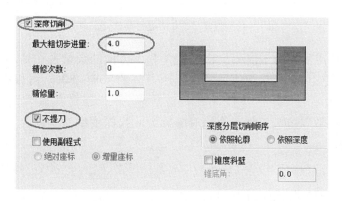

图7-40　设定每次下切不超过4mm

说明:当深度方向一次加工较深时需要分层加工,最大粗切步进量是指刀具在每层切削时深度方向的最大数值。

切换到"进/退刀参数",不勾选在封闭轮廓的中点位置执行进/退刀,其他参数同图7-32设置相同,如图7-41所示。

说明:"在封闭轮廓的中点位置执行进/退刀"是用于调整刀具进刀点相对于选定元素的位置,可根据编程人员意图自行勾选。

切换到"分层切削",勾选分层切削,设置次数为2,间距为6,勾选不提刀,其他默认即可,如图7-42所示。

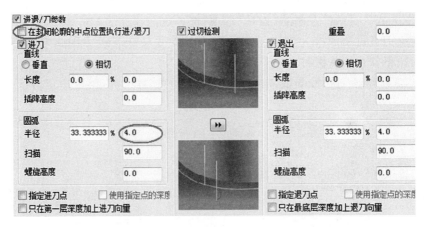

图 7 – 41　设定进刀和退刀的方式

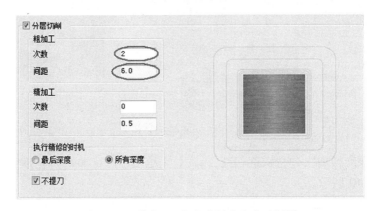

图 7 – 42　设定 XY 方向进行多次走刀切削

说明：当所使用的刀具不能一次将工件 X 和 Y 方向的余量去除时，则 X 和 Y 方向需要分两次或多次走刀加工；间距值通常为选用刀具的 70% ~ 80%，可根据需要做适当的调整。

选取"共同参数"选项，工件表面绝对坐标为 – 4，深度绝对坐标为 – 12，其他参数设置参考图 7 – 33。

切换到"冷却液"选项，设置 Flood 为 On，鼠标单击 ✓ "确定"按钮完成外形铣削策略参数的设定，刀具路径如图 7 – 43 所示。

4）4 个角度凸台的 2 次粗加工

在使用 φ12 刀具加工 4 个角度凸台时，经过仿真验证发现有些地方无法加工到，因此需要用小直径铣刀对 4 个凸台进行 2 次开粗铣削。

选择 ⬚ "外形铣削"（或者依次单击菜单"刀具路径"→"C 外形铣削命令"）。随后弹出串联对话框默认不变，选取 4 个凸台轮廓，注意确保串联方向为顺时针，再在串联对话框中单击 ✓ 图标确认，如图 7 – 44 所示，将弹出等高外形参数设定对话框，如图 7 – 45所示。

选择"刀具"选项，参照 φ12 平底刀的建立过程建立 φ8 平底刀（刀具号为 217），设定

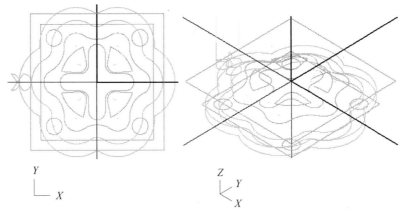

视角:俯视图 WCS:俯视图 绘图平面:俯视图   视角:等视图 WCS:俯视图 刀具/绘图面:俯视图

图 7 – 43　外形铣削的刀路轨迹

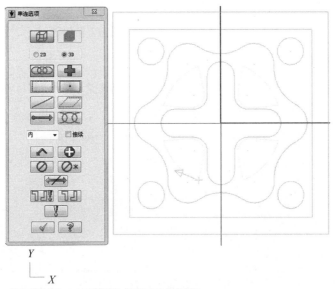

视角:俯视图 WCS:俯视图 绘图平面:俯视图

图 7 – 44　选择加工 4 个角度凸台

刀具号码、刀长补正、刀径补正均为 2;按表 7 – 2 的要求,定义刀具进给速率为 250、下刀速率为 100、由于余量较大因此主轴转速修改为 1500、提刀速率勾选快速提刀。

选取"切削参数"选项,补正类型为计算机补正,壁边预留量为 0.1,其他参数默认不变,可参考图 7 – 39。

切换到"切削深度"选项,设置为不勾选。

切换到"进/退刀参数"勾选在封闭轮廓的中点位置执行进/退刀,设置圆弧半径为 4,其他参数参考图 7 – 41 进行设置即可。

切换到"分层切削"设置为不勾选。

选取"共同参数"设置工件表面绝对坐标为 0,深度绝对坐标为 – 4,其他参数设置同图 7 – 33 设置相同。

切换到"冷却液"选项,设置 Flood 为 On,鼠标单击 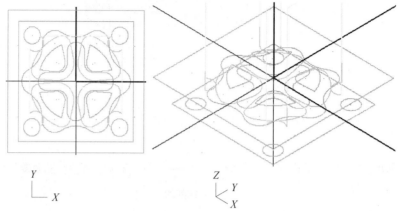 "确定"按钮完成外形铣削策略参数的设定,刀具路径如图 7 - 45 所示。

视角:俯视图 WCS:俯视图 绘图平面:俯视图　视角:等视图 WCS:俯视图 刀具/绘图面:俯视图

图 7 - 45　外形铣削 4 个角度凸台的刀路轨迹

5）十字槽粗加工

选择 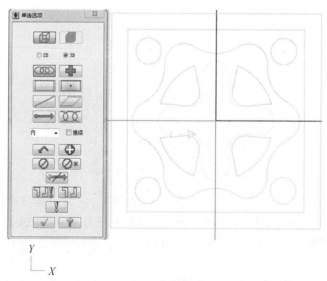 "标准挖槽"命令（或者依次单击菜单"刀具路径"→"P 标准挖槽"）,弹出串联对话框默认不变,十字槽轮廓,注意确保串联方向为逆时针,再在串联对话框中单击 图标确认,如图 7 - 46 所示,将弹出标准挖槽参数设定对话框。

视角:俯视图 WCS:俯视图 绘图平面:俯视图

图 7 - 46　选择铣削十字槽

在挖槽参数定义对话框中,需要设置的参数如下：

选择"刀具"选项,选择 2 号 ϕ8 刀具,定义刀具进给速率为 250、下刀速率为 100、由于是粗加工因此主轴转速修改为 1500、提刀速率勾选快速提刀。

选择"切削参数"选项，由于槽宽只有 8.2，如果设置壁边预留量为 0.1（粗加工后的余量），软件将认为刀具不能进入槽中切削，所以设置壁边预留量为 0.09（粗加工后的余量），其他参数参考图 7-27。

切换到"粗加工"，设定切削方式为螺旋切削，切削间距（直径%）75，勾选由内而外环切，参考图 7-28。

切换到"进刀模式"选择斜降进刀方式，参数设定如图 7-47 所示。

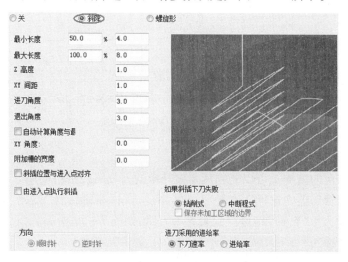

图 7-47　设定下切加工方式为斜线下切

切换到"精加工"，去掉精加工选项。

切换到"进/退刀参数"，去掉进/退刀选项。

切换到"深度切削"，勾选深度切削，设置最大粗切步进量为 3，勾选不提刀，如图 7-48 所示。

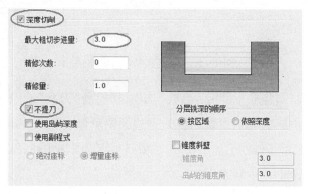

图 7-48　设定每层下切深度不超过 3mm

选择左侧的"共同参数"选项，设定工件表面绝对坐标为 -4，深度绝对坐标为 -10，其他参数设置参考图 7-33。

切换到"冷却液"选项，设置 Flood 为 On，鼠标单击 ✓ 图标完成标准挖槽策略参数的设定，刀具路径如图 7-49 所示。

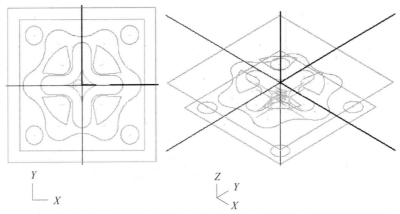

视角:俯视图 WCS:俯视图 绘图平面:俯视图   视角:等视图 WCS:俯视图 刀具/绘图面:俯视图

图 7 - 49　十字槽的走刀轨迹

6）4 个角度凸台的精加工

对于 4 个凸台的精加工可以复制其 2 次开粗的刀具路径进行简单修改以满足精加工的要求。在操作管理器中选择 2 次开粗刀具路径,鼠标右键选择"复制",在最下方三角处选中鼠标右键选择"粘贴"即可得到第 5 条刀路,如图 7 - 50 所示。

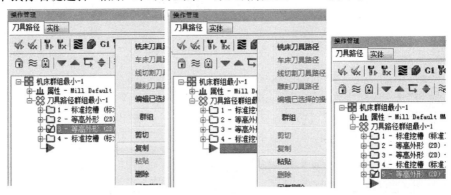

图 7 - 50　复制和粘贴刀路轨迹

打开复制的刀具路径 ⬜️**参数** "参数"选项,切换到"刀具"选项,参照表 7 - 2 修改主轴转速为 2000,切换到"切削参数"选项,壁边预留量修改为 0,其他参数设置不变,单击 ✅ 图标确定,由于修改了加工参数,需要选择 🔧 图标重建已选择的所有操作,完成刀路的重新计算,如图 7 - 51 所示。

注意:单击操作管理图标 ≈ 可以显示或隐藏已选择的刀具路径的显示状态。

7）精铣花形凸台

复制花形凸台的粗加工刀具路径粘贴后产生第 6 条刀路。

打开粘贴后的第 6 条刀具路径 ⬜️**参数** "参数"选项,切换到"刀具"选项选择 $\phi 8$ 平底刀,按表 7 - 2 的要求,定义刀具进给速率为 250、下刀速率为 100、主轴转速为 2000、提刀速率勾选快速提刀。选择"切削参数"选项,修改壁边预留量为 0°。切换到"深度切削"

224

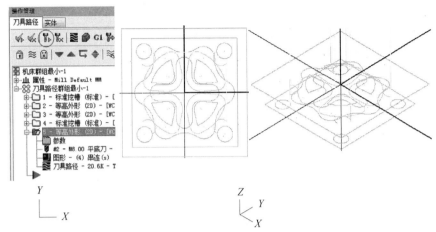

视角:俯视图 WCS:俯视图 绘图平面:俯视图　　视角:等视图 WCS:俯视图 刀具/绘图面:俯视图

图7-51　4个角度凸台的精加工刀路轨迹

修改为不勾选,切换到"分层切削"修改为不勾选,单击 ✅ 确定,选择 📐 ,按照新设定的参数重建已选择的所有操作,完成刀路的重新计算,如图7-52所示。

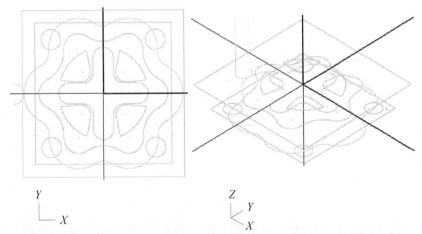

视角:俯视图 WCS:俯视图 绘图平面:俯视图　　视角:等视图 WCS:俯视图 刀具/绘图面:俯视图

图7-52　花形凸台的精加工刀路轨迹

8）精铣十字槽

复制花形凸台精加工刀具路径粘贴产生第7条刀具路径。

由于需要定义新的加工轮廓,单击第7条刀路的 ▦ 图形图标,弹出串连管理对话框,右键串连1选择"删除串连",如图7-53所示,在三角处右键选择"增加串连",如图7-54所示,此时弹出"串连选项"对话框,选择十字槽轮廓,注意箭头方向应为逆时针方向,可参考图7-46,单击 ✅ 图标确定退出"串连选项"对话框,再次单击 ✅ 图标确认退出串连管理对话框。

225

图 7 - 53　删除原先的加工图形　　　　　　图 7 - 54　增加新的加工图形

打开第 7 条刀路的刀具路径 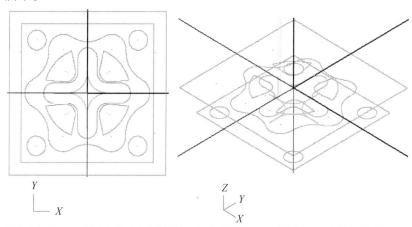参数 选项，选取"切削参数"选项，修改"进/退刀参"圆弧值半径值改为 2，单击 ▶▶ 。选取"共同参数"选项，修改深度绝对坐标为 −10，单击 ✔ 图标确认，选择 🔧 图标重建已选择的所有操作，完成刀路的重新计算，如图 7 - 55 所示。

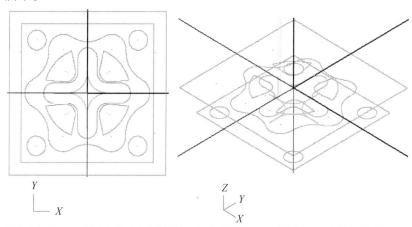

视角:俯视图　WCS:俯视图　绘图平面:俯视图　　　视角:等视图　WCS:俯视图　刀具/绘图面:俯视图

图 7 - 55　精铣十字槽的加工刀路轨迹

9）孔加工

（1）中心钻点孔。

单击"D 钻孔 🐾"，或者依次单击"刀具路径"→"D 钻孔"，将出现选点对话框，依次捕捉选择 4 个孔的中心点，如图 7 - 56 所示，单击 ✔ 图标确认，弹出钻孔参数设定对话框如图 7 - 57 所示。

选择图 7 - 57 左侧的"刀具路径类型"选择钻孔，切换到"刀具"选项，参照 $\phi 12$mm 平底刀的建立过程建立 $\phi 3$mm 中心钻，由于 Mastercam 提供的刀具库中没有 $\phi 3$mm 的中心钻，选择时以 $\phi 5$mm 的中心钻代替（刀具号为 1），修改刀具直径为 3 即可，设定刀具号码、

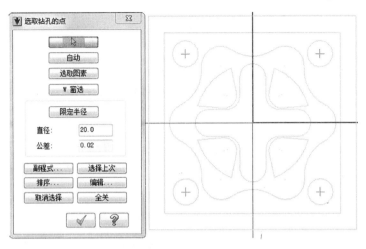

图 7 - 56　定义 4 个钻孔的位置

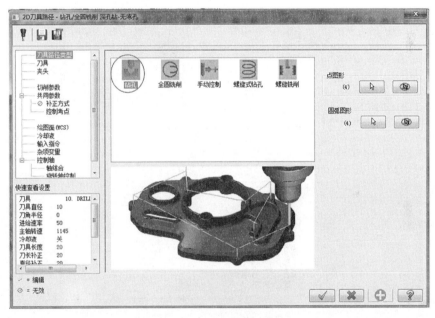

图 7 - 57　选择钻孔策略

刀长补正为 3;按表 7 - 2 的要求,定义进给率为 80.0、主轴转速为 2000、提刀速率为默认,如图 7 - 58 所示。

注意:此处为孔加工,Mastercam 仿真时对刀具直径不做要求,用 ϕ5mm 中心钻代替,实际加工时机床上安装 ϕ3mm 中心钻即可。

选取"切削参数"选项,循环方式选择 Drill/Counterbore,其他参数不变,如图 7 - 59 所示。

注意:这里使用的 Drill/Counterbore 循环方式相当于手工编程中的 G81 钻削固定循环指令。

选取"共同参数"选项,设定安全高度绝对坐标 50.0,参考高度增量坐标 25.0,工件表面绝对坐标 - 12.0,深度绝对坐标 - 15.0,如图 7 - 60 所示。

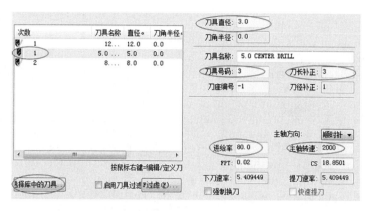

图 7 - 58　定义中心钻的刀具参数

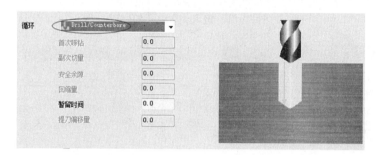

图 7 - 59　中心钻钻孔方式的选择

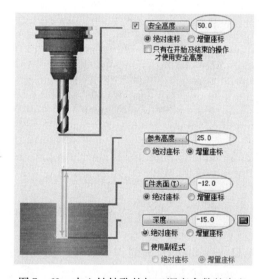

图 7 - 60　中心钻钻孔的加工深度参数的定义

鼠标单击 图标确定,生成的中心孔刀具路径如图 7 - 61 所示。

(2) ϕ7.8 钻头钻孔

复制中心钻点孔刀具路径粘贴产生 9 号刀具路径。

打开复制的刀具路径 参数 选项,选取"刀具"选项,参照 ϕ12mm 平底刀的建立过

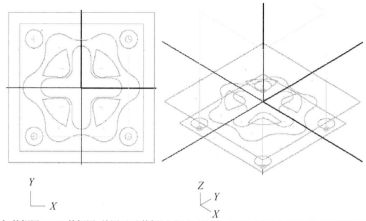

视角:俯视图 WCS:俯视图 绘图平面:俯视图 视角:等视图 WCS:俯视图 刀具/绘图面:俯视图

图 7 - 61 中心钻钻孔的刀路轨迹

程建立 φ7.8mm 钻头（刀具号为 88），设定刀具号码、刀长补正为 4;按表 7 - 2 的要求,定义下刀速率为 100、主轴转速为 1000、提刀速率为默认,可参考图 7 - 58。

选取"切削参数"选项,循环方式选择深孔啄钻（G83）,Peck 设置为 2,即每次的进给为 2,其他参数保持不变,如图 7 - 62 所示。

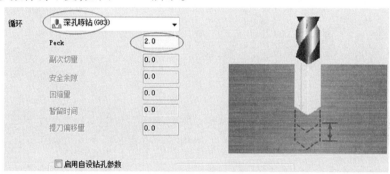

图 7 - 62 钻头的钻孔方式选择

选取"共同参数"选项,修改深度绝对坐标为 -18,单击右侧的 ▣ "深度计算",弹出深度计算对话框,默认参数不变单击 ✓ 图标确定,这时深度绝对坐标值变为 -20.343356,如图 7 - 63 所示,切换到"冷却液"选项,设置 Flood 为 On,鼠标单击 ✓ 图标确定,生成的刀具路径如图 7 - 64 所示。

说明:由于图纸要求孔深为 6,因此在使用钻头钻孔时应考虑钻头刀尖的深度,Mastercam 提供了钻头刀尖长度的自动计算功能。

（3）φ8mm 铰刀铰孔

复制 φ7.8mm 钻头刀具路径,粘贴产生第 10 条刀具路径。

打开第 10 条的刀具路径 🗀 **参数** 选项,选取"刀具"选项,参照 φ12mm 平底刀的建立过程建立 φ8mm 铰刀（刀具号为 605）,设定刀具号码、刀长补正为 5;按表 7 - 2 的要

229

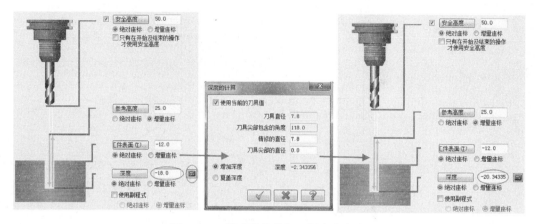

图 7 – 63　钻头钻孔的加工深度的定义

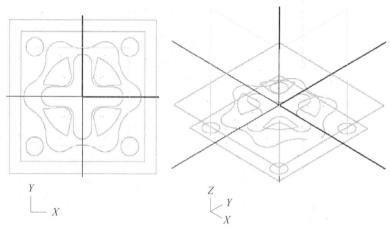

视角:俯视图　WCS:俯视图　绘图平面:俯视图　视角:等视图　WCS:俯视图　刀具/绘图面:俯视图

图 7 – 64　钻头钻孔的刀路轨迹

求,定义下刀速率为50、主轴转速为300、提刀速率为默认,可参考图 7 – 58。

　　选取"切削参数"选项,循环方式选择 Drill/Counterbore,由于孔的精度没有具体要求可设置暂停时间为0,其他参数保持不变,可参考图 7 – 59。

　　选取"共同参数"选项,修改深度绝对坐标为 – 17.8,其他参数保持不变。切换到"冷却液"选项,设置 Flood 为 On,鼠标单击 ☑ 图标确定,生成的铰孔刀具路径如图 7 – 65所示。

　　注意:铰孔的深度应比实际孔的深度稍小,以保证铰刀的端面不会和锥形孔底发生碰撞而损坏铰刀。

　　3. 加工仿真与路径模拟

　　进行加工仿真与路径模拟,是为确认加工结果和刀具路径与编程人员设想的结果是否一致。

　　1)工件毛坯尺寸设定

　　在刀具路径管理器中,展开机床组下方的属性,单击材料设置,可以设定毛坯尺寸,按

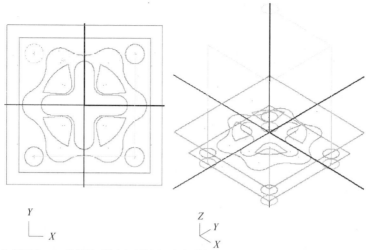

视角:俯视图 WCS:俯视图 绘图平面:俯视图 视角:等视图 WCS:俯视图 刀具/绘图面:俯视图

图 7 - 65　铰孔的刀路轨迹

工件毛坯要求设定形状为矩形,尺寸为 55mm×55mm×30mm,鼠标单击 ⟦✓⟧ 图标确定,如图 7 - 66 所示,此时在图形显示区会显示双点划线的毛坯立方体。

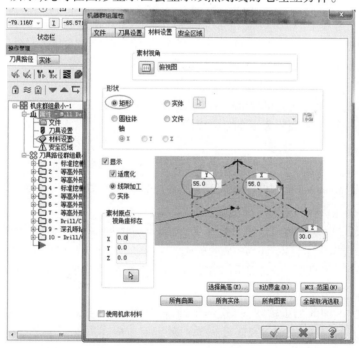

图 7 - 66　设定加工仿真的毛坯尺寸

2)加工仿真和路径的模拟

在刀具路径管理器中,选择要仿真的刀具路径,单击选择所有的操作 ⟦◈⟧(也可以单个选择或按下"Ctrl"键选择某几个要仿真的刀具路径),单击刀具路径管理器上方的 ⟦≋⟧

231

按钮,可以进行线框仿真,单击 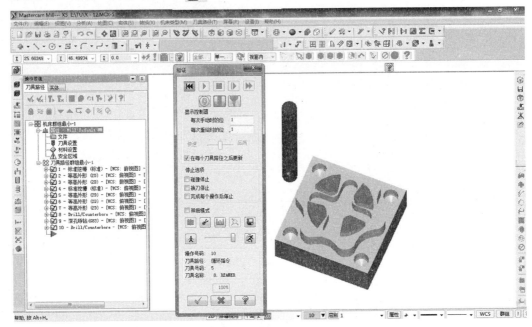 按钮,则进行实体切削仿真,如图 7 – 67 所示。

图 7 – 67　实体加工仿真结果

　　如果验证的结果与设想的结果不一样,或是在加工结果中,出现大红颜色的部位,说明加工参数的设置有问题,出现了过切现象,需要返回到操作管理对话框,对工艺步骤和工艺参数设置进行局部调整,然后再进行实体验证,直至满意为止。

　　如果验证的结果与设想的结果一样,说明加工参数的设置基本上没有大的问题,就可以通过后置处理程序得到所需要的 NC 程序了。

　　3）刀具路径的后置处理

　　通过与加工机床相对应的后置处理文件,将刀具路径转换成加工代码。

　　NC 程序是 Mastercam 软件的最终结果,所有的设置参数,通过后置处理程序,都将以机床代码的形式,进入到 NC 程序中。

　　通常在安装 Mastercam 时,会自动安装一些 Mastercam 自带的后置处理程序,默认的是 Mpfan. pst,这是一个针对 Faunc 系统的通用后置处理程序。也就是说,通过这个后置处理程序生成的 NC 程序,只能适用于 Faunc 系统的数控铣或加工中心,而不能适用于 SIEMENS 系统或其他系统的机床。

　　一般来说,不同的加工模块（如铣削 3 轴,铣削 4 轴,数控车削等）和不同的数控系统（如 Faunc 0i 系统,SIEMENS 802D 系统等）,分别对应着不同的后处理文件。许多数控加工的初学者,由于不了解情况,不知道将当前的后处理文件进行必要的修改和设定,以使其符合加工系统的要求和使用者的编程习惯,导致生成的 NC 程序中某些固定的地方经常出现一些多余的内容,或者总是漏掉某些词句,这样,在将程序传入数控机床之前,就必须对程序进行手工修改,如果没有全部更正,则可能造成事故。

　　例如:某机床的控制系统通常采用 G90 绝对坐标编程,G54 工件坐标系定位,要求生成的 NC 程序前面必须有 G90G54 设置,如果后处理文件的设置为 G91G55,则每次生成的程序中都含有 G91G55，却不一定有 G90G54，如果在加工时没有进行手工改正，则势必造成加工错误。

最好是针对自己使用的加工中心设置与机床相对应的后置处理程序。在自动编程时使用与之相对应的后置处理程序，这样生成的 NC 代码就可以直接用于加工生产。

单击操作管理中的"后处理" **G1**，然后在弹出的后处理对话框中选择 NC 文件，鼠标单击 图标确定，在弹出的"另存为"对话框中自行输入 NC 程序的文件名和存储路径，这里命名为 TEXT，单击 图标确定，如图 7 - 68 所示。

图 7 - 68　后置处理完成的 NC 程序

注意：当勾选了后置处理程式对话框中的编辑在确定后会弹出 MasterCam 编辑器并显示处理后的 NC 程序。

由于 MasterCam 默认的后处理是 4 轴机床的后处理文件，所以需要在 MasterCam 编辑器中将表示旋转轴的代码"AO."删去，第 1 种方法 DELETE 删除"AO."代码位于第 N106 行、第 N930 行、第 N1588 行、第 N106 行、第 N1612 行、第 N1636 行、第 N106 行；第 2 种方法是使用菜单栏中的"编辑"→"替换"命令进行修改。修改完成后单击保存即可。

7.2.3　使用仿真器模拟加工并验证 NC 程序

前面进行的线条仿真和实体仿真都是在 Mastercam 内部的验证，而经过后置处理后得到的 NC 程序才是最终进入数控机床的 NC 程序。计算机自动编程完成的程序代码通常很长，人工根本无法阅读全部程序，况且在实际工作中编程人员与机床操作人员并不一定是同一个人，所以如何保证进入数控机床的 NC 程序准确无误成为一个问题。

在前面章节中，数控仿真器模拟器主要是用于学习数控机床的面板操作，在后面的章节中，数控加工仿真系统，将作为虚拟机床，验证自动编程出来的程序。

单击"开始"→"程序"→"数控加工仿真系统"，启动数控加工仿真软件，在弹出的登录用户对话框中，选择快速登录，进入数控加工仿真系统。

前面章节中，积累了大量的加工完成后的项目，其中有些项目的机床设定、刀具设定、毛坯设定和加工坐标系的设定等内容与本章节的加工设定完全相同，可以直接打开这些项目,导入自动编程完成的程序文件,即可验证加工是否正确。

具体操作步骤如下:

选择"文件"→"打开项目"找到随书光盘中的 55mm×55mm×30mm 基准对刀项目打开,参照第 5 章中程序的导入方法,将后处理程序 TEXT. NC 导入到宇龙机械加工仿真软件如图 7-69 所示。

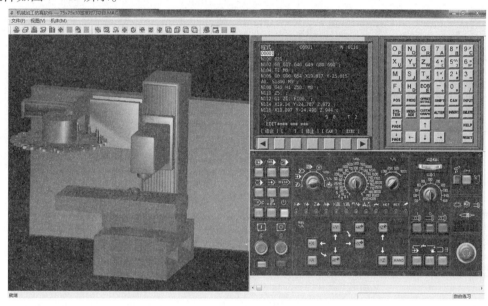

图 7-69　导入自动编程完成的 NC 程序

修改仿真加速倍率为 20,执行"循环启动" ◯,观察机床加工过程,如果仿真过程中机床无报错或零件铣削完成后形状和尺寸正确,则程序没有问题;如果出现错误则需要分析错误原因。如果是自动编程的问题,则需要返回到 Mastercam 软件中修改相关参数,重新生成新的 NC 程序后,再次加工检验,仿真结果如图 7-70 所示。

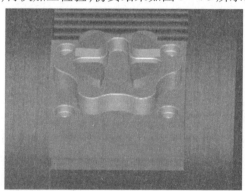

图 7-70　数控加工仿真软件加工完成的零件

7.2.4　分析总结

通过以上的实例操作,综合应用了外形铣削、挖槽、钻孔等加工。由此不难发现,要想

234

在 Mastercam 中完成编程操作直至生成所需的 NC 加工程序,需要注意如下几项因素:

(1)通常的两轴半加工编程只需绘制与加工有关的 XY 平面的轮廓,但需要准确无误的 CAD 建模,绘制出准确的图形,不能有形状、尺寸偏差等存在。

(2)自动编程不等于全自动编程,软件只是代替用户完成了刀路计算等繁琐的工作,事先的加工工艺分析、加工路线确定、加工策略和加工参数确定等则需要操作人员来完成。

(3)尽管使用软件编程,但编程人员也必须熟练掌握手工编程并对机床性能参数熟悉,这样才能明白程序的内容,清楚会有什么样的机床动作,对最终生成的 NC 程序进行检验与微调,否则可能生成与机床所需格式不兼容的程序而导致严重的事故。

(4)根据加工工艺确定相应的加工策略,而刀具几何参数、加工参数等选项不能有设定错误或偏差,否则将会得到错误的程序语句,影响加工质量甚至导致废品。因此事后通过线框或实体对加工的检验,乃至对程序的直接阅读检验,是必不可少的阶段。

(5)如果程序复杂或程序太长,难以进行阅读检验,可以使用数控仿真软件进行加工仿真,这样直观的加工过程,可以快速完成 NC 代码的检验。

第8章　三维曲面零件的自动编程

实训要点:
● 能利用 Mastercam 软件编制三维零件的数控程序

8.1　曲面加工概述

曲面是一条动线,在给定的条件下,在空间连续运动的轨迹。如图 8-1 所示的曲面是直线 AA_1 沿曲线 $A_1B_1C_1N_1$,且平行于直线 L 运动而形成的。产生曲线的动线(直线或曲线)称为母线;曲面上任一位置的母线(如 BB_1、CC_1)称为素线,控制母线运动的线、面分别称为导线、导面。

根据形成曲面的母线形状,曲面可分为:

直线面——由直母线运动而形成的曲面;

曲线面——由曲母线运动而形成的曲面。

根据形成曲面的母线运动方式,曲面可分为:

回转面——由直母线或曲母线绕一固定轴线回转而形成的曲面;

非回转面——由直母线或曲母线依据固定的导线、导面移动而形成的曲面。

在现代社会中,许多高科技产品要求具有复杂的曲面,以满足某些数学特征的要求。人们在注重产品功能的同时,也对产品的外观造型提出了越来越高的要求。这种美学效果的需求,推动了曲面的设计和加工。

加工中心进行两轴半加工只能完成对顶部平面、工件侧面零件的铣削加工。对于诸如注塑模成型面等形状较为复杂的曲面零件表面,其需要加工的表面往往是空间曲面,需要三轴联动的加工才能满足其加工需求。

三轴联动加工曲面可以采用球头刀、平底立铣刀、圆角刀和鼓形刀。其特征是加工过程中刀具轴线方向始终不变,平行与 Z 轴,刀具逐行走刀,通过刀具沿切削行的运动,近似包络出被加工曲面。三轴联动加工曲面的原理,如图 8-2 所示。

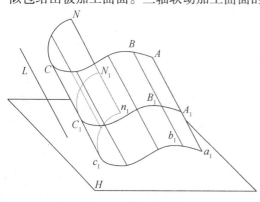

图 8-1　曲面的定义

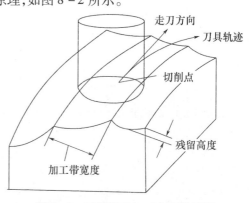

图 8-2　三轴联动加工曲面的原理

三轴联动加工曲面可完成绝大多数曲面零件的加工,只有少数曲面零件可能存在刀具干涉的原因而无法加工。此时,可在三个平动轴的基础上,增加1个或2个转动轴,采用多轴加工的方式,完成这些少数零件的加工。

本章节只介绍三轴加工,四轴加工在后续章节介绍。由于五轴加工中心多采用海德汉系统,与本书前面章节介绍的FANUC系统相差很大,本书介绍到四轴加工为止。

8.2 三维曲面加工综合实例

曲面零件形状及尺寸如图8-3所示,其材料为硬铝合金,毛坯为55mm×55mm×45mm的方料。

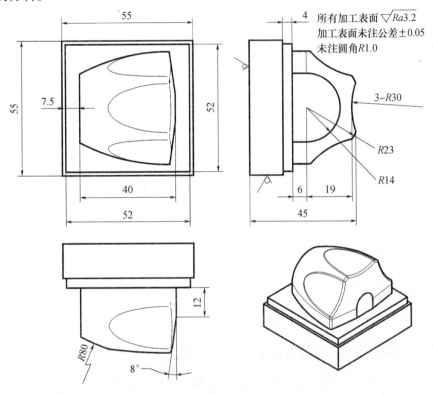

图8-3 三维曲面零件(旋钮电极模型)

8.2.1 工艺规划

1. 理解零件图纸,确定加工内容

比较毛坯和零件图纸可知,需要加工的部分有两大部分:①底部的52mm×52mm的方形部分;②曲面部分,其外形仍然是两轴半加工,曲面需要球头刀进行曲面的粗、精加工。

2. 确定加工工艺,确定刀具原点位置

夹具选择为通用精密虎钳,刀具选定为两轴半粗加工选用φ12mm的平底铣刀,精加

工选用 $\phi8mm$ 的平底铣刀;曲面的粗加工采用 $\phi12mm$ 平底铣刀,曲面的半精、精加工则采用 $\phi8mm$ 的球头铣刀,加工刀具参数如表 8-1 所列。

表 8-1　旋钮电极模型加工刀具参数表

刀具号码	刀具名称	刀具材料	刀具直径/mm	零件材料为铝材			备注
				转速/(r/min)	径向进给量/(mm/min)	轴向进给量/(mm/min)	
T1	端铣刀	高速钢	$\phi12$	1300	200	100	两轴半粗、曲面粗加工
T2	端铣刀	高速钢	$\phi8$	1300	200	100	精加工
T6	球头刀	高速钢	$\phi8(R4)$	1500	130	80	半精铣曲面
T6	球头刀	高速钢	$\phi8(R4)$	3500	200	80	精铣曲面

考虑到毛坯为方料,选择零件中心为 XY 方向的编程原点,以工件顶面为 $Z0$ 平面。

零件的工艺安排:

(1)装夹与工作坐标系设定:毛坯为规则的方料,用虎钳夹持毛坯部分,即可对全部工件外形进行加工;

(2)加工路线:按先粗后精的顺序,以刀具顺序优先编程:粗/半精铣曲面方→精铣 $52mm \times 52mm$ 方型凸台→半精加工曲面→精加工曲面。

8.2.2　加工造型(CAD)

1. 启动 Mastercam ,按下键盘 F9,以显示坐标中心

2. 曲面母线线框绘制及回转曲面生成

1)曲面母线线框绘制

首先将绘图深度设为 0。

单击 ↘ "两点绘制任意线"图标(或"绘图"→"任意线"→"绘制任意线"),单击激活工具栏中的 ▯ "铅垂",分别单击始点和终点的大致位置,然后系统提示输入 X 值时输入 ▯ ▮20.0 ▾▮ 单击 ☑ 图标确定,完成第 1 条直线绘制。重复上面操作绘制任意线,输入 -20 完成第 2 条直线的绘制。

单击 ↘ "两点绘制任意线"图标,单击激活工具栏中的"水平" ↔ 图标,分别单击左侧直线两边的大致位置,然后系统提示输入 Y 值时输入 14,完成第 3 条直线绘制;同样操作,绘制与右侧直线相交的直线,输入 23;再次绘制与右侧直线相交的直线,输入 6,完成第 4 和第 5 条直线的绘制,如图 8-4 所示。

单击 ↘ "两点绘制任意线"图标,单击 ↔ 图标取消水平状态,单击激活工具栏中的 ◿ "角度"图标,输入绘图直线角度 98°;拾取高度为 6 的水平线和最右侧直线的交点,绘制极坐标线,线框长度为 20,如图 8-5 所示。

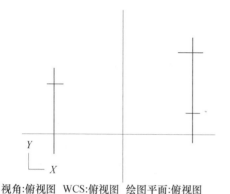

图8-4 绘制水平线和垂直线

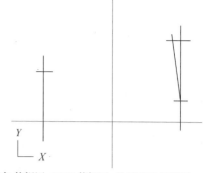

图8-5 绘制角度线

接下来绘制 $R80$ 圆弧,单击 ✛ "两点画弧"图标(或"绘图"→"圆弧"→"两点画弧")然后按屏幕提示一次单击捕捉圆弧两端点,输入半径80,绘制圆弧;绘制旋转轴线,单击 ↖ "两点绘制任意线"图标,然后单击激活工具栏中的 ⬌ "H 水平"图标,分别单击始点和终点的大致位置,然后系统提示输入 Y 值时输入0,如图8-6所示。

修整工作,单击 🔧 "T 修剪/打断/延伸"图标,根据需要在栏中单击 ⊞ 激活(修剪两个物体)修剪掉不需要的线段。随后根据需要选择并按下键盘上的"Delete"键,删除不需要的图素,最终结果如图8-7所示。

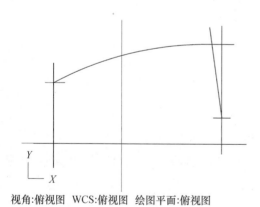

图8-6 绘制圆弧

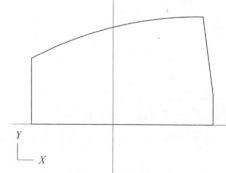

图8-7 修剪圆弧

2)旋转生成实体

首先单击 📦 切换至三维视图。单击 🔄 "实体旋转"图标(或者依次选择"实体"→"实体旋转"),系统将弹出串联选择对话框,单击刚绘制的曲面母线轮廓并确认,如图8-8所示。

随后将提示选择回转轴,选择 X 方向的直线为旋转中心,弹出图示选择对勾(箭头指向和 Z 相反时选 R 换向),如图8-9所示。

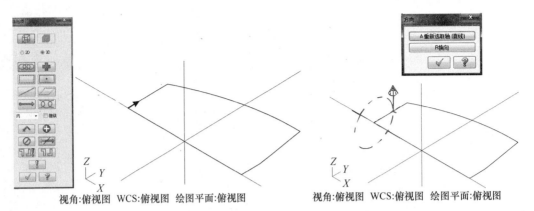

视角:俯视图　WCS:俯视图　绘图平面:俯视图

图 8-8　选择旋转母线

视角:俯视图　WCS:俯视图　绘图平面:俯视图

图 8-9　确定旋转方向

在弹出旋转实体的设置对话框中,勾选创建主体,输入起始角度 0°,终止角度 180°,如图 8-10 所示,将创建所需曲面,单击"图形着色"按钮 ⬤ 显示如图 8-11 所示。

图 8-10　设置旋转参数

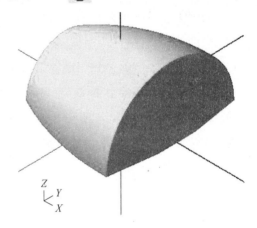

图 8-11　旋转完成的实体

3. 局部曲面轨迹绘制及拉伸曲面

1) 局部曲面母线绘制

接下来绘制局部的曲面,首先单击 ▢ 右视图,切换至 YZ 平面。然后在窗口方设定当前绘图深度为 20, 3D 屏幕视角 平面 Z 20.0 ▼ 。

单击 ▢ "图标极坐标圆弧"(或"绘图"→"圆弧"→"极坐标圆弧"),按屏幕提示输入圆心坐标,横轴坐标 X 为 0、纵轴坐标 Y 为 49(30+19)、Z 保持为 20,然后在提示栏中输入半径 R 为 30、起始角度为 240°、终止角为 300°,完成圆弧绘制。如图 8-12 所示。

两侧的两圆弧与该弧类似,可以通过阵列的方式获得。单击 ▢ "旋转阵列"图标(或转换/旋转),选择刚绘制的 $R30$ 圆弧作为阵列对象,回转中心默认为原点,输入旋转角度 60°,即可获得第 2 条圆弧,再次执行旋转阵列操作,回转角度为 -60°。单击 ▢ 返回空间视图,最终结果如图 8-13 所示。

240

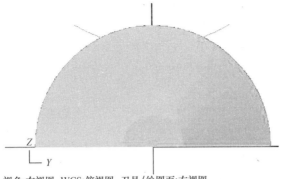

视角:右视图 WCS:俯视图 刀具/绘图面:右视图

图 8 – 12 绘制圆弧缺口母线

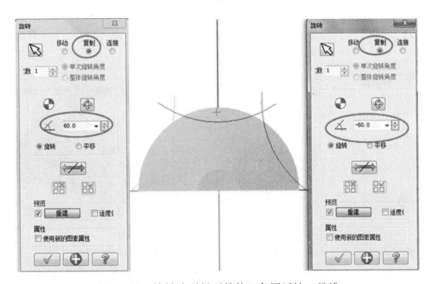

图 8 – 13 旋转阵列得到其他 2 条圆弧缺口母线

2）拉伸得到曲面

单击 ⬡ 返回空间视图后,绘图平面也随着变为默认的俯视图,为了在 X 方向拉伸曲面,此时需要将绘图平面切换为右视图。单击窗口下方的视角图标,将当前绘图面设定为右视图。注意此时屏幕左下方的提示视角也相应地变为右视图(图 8 – 14)。

单击 ◈ "创建牵引曲面"图标(或者依次选择"绘图"→"曲面"→"牵引曲面")。选择刚绘制的第一条 R30 圆弧作为母线图素,拉伸距离为 40。得到顶部曲面,如图 8 – 15 所示。

4. 修剪实体

单击 ▨ "实体修剪"图标(或"实体"→"实体修剪"),弹出实体修剪对话框,勾选修剪到曲面,点击"确定",系统提示选择要执行修剪的曲面,选择刚建立的牵引曲面,系统返回实体修剪对话框再单击"☑图标"或回车确认。按照如上操作,依次选择两段圆弧牵引曲面,再分别进行实体修剪。完成上述操作后,隐藏不再使用的图素,最终结果如图 8 – 16。

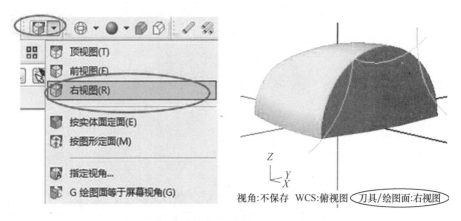

图 8 - 14　切换绘图平面为右视图

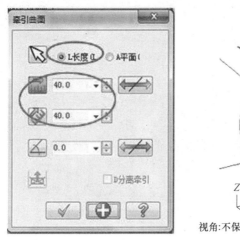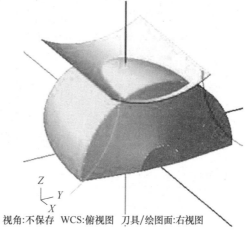

视角:不保存　WCS:俯视图　刀具/绘图面:右视图

图 8 - 15　拉伸圆弧缺口母线建立修剪曲面

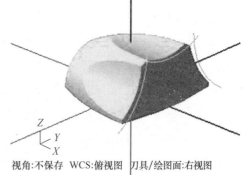

视角:不保存　WCS:俯视图　刀具/绘图面:右视图

图 8 - 16　修剪完成后的实体

5. 曲面过渡部分

单击"绘图"→"曲面曲线"→"单一边界"图标,依次提取曲面下边缘边界,完成边界的拾取,单击"挤出实体"图标(或"实体"→"挤出实体"),选择拾取好的边界,弹

242

出图示对话框,在实体挤出对话框选择"增加凸缘"、勾选"合并操作","距离"输入6,单击"对勾"完成操作(屏幕中箭头指向 Z 正方向时,在对话框中勾选更改方向),如图 8-17所示。

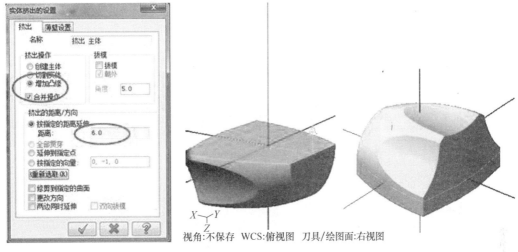

图 8-17 提取曲面边界线并拉伸为实体

6. 工艺夹持部分

单击 "绘制矩形"图标(或者依次单击下拉式菜单"绘图"→"R 矩形"),然后单击激活矩形绘图工具栏中的 图标(A 设置基准点为中心点),鼠标捕捉单击坐标原点 (X_0,Y_0),然后分别在矩形绘图工具栏中的矩形长宽对话框中输入52,单击 图标以应用当前尺寸值并预览图形效果,单击 图标即可确认当前绘图参数并结束操作,如图8-18 所示。

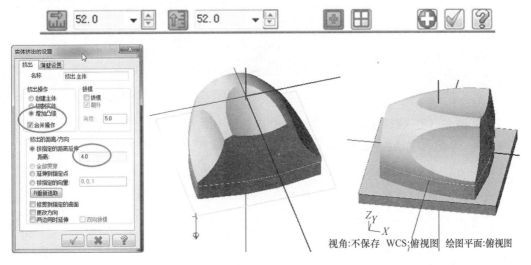

图 8-18 拉伸 $52\text{mm} \times 52\text{mm}$ 的方形台阶

重复上面操作挤出实体,创建效果如图8-18所示。重复上面两个步骤,完成拉伸毛坯的部分,如图8-19所示。

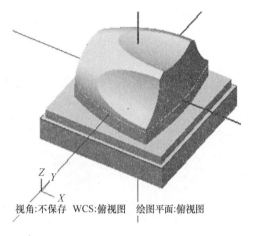

视角:不保存 WCS:俯视图 绘图平面:俯视图

图8-19 拉伸毛坯部分

7. 锐角倒圆

单击 ![icon] "实体倒圆角"图标(或"实体"→"倒圆角"→"实体倒圆角"),系统提示选择要倒圆的图素,选择图纸中预倒圆角的边缘线,单击"确定"或者"回车",弹出倒圆角参数对话框,输入圆角半径1,单击"确定",如图8-20所示,完成实体建模的操作。

图8-20 实体面上的倒圆角

8. 转换平移设定加工坐标系

为了造型简便,回转曲面中心选择位于 Z 轴为 0 的高度上。按照加工工艺安排,加工坐标系 Z0 位置应该在模型最高点,需要通过平移操作,将模型移动到正确位置。

单击 ![icon] "平移转换"图标(或者依次选择"转换"→"平移"),直接用鼠标拉出窗口,选中所要的曲面,最后单击 ![icon] 图标或回车确认。

在弹出的平移对话框中选择移动、Z 向平移增量为 -21,其余值为 0,如图8-21所示。确认无误后,单击 ![icon] 图标确认并完成平移,平移后的曲面顶部边缘应低于 Z 轴零点0.28处,确认无误后单击上方的 ![icon] 图标以清除颜色。

至此,所有加工所需的线框及曲面均已造型完毕,可以进行下一步的 CAM 加工编程。

244

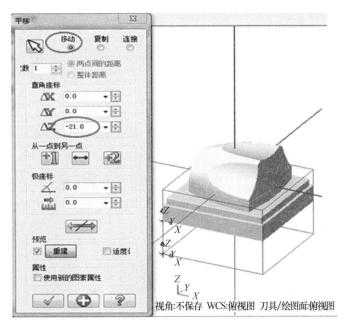

图 8 – 21　将模型向下平移

8.2.3　选择合适的加工策略,生成刀具轨迹(CAM)

1. 曲面粗加工

此类零件的粗加工,通常采用曲面挖槽策略,该策略需要设定一个封闭轮廓作为外部辅助边界,加工时将封闭轮廓之内,工件曲面之外的部分均作为待去除的余量,此策略特别适合工件曲面外围余量较大的情况。

下面绘制一个封闭轮廓作为辅助边界,由于工件毛坯是方形的,故绘制一个较大的矩形即可(边界大于工件毛坯,刀具可以在边界内绕毛坯回转)。单击 ⊞ 图标,设定当前视角和绘图平面均为 *XY*,单击 ⊡ "绘制矩形"图标,参照上面操作创建 79mm × 79mm 的矩形,创建效果如图 8 – 22 所示。

注意:辅助边界与要加工的轮廓间最小距离应稍大于该工序所使用的刀具直径,以保证产生的刀具路径完整,减少抬刀次数,保证刀具的连续切削。

单击 ⊟ "粗加工挖槽铣削"图标(或者选择"刀具路径"→"曲面粗加工"→"粗加工挖槽加工"),然后系统提示选择被加工曲面,用鼠标依次单击所有曲面(或拖动鼠标框选),最后单击 ⊡ 或"回车"确认。将弹出确认对话框,提示已有 41 个曲面被选择作为加工驱动曲面,单击边界范围按钮(如图 8 – 21 圈中所示),将出现串联选择对话框,选择所画的矩形边界,再单击 ✓ 图标确认即可。

随后将弹出曲面粗加工挖槽加工对话框,单击对话框左下方的"选择库中的刀具"按钮,选择 T1 刀具为 φ12 平底端铣刀,定义刀具号、长度补偿编号、半径补偿编号均为 1;按

245

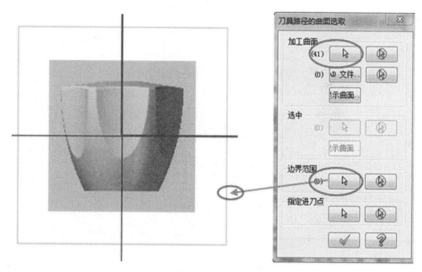

图 8 - 22　绘制辅助边界

表 8 - 1 定义刀具参数进给速度为 200、Z 向下刀速率为 100、主轴转速为 1300、抬刀速度为 2000,如图 8 - 23 所示。

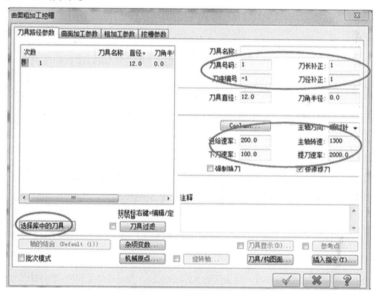

图 8 - 23　定义加工刀具参数

　　再切换至曲面加工参数,由于是粗加工,安全高度为 100,参考高度为 10,设定加工余量为 1.0,如图 8 - 24 所示。

　　再切换至粗加工参数对话框,定义加工误差为 0.025,Z 轴最大进给量为 6,如图 8 - 25 所示。

　　然后再单击挖槽参数,设定各加工参数如图 8 - 26 所示。

　　完成上述设定后,单击外形参数对话框下方的“确定”按钮,得到刀具路径,单击“刀具路径管理器”上方的　　按钮,出现实体仿真对话框,首先对毛坯进行设定,单击其选项

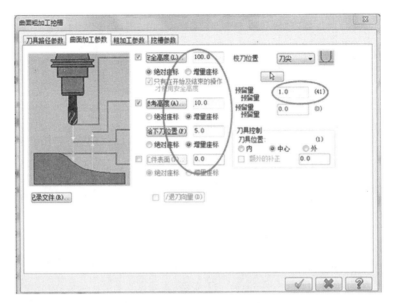

图 8 - 24　定义曲面加工参数

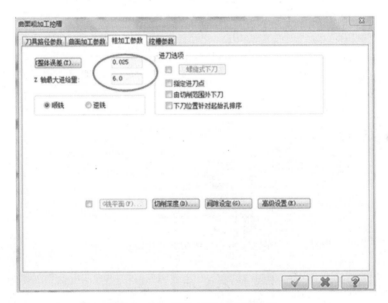

图 8 - 25　设置 Z 轴最大进给量

按钮,如图 8 - 27(a)圈中所示;再设定工件毛坯为立方体,具体数值、其余选项设定如图8 - 27(b)所示。

　　设定完成后单击 ▶ "播放"键,运行实体仿真,最终得到的刀具路径和实体仿真结果如图 8 - 28 所示。

　　2. 曲面残料粗加工

　　单击 ![图标] "曲面残料粗加工"图标(或选择"刀具路径"→"曲面粗加工"→"粗加工残料加工"),系统提示选择加工曲面,用鼠标框选择所有曲面,边界和粗加工挖槽铣削选择

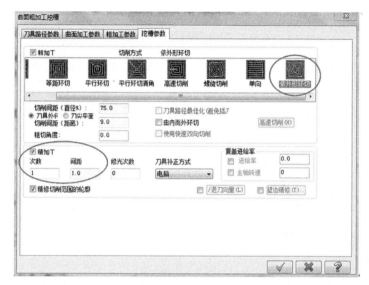

图 8 - 26　定义挖槽走刀方式

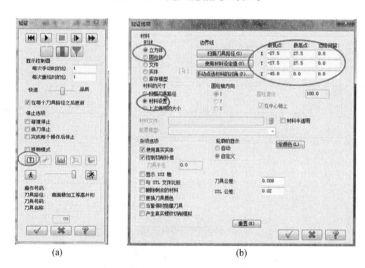

(a)　　　　　　　　　　　　　　(b)

图 8 - 27　设置仿真毛坯参数

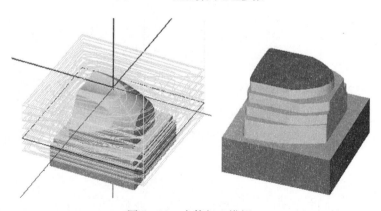

图 8 - 28　实体加工模拟

一样,选择完成后单击"确定"。

弹出曲面残料粗加工对话框,刀具选φ12铣刀,进给转速如图8-29所示。

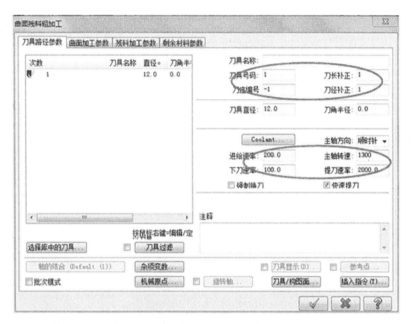

图8-29　曲面残料粗加工刀具路径参数设置

切换至曲面加工参数,由于是2次开粗,预留量和第1次开粗一样,如图8-30所示。

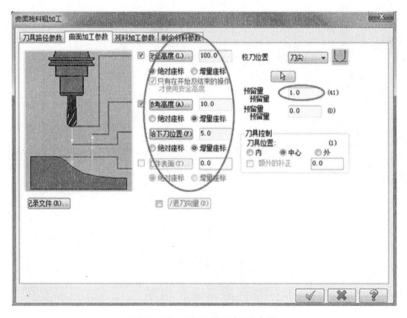

图8-30　设置曲面加工参数

切换至残料加工参数,设置Z轴最大进给量为1.5,其余参数如图8-31所示。

切换至剩余材料参数,如图8-32所示,选择"所有先前操作",其余选择默认值。

图 8 – 31   设置残料加工参数

图 8 – 32   设置剩余材料参数

参考粗加工挖槽铣削,最终得到曲面残料粗加工刀具路径和实体仿真结果如图8 – 33所示。

3. 曲面半精加工及精加工

用端铣刀加工曲面会产生台阶效果,余量的不均匀分布会让后续使用的球头刀承受局部过大的切削负载,所以曲面的加工需要分为半精加工和精加工两步进行。

250

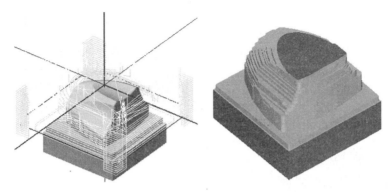

图 8 - 33　残料加工的结果

1）曲面半精加工

单击 "平行铣削精加工"图标（或"刀具路径"→"曲面精加工"→"精加工平行铣削"），系统提示选择被加工曲面，用鼠标或拖出窗口框选全部曲面，最后单击图标或回车确认。系统弹出确认对话框，提示已有 41 个曲面被选择作为加工驱动曲面，单击图标确认即可。

随后弹出曲面挖槽加工对话框，单击对话框左下方的"选择库中刀具"按钮，选择 T2 刀具为 φ8mm 球头铣刀，定义刀具号、长度补偿编号、半径补偿编号均为 6；按表 8 - 1 定义刀具参数进给速度为 139、Z 向下刀速率为 80、主轴转速为 1500、提刀速度为 2000，如图 8 - 34 所示。

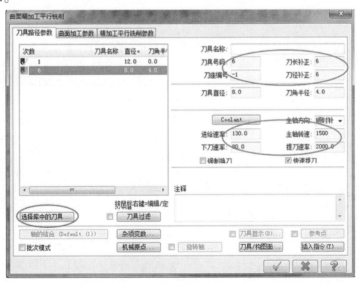

图 8 - 34　半精铣刀具的参数设置

切换至曲面加工参数，由于是半精加工，设定加工余量为 0.2，如图 8 - 35 所示。

切换至挖槽切削粗加工参数对话框，定义加工误差为 0.05，最大切削间距为 1.5，加工角度为 90°，如图 8 - 36 所示。单击"限定深度"，弹出限定深度对话框，最低位置输入 -4。

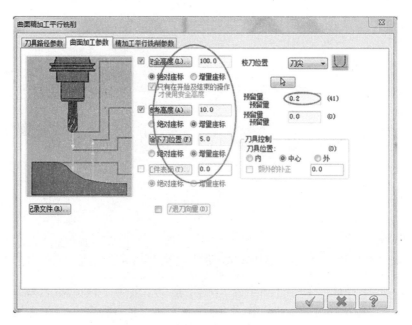

图 8 - 35　曲面半精铣的余量设置

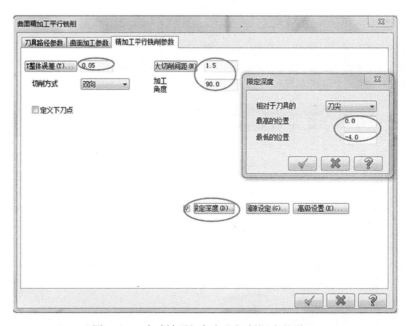

图 8 - 36　切削行距、方向和切削深度的设置

最终得到的半精加工刀具路径和实体仿真结果如图 8 - 37 所示。

2）曲面精加工等高外形

单击 ⟡ "精加工等高外形"图标（或"刀具路径"→"曲面精加工"→"精加工等高外形"），系统提示选择加工曲面，框选所有曲面，显示加工曲面数为 41，单击"确定"按钮或者"回车"。弹出精加工等高外形对话框，刀具路径参数的设置和曲面精加工平行铣削设置一样，如图 8 - 38 所示。

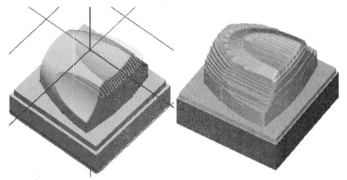

图 8 – 37　半精铣顶部曲面的加工结果

图 8 – 38　半精铣刀具参数与前面设置一致

切换至曲面加工参数,由于是半精加工,设定加工余量为 0.2,如图 8 – 39 所示。

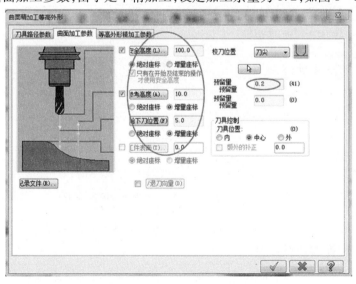

图 8 – 39　半精铣余量的设置与前面设置一致

253

切换至等高外形精加工参数,定义加工误差为0.05,Z轴最大进给量1.5,如图8-40所示。

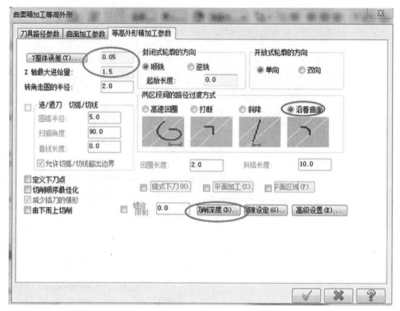

图8-40 等高策略半精铣的行距设置

单击"切削深度",在最高位置输入-4,最低位置输入-25,单击"确定",如图8-41所示。

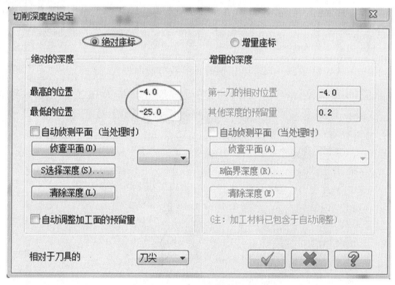

图8-41 等高策略半精铣的切削深度的设置

最终得到的半精加工刀具路径和实体仿真结果如图8-42所示。

4. 精加工曲面的外形轮廓

单击 "外形铣削"图标(或"刀具路径"→"外形铣削"),系统弹出串连选项对话

254

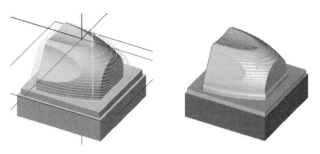

图 8 – 42　等高策略半精铣的铣削结果

框,选择曲面过渡部分下面的边界,箭头所在位置的底缘线条如图 8 – 43 所示,单击"确定"或者"回车"。

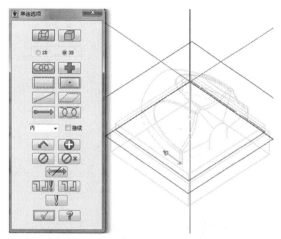

图 8 – 43　精铣曲面的外形轮廓

系统返回 2D 刀具路径—等高外形对话框,选择等高外形如图 8 – 44 所示。

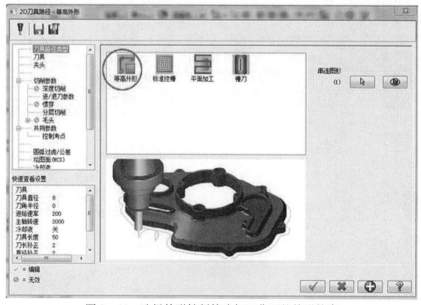

图 8 – 44　选择外形铣削策略加工曲面的外形轮廓

单击"刀具",参照前面的操作创建一把 $\phi8mm$ 铣刀,刀具号为2,进给速率为200,下刀速率100,主轴转速为2000,提刀速率为2000,如图8-45所示。

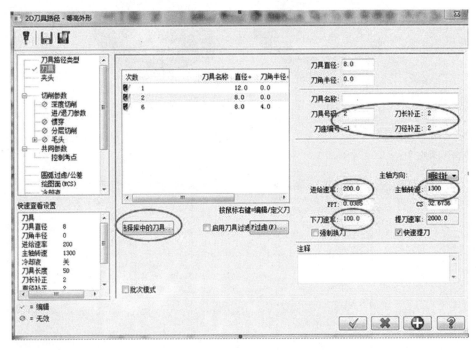

图8-45 精铣曲面外形轮廓的刀具参数设置

单击"切削参数"按钮,补正方向为左补偿,精加工壁边和底面预留量设置为0,如图8-46所示。

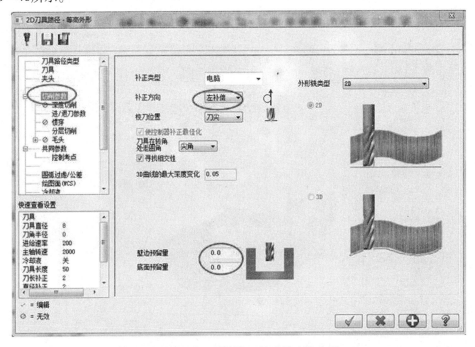

图8-46 设置精铣曲面外形轮廓的余量

256

单击"进/退刀参数",直线长度为 0,圆弧半径为 3,进/退刀参数设置如图 8-47 所示。

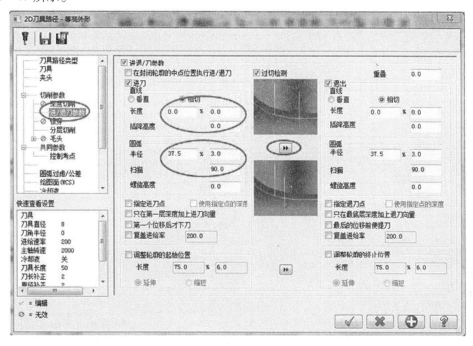

图 8-47 设置进刀和退刀的方式

单击"分层切削",粗加工次数为 2,间距为 6,如图 8-48 所示。

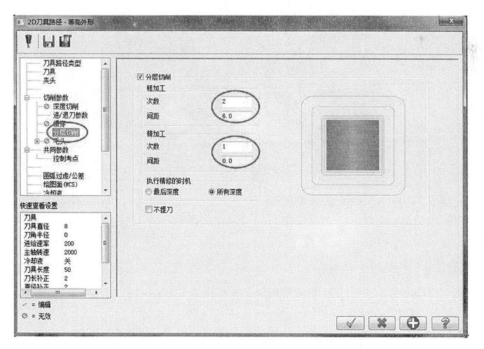

图 8-48 *XY* 方向分 2 次铣削曲面外形轮廓

单击"共同参数",安全高度设置为100,其余默认,如图8-49所示,单击"确定"生成路径。

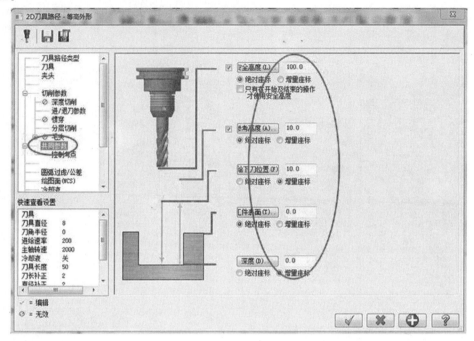

图8-49　设置曲面外形轮廓的铣削深度

最终得到的加工刀具路径和实体仿真结果如图8-50所示。

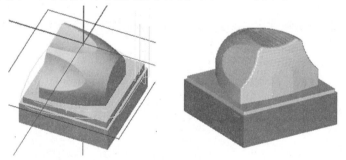

图8-50　铣削曲面外形轮廓的加工结果

5. 精铣52mm×52mm的方形轮廓

52mm×52mm的方形轮廓的作用是为后续加工提供一个找正基准,因此需要精铣该轮廓。

单击 🔲"外形铣削"图标(或"刀具路径"→"外形铣削"),系统弹出选择串连选项对话框,选择52mm×52mm的方形轮廓,箭头所在位置的底缘线条如图8-51所示,单击"确定"或者"回车"。

系统返回2D刀具路径—等高外形对话框,选择等高外形加工策略,如图8-52所示。

52mm×52mm的方形轮廓的外形余量不多,分层切削不需要激活,如图8-53所示。

最终得到的加工刀具路径和实体仿真结果如图8-54所示。

258

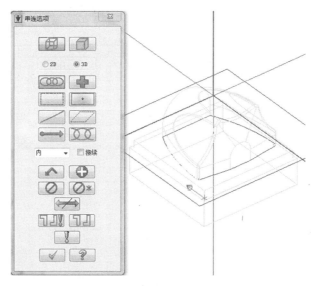

图 8-51　精铣 52mm×52mm 的方形轮廓

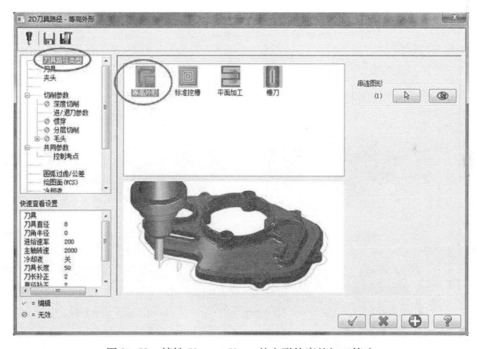

图 8-52　精铣 52mm×52mm 的方形轮廓的加工策略

6. 精铣曲面的顶部区域

零件的顶部曲面区域,曲率变化不大,适合采用曲面精加工平行铣削的加工策略。参考前面的半精铣的操作步骤,这里选择 ϕ8mm 球刀,进给速率为 600,主轴转速为 4500,下刀速率为 300,提刀速率为 2000,预留量设置为 0,其中最大切削间距的设置如图 8-55 所示,深度范围 0~4mm。

最终得到的加工刀具路径和实体仿真结果如图 8-56 所示。

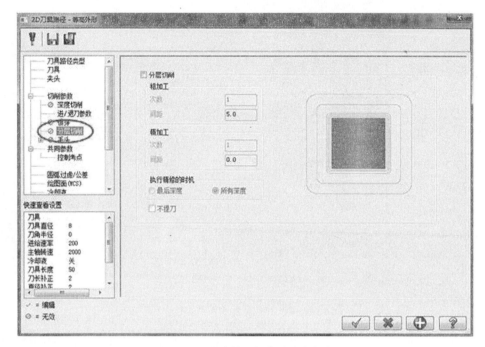

图 8-53 取消外形轮廓的分次切削

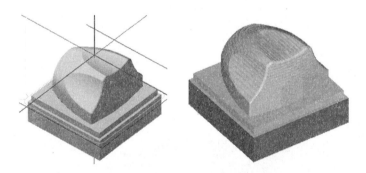

图 8-54 精铣 52mm × 52mm 的方形轮廓的加工结果

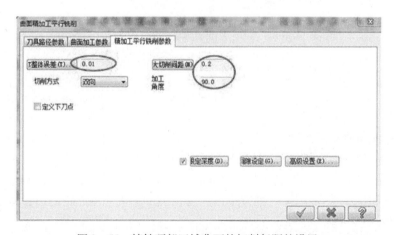

图 8-55 精铣顶部区域曲面的切削行距的设置

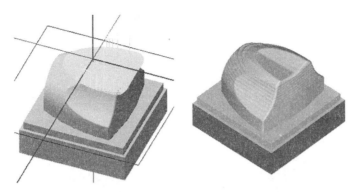

图 8 - 56   精加工顶部曲面区域的加工结果

7. 零件中间区域曲面的精加工

由于零件中间区域的曲面的曲率较大,适合采用曲面精加工等高铣削的加工策略。参考前面的半精铣的操作步骤,选择 ϕ8mm 球刀,进给速率 600,主轴转速为 4500,下刀速率为 300,提刀速率为 2000,预留量设置为 0,Z 轴最大进给量 0.2,切削深度为 $-4 \sim -25$。

最终得到的加工刀具路径和实体仿真结果如图 8 - 57 所示。

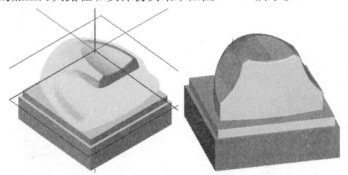

图 8 - 57   精加工中间区域曲面的加工结果

至此所有的加工路径都完成了。

8.2.4   将刀具路径转换成加工代码

在刀具路径管理器中,按下"Ctrl"键,选择需要生成 NC 程序的加工刀具路径,如图 8 - 58 所示,单击刀具路径管理器中的 **G1**"后处理"图标,然后在弹出的后处理对话框中选择 NC 文件,单击"确定"确认。

随后系统弹出文件路径对话框,用户可以自行指定 NC 程序存放路径,如图 8 - 59 所示。此处程序命名为 8 - 1. NC。

如果没有专门对应的机床后置处理文件,则只能使用 Mastercam 系统提供的通用 FANUC 后置处理程序,这样处理出来的 NC 程序,可能会有一些多余或不能使用的加工代码,需要按照加工机床对程序格式的具体要求来修改后置处理出来的 NC 程序,只有检查修改后的 NC 程序,才可以用于实际加工(图 8 - 60)。

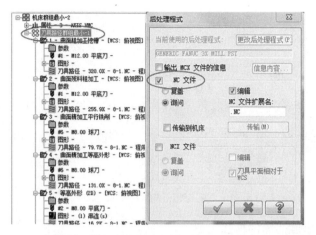

图 8 – 58　选择需要后置处理的刀具路径

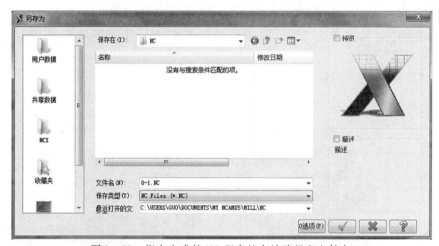

图 8 – 59　指定生成的 NC 程序的存放路径和文件名

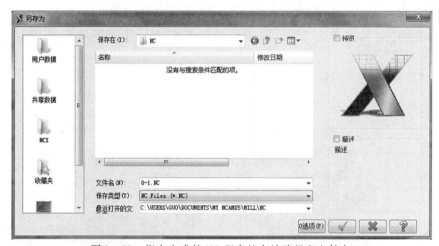

图 8 – 60　生成的 NC 程序的内容

小结:

(1) 如果加工图形较为复杂,出现互相干扰的情况,可以将图形隐藏或放在不同的层中。

(2) 尽管零件属于曲面工件,但合理的利用两轴半进行粗加工乃至外围轮廓铣削可以有效地去除余量。

(3) 不同的曲面零件,需要具体分析。如果某个曲面加工策略不能满足加工要求,可以考虑使用多个加工策略来共同完成曲面加工。

8.3 三维曲面加工综合实例的加工程序在数控加工仿真中验证

前面进行的实体仿真都是在 Mastercam 内部的验证,而经过后置处理后得到的 NC 程序才是最终进入数控机床的 NC 程序,曲面加工的程序代码很长,通常有几万行到几十万行代码,人工根本无法阅读全部程序。为了保证进入数控机床的 NC 程序是正确无误的,本书采用了数控加工仿真系统作为虚拟机床,来验证自动编程软件导出的 NC 程序。

单击"开始"→"程序"→"数控加工仿真系统",启动数控加工仿真软件,在弹出的登录用户对话框中,选择快速登录,进入数控加工仿真系统。

按照前面章节的操作步骤,完成机床的设定、刀具设定、毛坯设定和加工坐标系的设定等内容,注意要和自动编程软件中设定的机床类型、刀具号码、工件坐标系等一致。最后导入自动编程修改完成的程序文件,进行仿真切削加工,具体的操作步骤,这里就不赘述了。仿真加工的结果如图 8 - 61 所示。

图 8 - 61　数控加工仿真软件加工完成的零件

如果仿真过程中机床无报错或零件铣削完成后检查加工零件的形状和尺寸符合图纸要求,说明 NC 程序没有问题;如果出现错误则需要分析错误原因,如果是自动编程的问题,则需要返回到 Mastercam 软件中修改相关参数,重新生成新的 NC 程序后,再次进行加工检验。

8.4 自动编程的误差控制

加工精度是指零件加工后的实际几何参数(尺寸、形状及相互位置)与理想几何参数符合的程度(分别为尺寸精度、形状精度及相互位置精度)。其符合程度越高,精度越高;反之,两者之间的差异即为加工误差。如图8-62所示,加工后的实际型面与理论型面之间存在着一定的误差。所谓"理想几何参数"是一个相对的概念,对尺寸而言其配合性能是以两个配合件的平均尺寸造成的间隙或过盈考虑的,故一般以给定几何参数的中间值代替。如轴的直径尺寸标注为 $\phi 100^{0}_{-0.05}$ mm,其理想尺寸为99.975mm。而对理想形状和位置则应为准确的形状和位置。可见,"加工误差"和"加工精度"仅仅是评定零件几何参数准确程度的两个方面。实际生产中,加工精度的高低往往是以加工误差的大小来衡量的。在生产中,任何一种加工方法不可能也没必要把零件做得绝对准确,只要把这种加工误差控制在性能要求的允许(公差)范围之内即可,通常称为"经济加工精度"。

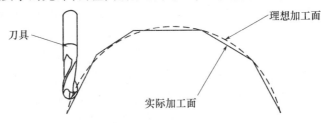

图8-62 加工误差

数控加工的特点之一就是具有较高的加工精度,因此对于数控加工的误差必须加以严格控制,以达到加工要求。要实现这个目的,首先就要了解数控加工可能造成加工误差的因素及其影响。

由机床、夹具、刀具和工件组成的机械加工工艺系统(简称工艺系统)会有各种各样的误差产生,这些误差在各种不同的具体工作条件下都会以各种不同的方式(或扩大、或缩小)反映为工件的加工误差。工艺系统的原始误差主要有工艺系统的几何误差、定位误差、工艺系统的受力变形引起的加工误差、工艺系统的受热变形引起的加工误差、工件内应力重新分布引起的变形以及原理误差、调整误差、测量误差等。

在CAD/CAM软件自动编程中,我们一般仅考虑两个主要误差:①刀轨计算误差,②残余高度。

刀轨计算误差的控制操作十分简单,仅需要在软件上输入一个公差带即可。而残余高度的控制则与刀具类型、刀轨形式、刀轨行间距等多种因素有关,因此其控制主要依赖于程序员的经验,具有一定的复杂性。

由于刀轨是由直线和圆弧组成的线段集合近似地取代刀具的理想运动轨迹(称为插补运动),因此存在着一定的误差,称为插补计算误差。

插补计算误差是刀轨计算误差的主要组成部分,它造成加工不到位或过切的现象,因此是CAM软件的主要误差控制参数。一般情况下,在CAM软件上通过设置公差带来控制插补计算误差,即实际刀轨相对理想刀轨的偏差不超过公差带的范围。

如果将公差带中造成过切的部分(即允许刀具实际轨迹比理想轨迹更接近工件)定

义为负公差的话,则负公差的取值往往要小于正公差,以避免出现明显的过切现象,尤其是在粗加工时。

在数控加工中,相邻刀轨间所残留的未加工区域的高度称为残余高度,它的大小决定了加工表面的粗糙度,同时决定了后续的抛光工作量,是评价加工质量的一个重要指标。在利用 CAD/CAM 软件进行数控编程时,对残余高度的控制是刀轨行距计算的主要依据。在控制残余高度的前提下,以最大的行间距生成数控刀轨是高效率数控加工所追求的目标。

由于在曲面精加工中多采用的是球头刀,研究球头刀进行平面或斜面加工时的残余高度控制是非常有意义的。

图 8-63 所示为刀轨行距计算中最简单的一种情况,即加工面为平面。

这时,刀轨行距与残余高度之间的换算公式为

$$l = 2\sqrt{R^2 - (h-R)^2} \quad \text{或} \quad h = R - \sqrt{R^2 - (l/2)^2}$$

其中:h、l 分别为残余高度和刀轨行距。在利用 CAD/CAM 软件进行数控编程时,必须在行距或残余高度中任设其一,其间关系就是由上式确定的。

为了便于使用和记忆,下面将常用刀具的行距和残余高度的对应值如表 8-2 所列。

表 8-2　刀具的行距和残余高度的对应值表

残余高度＼行距＼刀具	0.0005	0.001	0.0015	0.002	0.0025	0.003	0.0035	0.004	0.005	0.01	0.015	0.02	0.04	0.1
R0.5	0.04	0.06	0.08	0.09	0.10	0.10								
R0.75	0.05	0.07	0.09	0.11	0.12	0.13	0.14							
R1		0.09	0.11	0.13	0.14	0.16	0.17	0.18						
R1.25		0.10	0.12	0.14	0.16	0.17	0.19	0.20						
R1.5			0.13	0.15	0.17	0.19	0.20	0.22	0.24					
R2			0.15	0.18	0.20	0.22	0.24	0.25	0.28					
R2.5				0.20	0.22	0.25	0.26	0.28	0.32	10.45				
R3				0.22	0.24	0.27	0.29	0.31	0.35	0.49	0.60			
R4				0.25	0.28	0.31	0.33	0.36	0.40	0.56	0.69	0.80		
R5					0.32	0.35	0.37	0.40	0.45	0.63	0.77	0.89		
R6					0.35	0.38	0.41	0.44	0.49	0.69	0.85	0.98		
R8					0.40	0.44	0.47	0.50	0.56	0.80	0.98	1.13	1.60	
R10					0.15	0.49	0.53	0.56	0.63	0.89	1.10	1.26	1.79	2.82

同一行刀轨所在的平面称为截平面,刀轨的行距实际上就是截平面的间距。对曲面加工而言,多数情况下被加工表面与截平面存在一定的角度,而且在曲面的不同区域有着不同的夹角。从而造成同样的行距下残余高度大于图 8-63 所示的情况,如图 8-64 所示。

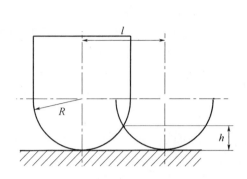

图 8-63　球头刀加工平面的行距

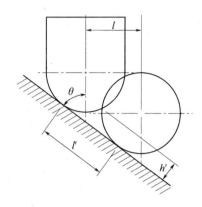

图 8-64　球头刀加工斜面的行距

图 8-63 中,尽管在 CAD/CAM 软件中设定了行距,但实际上两条相邻刀轨沿曲面的间距 l'(称为面内行距)却远大于 l。而实际残余高度 h' 也远大于图 8-63 所示的 h。其间关系为

$$l' = l/\sin\theta \quad 或 \quad h' = R - \sqrt{R^2 - (l/2\sin\theta)^2}$$

由于现有的 CAD/CAM 软件均以图 8-63 所示的最简单的方式作行距计算,并且不能随曲面的不同区域的不同情况对行距大小进行调整,因此并不能真正控制残余高度(即面内行距)。这时,需要编程人员根据不同加工区域的具体情况灵活调整。

对于曲面的精加工而言,在实际编程中控制残余高度是通过改变刀轨形式和调整行距来完成的。该方法优点是实现简单快速,但有适应性不广的缺点,对某些角度复杂的产品就不适用。当然也可以将被加工表面分割成不同的区域进行加工,不同区域采用不同的刀轨形式或者不同的切削方向,也可以采用不同的行距。这种方式效率高且适应性好,但编程过程相对复杂一些。

练　习

1. 三维曲面零件自动编程练习(图 8-65)

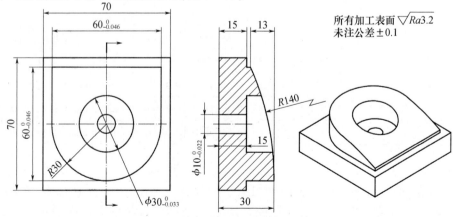

图 8-65　曲面零件自动编程练习题

266

2. 三维曲面零件自动编程练习（图 8 – 66）

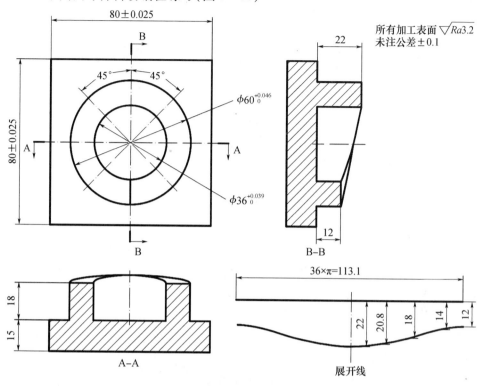

图 8 – 66　曲面零件自动编程练习题

3. 三维曲面零件自动编程练习（图 8 – 67）

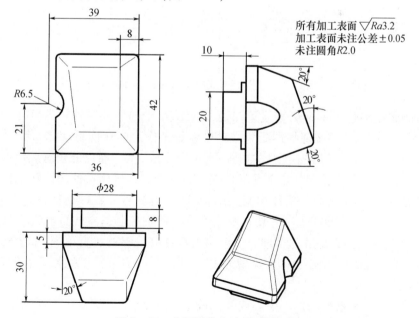

图 8 – 67　曲面零件自动编程练习题

第9章　典型四轴零件圆柱凸轮的加工

实训要点：
- 掌握典型四轴零件圆柱凸轮的造型和加工方法
- 掌握凸轮类零件的自动编程步骤和数控仿真加工

9.1　四轴加工概念

在机床的坐标系定义中，采用右手笛卡儿坐标系。其中包括了 X、Y、Z 3 个移动轴，此外也包括 3 个旋转轴，即 A 轴（绕 X 轴旋转）、B 轴（绕 Y 轴旋转）乃至 C 轴（绕 Z 轴旋转），如图 9 - 1 所示。

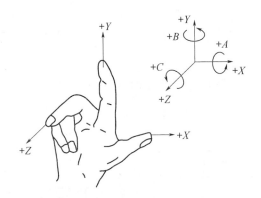

图 9 - 1　右手笛卡儿坐标系 X、Y、Z 及旋转轴 A、B、C 示意图

四轴数控机床是在 X、Y、Z 直线运动轴和 A、B、C 中的任意旋转轴进组合，对于立式数控铣削机床来说，C 轴实现的形式为主轴或者是工作台旋转控制，由于 X、Y 轴可以进行联动，在机床不超程，刀具不干涉的前提下，可以完成 XY 平面内的任意点位加工，所以实现主轴和工作台回转控制的意义并不是很大。对于立式机床不使用旋转工作台，则往往采用的是矩形工作台，由于机床本身的结构，在 Y 方向增加旋转轴就会大大的降低机床的加工空间，工件的拆卸也不方便。由此可见在四轴控制的立式数控铣削类机床中，X、Y、Z、A 的轴控制形式是最为合理。由于该类机床有足够的行程范围，工艺性能好，所以目前通用的四轴加工中心也以该类型为主。如图 9 - 2 所示，为 X、Y、Z、A 轴控制形式的立式四轴加工中心。

目前 FANUC 0i 系统的加工中心或数控铣床，均提供 X、Y、Z 3 个移动轴联动加工的功能并在数控系统中预留了 A 轴或 B 轴联动控制的功能；即如果在上述机床中增加了可联动的数控回转工作台（数控分度头），意味着增加了一个回转轴，机床就可以进行四轴

图 9-2 VMC-850 立式四轴加工中心

联动的加工。

四轴加工相对于三轴数控加工而言具有以下优点:首先,四轴加工使刀具有了更大的自由度来避免加工中的干涉现象;其次,由于刀具在加工中能够相对于加工表面处于一个有利的加工位置,因而具有较好的加工表面质量;更重要的是,由于刀具运动自由度的增加,可以采用更高效的刀具轨迹控制计算,从而提高加工效率。

四轴加工的典型零件有凸轮、涡轮、蜗杆、螺旋桨、鞋模、人体模型、汽车配件和其他精密零件等。

9.2 圆柱凸轮的相关知识

空间圆柱凸轮是凸轮分度机构中的关键零件之一。

凸轮分度机构属于间歇运动机构,它主要由凸轮和带有滚子的分度盘组成,通过凸轮推动分度盘步进运动。该机构把凸轮的连续运动转换成为分度盘的按最佳规律转动的间歇转动,具有良好的运动性能和动力性能。其中圆柱分度凸轮机构具有结构紧凑、动力学性能好、传递运动准确有效以及可展开等优点,因此广泛地应用于缝纫机、包装机、纺织机、轻工自动机和钟表制造机械中。如图 9-3 所示零件就是一个典型的圆柱凸轮。

图 9-3 典型圆柱凸轮

圆柱凸轮呈圆柱状,凸轮轴线与分度盘轴线垂直交错,滚子轴线与分度盘轴线平行。圆柱凸轮是典型的四轴曲线铣削零件。圆柱凸轮槽一般是按一定规律环绕在圆柱面上的等宽槽。对圆柱凸轮槽的数控铣削加工必须满足以下要求:

- 圆柱凸轮槽的工作面即两个侧面的法截面线必须严格平行;
- 圆柱凸轮槽在工作段必须等宽。这是保证滚子在圆柱凸轮槽中平稳运动的必要条件。

从创成原理上讲,圆柱凸轮的加工是基于圆柱凸轮和滚子间歇传动的啮合理论,采用共轭创成法。凸轮凹槽的轮廓面和从动件滚子表面是一对共轭啮合曲面。一般情况下,共轭曲面的加工按共轭运动方式进行,即刀具曲面与工件按给定的共轭运动进行相对创成运动,刀具曲面在相对运动中包络加工出圆柱凸轮廓面。圆柱凸轮凹槽的轮廓面的创成方法,按加工刀具与滚子几何参数的相对关系来分,可分为等直径加工和非等直径加工共2种方法。

等直径加工是指在加工中使用等直径刀具,即刀具的特征几何参数(如直径)与滚子的特征几何参数相一致。按照展成法加工时,刀具与工件的啮合关系和滚子与凸轮的啮合关系是相同的,即刀具的相对运动完全模拟凸轮和滚子实际啮合时的啮合相对运动,因而可以准确加工出凸轮凹槽的轮廓面。在前面的加工实例中,就属于这种情况。

当圆柱凸轮槽宽度不大时,可以找到相应直径的立铣刀沿槽腔中心线进行加工,比较容易加工出符合上述要求的圆柱凸轮槽。

目前大多数圆柱凸轮的铣削加工都是用这种办法来实现。但如果找不到与槽宽尺寸相等的标准刀具时,就必须对刀具进行定制。

9.3　圆柱凸轮的数控编程

图9-4所示为典型圆柱凸轮的图纸,其后表9-1为加工工艺卡片。

9.3.1　研究分析零件图

从零件机械加工工艺过程卡片可知,车床和钻床两个部分的加工介绍不属于本书内容。

下面重点介绍圆柱凸轮上螺旋槽的加工,该部分需要使用四轴加工中心来完成,为四轴两联动的典型零件。

螺旋槽加工时的装夹定位方式是用 $\phi40$ 的心轴定位,两端用轴肩、压板和螺母压紧,一夹一顶固定在回转轴 A 轴上。用户坐标系的原点放在圆柱体的中心上。零件加工安装示意图如图9-5所示。

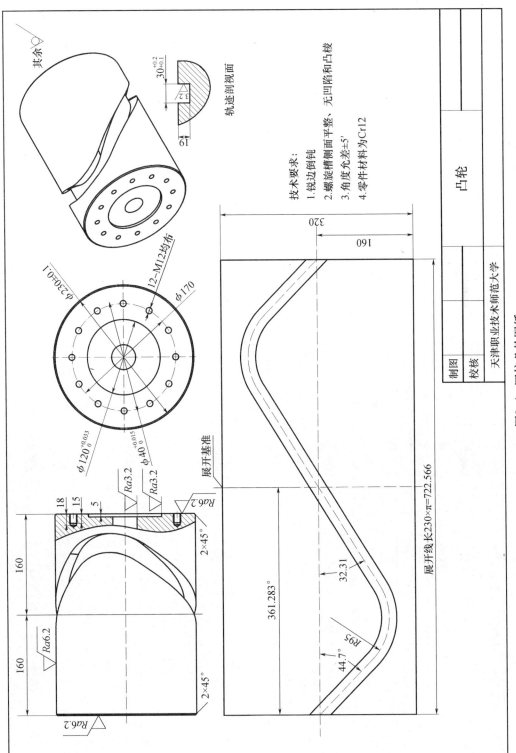

图9-4 圆柱凸轮图纸

技术要求：
1. 锐边倒钝
2. 螺旋槽侧面平整、无凹陷和凸棱
3. 角度允差±5'
4. 零件材料为Cr12

凸轮

制图

校核

天津职业技术师范大学

表 9－1　加工工艺卡片

天津职业技术师范大学	机械加工工艺过程卡片		产品型号			零部件图号				
			产品名称			零部件名称	圆柱凸轮	共（1）页	第（1）页	
材料名称	Cr12	毛坯种类	锻件	毛坯外形尺寸	φ240×325mm	每毛坯可制件数		每台件数	1	备注

序号	工序名称	工序内容	车间	工段	设备	工艺装备	工时 准终	工时 单件	备注
1	下料	锻制毛坯							
2	热	热处理	一锻		电炉				
3	检验		检验						
4	车	（1）反爪卡毛坯一端，钻中心孔，顶针顶住后，粗车外圆 φ230±0.1 至 φ223 （2）调头装夹 φ232 处外圆，钻中心孔，顶针顶住后粗车 φ230 至 φ232，截全长 320 并平端面至 φ30 （3）中心架住外圆 φ232 处外圆，用 φ38 钻头，粗镗 φ40 $^{+0.015}$ 至 φ39.5，粗车外圆 φ230±0.1 至 φ231 （4）调头找正，粗镗 φ40 $^{+0.015}$ 至 φ39.5，粗镗 φ120 $^{+0.033}$ 至尺寸，粗车外圆 φ230±0.1 至 φ231	机加工		卧式车床	卡尺 内径表 千分尺			
5	检验		检验						
6	磨	磨内孔 40 $^{-0.01}$ ×320 至尺寸							
7	车	1. 用 φ40 心轴一夹一顶，精车外圆 φ230±0.1 至尺寸，两端倒角 2×45							
8	钻	（1）上分度头，用心轴定位，钻 12－M12 的底孔 （2）攻 12－M12 螺纹 （3）掉头，用心轴定位，钻 12－M12 的底孔 （4）攻 12－M12 螺纹	机加工		立式钻床	M12 丝锥一套 卡尺 M12 螺纹规			
9	检验		检验						
10	铣	1. 铣削螺旋槽，槽宽 30 $^{+0.2}_{+0.1}$	机加工		四轴立式加工中心	φ30 塞规、塞尺			
11	检验		检验						
12	辅助	去毛刺,涂防锈油,包装	钳工						
13	入库		库房				油石,防锈油等		

				设计（日期）	审核（日期）	标准化（日期）	会签（日期）
标记	处数	更改文件号	签字	日期	标记	处数	更改文件号	签字	日期

272

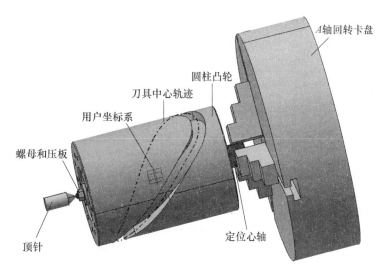

图 9 - 5　零件加工安装示意图

9.3.2　圆柱凸轮螺旋槽加工轨迹的造型

圆柱凸轮螺旋槽的加工关键是刀具中心轨迹的建立,如图 9 - 4 所示的零件图纸中,已经标注了该曲线的展开图,下面介绍在 Mastercam 中这条刀具中心轨迹线的造型过程。

1. 造型思路

首先按照零件图纸中的展开线尺寸,绘制展开线,用缠绕命令缠绕在圆柱上,生成刀具中心轨迹线。图 9 - 6 为刀具中心轨迹生成示意图。

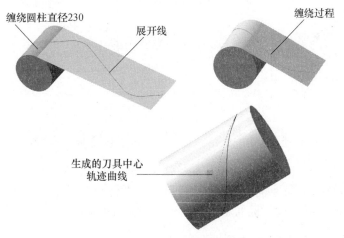

图 9 - 6　刀具中心轨迹生成示意图

2. 展开线的建立

步骤 1,用"水平线"命令绘制 2 条水平线,X0 和 X361.283;用"垂直线"命令绘制 1 条 Y0。

步骤 2,用"极坐标线"命令绘制 2 条角度线。

第 1 条以 X361.283 和 Y0 相交的交点为中心,角度为 -90° - 44.7° = -134.7°,长度

任意。

第2条以 X0 和 Y0 相交的交点为中心,角度为 90° + 32.31° = 122.31°,长度任意。

步骤3,用"倒圆角"命令,将2条角度线倒圆角,圆角半径95,并将2条角度线的多余部分修剪掉。

步骤4,用"旋转"命令将已生成的部分螺旋线复制并旋转180°,就得到了完整的展开线,如图9-7所示。

3. 加工轨迹线的生成

利用"转换"→"缠绕"命令,将展开线转换成加工用的轨迹线。

选择"缠绕"命令后,出现串连选项对话框,选择展开线。确认后,出现缠绕选项对话框。如图9-8所示。

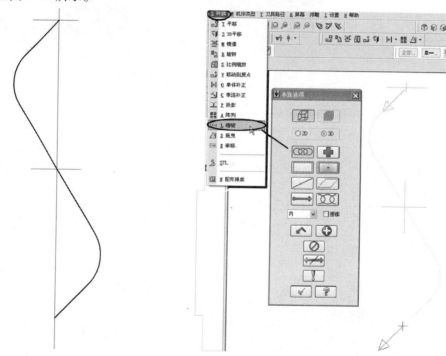

图9-7　建立展开线　　　　　　图9-8　缠绕功能和选择要缠绕的对象

一般来说,加工中心的第四轴通常都是 A 轴(即绕 X 轴的转轴)。所以在缠绕选项对话框中,选择旋转轴是"X 轴",方向为"顺时针",缠绕直径是"230"(凸轮直径),生成的缠绕线为"曲线",确认后,就得到1条轨迹线,如图9-9所示。

9.3.3　圆柱凸轮螺旋槽的加工

根据零件材料和螺旋槽 $30_{+0.1}^{+0.2}$ 的尺寸要求,选择一把 φ25mm 高速钢铣刀完成粗加工,一把 φ30mm 高速钢铣刀完成精加工。具体步骤如下:

1. 选择加工机床

进入 Mastercam 的加工功能,首先是要选择加工机床的类型(图9-10)。选择"机床类型"为"铣床",从"机床列表管理"中,选择一台与实际加工一致的立式四轴加工中心。

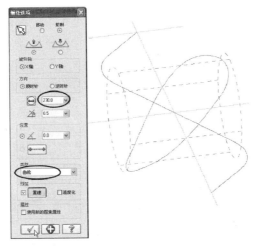

图 9 – 9　缠绕成加工轨迹曲线

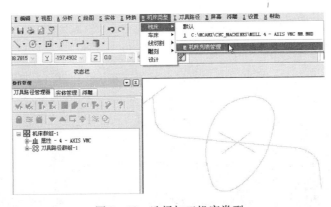

图 9 – 10　选择加工机床类型

2. 选择粗加工策略

在"刀具路径"中选择"外形铣削",铣削对象选择缠绕线,如图 9 – 11 所示。

确认铣削对象后,出现 2D 刀具路径—外形参数对话框,如图 9 – 12 所示。

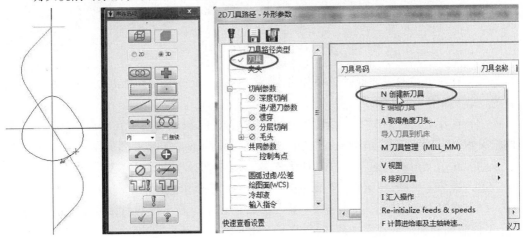

图 9 – 11　选择加工轨迹　　　　　　　　　图 9 – 12　定义粗加工刀具

（1）在图 9 - 12 左上角的对话框中，首先选择"刀具"，在右边新出现的刀具号码下方按鼠标右键，选择"创建新刀具"，定义粗加工刀具的各项参数。定义参数过程如图 9 - 13 所示。

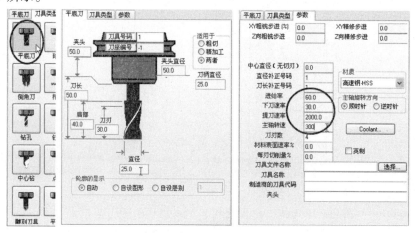

图 9 - 13 粗加工刀具的参数设置

刀具参数定义完成后，返回到刀具路径参数对话框，如图 9 - 14 所示。

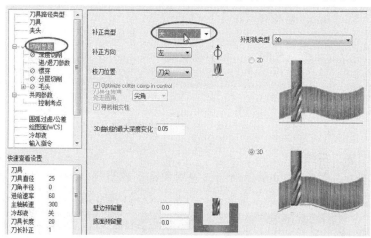

图 9 - 14 设置补正类型为"关"

（2）在左上角的对话框中选择"切削参数"，右边新出现的补正类型下拉菜单中，选择为"关"，如图 9 - 14 所示。

（3）在左上角对话框中，在"切削参数"下方，选择"深度切削"，在右边出现的深度切削定义中，将最大粗切步进量设置为"4"，即每次下切 4mm，如图 9 - 15 所示。

（4）在左上角的对话框中，在"切削参数"下方，选择"进/退刀参数"，在右边新出现的进退刀参数定义中，将进退刀参数关闭，如图 9 - 16 所示。

（5）在左上角的对话框中，选择"共同参数"，在右边新出现的对话框中，设置安全高度、工件表面和加工深度等参数，如图 9 - 17 所示。

外形铣削的加工策略属于二维加工，NC 程序中，只有 XYZ，3 个轴的移动指令，而本

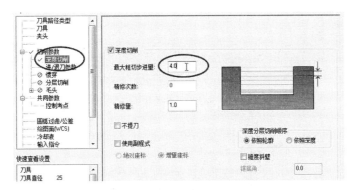

图 9 – 15　设置最大粗切步进量

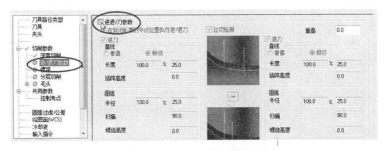

图 9 – 16　关闭进/退刀参数

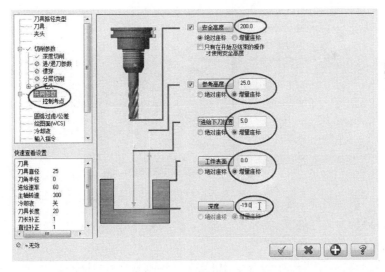

图 9 – 17　设置共同参数

实例需要将 Y 轴的移动转换成 A 轴的转动,故需要定义旋转轴的相关参数。

（6）在左上角对话框中,在"控制轴"下方,选择"旋转轴控制",出现旋转轴的参数定义对话框,如图 9 – 18 所示。

所有的参数定义确认完成后,Mastercam 将根据加工图形、刀具参数和加工参数这 3 个方面的数据,按加工策略定义的算法,自动生成加工轨迹,如图 9 – 19 所示。

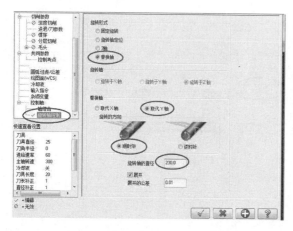

图 9 – 18　旋转轴的参数设置

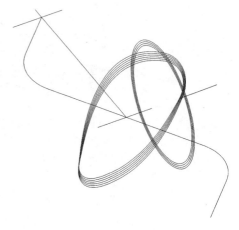

图 9 – 19　自动生成的加工轨迹

3. 仿真加工路径

加工轨迹以线框方式显示,很难判断加工轨迹是否正确。利用 Mastercam 的实体仿真功能可以直观地看到刀具轨迹的移动,从而确认加工轨迹的正确性。

使用实体仿真功能,首先要定义一个正确的毛坯形状和尺寸,如图 9 – 20 所示。

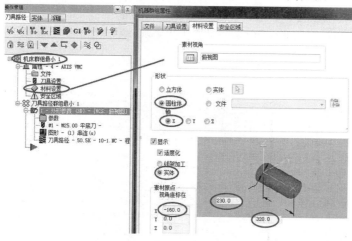

图 9 – 20　定义毛坯形状和尺寸

在左边的"机床群组"目录树中,展开"属性",双击"材料设置",弹出材料设置对话框,设置毛坯形状为圆柱体,以实体方式显示毛坯,毛坯的直径为 230mm,长度 320mm,坐标系的原点在(X – 160,Y0,Z0)。

单击左边的验证已选操作的按钮,出现如图 9 – 21 所示验证对话框,在验证对话框中单击"详细模式"按钮,将前面设置的毛坯材料,应用到实体仿真中,设置完成后,单击"执行"按钮。Mastercam 开始仿真刀具路径,仿真结果如图 9 – 21 所示。

4. 选择半精加工策略

由于本实例的半精加工策略与粗加工策略相同,半精加工的操作可参考前面粗加工的操作过程,下面只描述需要修改的部分。

半精加工策略也是选择外形铣削,选择的加工图形也相同。具体操作参考图 9 – 11。

278

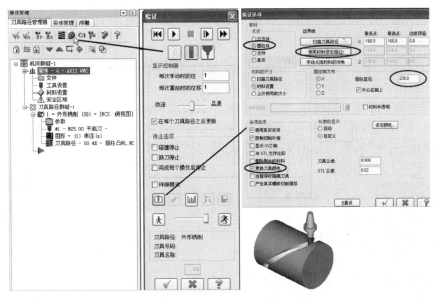

图 9 – 21　实体仿真的参数设置和仿真结果

在刀具定义中,精加工刀具选用 φ30mm 高速钢铣刀。由于圆柱凸轮的螺旋凹槽,将来是和 φ30mm 的滚子相配合,为了保证凹槽法向截面轮廓形状的准确和槽宽尺寸准确,应尽量选择与槽宽接近的刀具尺寸。

刀具参数定义如图 9 – 22 所示。

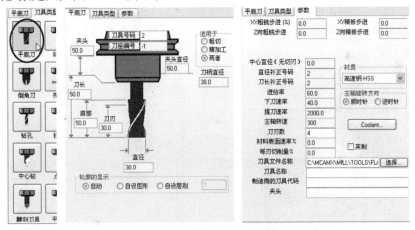

图 9 – 22　精加工刀具的参数设置

在切削参数定义中,还是将补正类型设置为"关",具体操作参考图 9 – 14。

在深度切削定义中,将最大粗切步进量设置为"2",即分 10 次切削凸轮槽,具体操作参考图 9 – 15。

进退刀参数与粗加工的定义相同,具体操作参考图 9 – 16。

共同参数与粗加工的定义相同,具体操作参考图 9 – 17。

旋转轴与粗加工的定义相同,具体操作参考图 9 – 18。

所有的参数设置完成后,Mastercam 将自动计算出加工轨迹,加工轨迹与图 9 – 19 基本相同,只是加工刀路更加密集。粗加工为 5 次铣削,半精铣为 10 次铣削。

5. 选择精加工策略

根据图纸,圆柱凸轮的螺旋槽尺寸为 $30^{+0.2}_{+0.1}$,为保证尺寸公差,可直接用 $\phi30$ 的精铣刀精修螺旋槽的两个侧面,操作步骤如下:

复制半精加工的刀具路径,操作如图 9 - 23 所示,在选定的半精加工"外形铣削"路径上按鼠标右键,出现右键菜单,选择"复制"选项,然后在插入红三角处按鼠标右键,在右键菜单中,选择"粘贴",如图 9 - 24 所示,就得到了一条新的刀具路径。

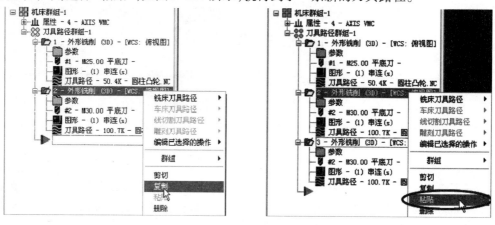

图 9 - 23 复制半精加工的刀具路径　　　　　　图 9 - 24 粘贴刀具路径

复制得到的刀具路径需要修改部分加工参数,单击要修改的刀具路径上的参数。

在外形加工参数对话框中,将"壁边预留量"设为 - 0.07(精修槽的左面),如图 9 - 25 所示。

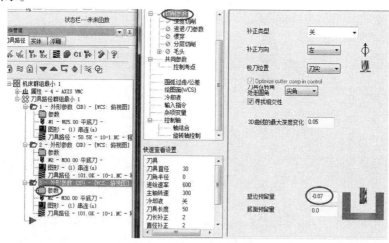

图 9 - 25 修改侧壁预留量

"最大粗切步进量"设为 10(考虑精修余量不大,步距大些),其余参数不改动,如图9 - 26所示。

再次"复制"并"粘贴"精修的刀具路径。并修改 XY 预留量设为 0.07(精修槽的右面),其余参数不改动。具体操作参考图 9 - 23、图 9 - 24 和图 9 - 25。

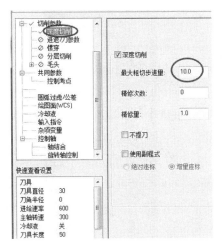

图 9-26　修改最大粗切步进量

如果是多件生产, XY 预留量的设置值, 需要根据首件试切的测量结果来确定最终的值。

注意: 通过 XY 预留量, 进行横向补偿的精修方式会使圆柱凸轮螺旋凹槽的法向轮廓产生细微误差, 如果精加工的刀具直径与凹槽尺寸相差较大, 轮廓误差可能会超出凹槽的公差范围。

加工参数修改完成后, 需要重新计算, 才能得到正确的刀具路径。单击"刀具路径管理器"下方的"重新计算"的按钮, 如图 9-27 所示, Mastercam 会根据新的加工参数, 重新计算刀具路径。计算完成后, 要保证每一条刀路前面都呈现打勾状态。

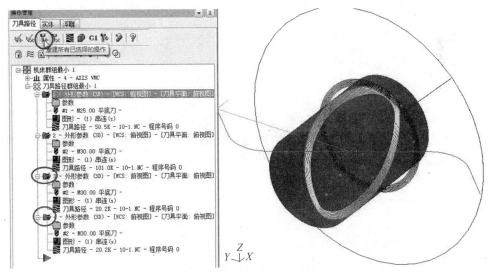

图 9-27　按照新的加工参数重新计算刀路轨迹

所有的加工路径完成后, 应该再次进行实体仿真, 以确认刀具路径的正确。图 9-28, 为实体仿真到 89% 时的结果。

如果刀具路径不正确, 就需要返回前面, 并修正错误的参数, 然后重新计算出正确的刀具路径。这一过程, 往往需要反复多次。

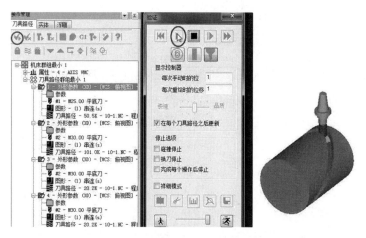

图 9-28　实体仿真过程

6. 生成 NC 代码

仿真确认刀具路径的正确后,就可以生成机床加工所需要的 NC 代码了,单击"刀具路径管理器"下方的"后置处理已选操作"的按钮,如图 9-29 所示,在弹出的选择后置处理程序的对话框中,选择"确认",并输入 NC 程序的路径和文件名称后,Mastercam 根据前面所选择的机床类型所对应的后置处理的内容,自动将刀具轨迹的数据转换成为加工时用的 NC 代码。

如图 9-29 所示为后置处理 NC 程序的过程和处理完成的 NC 代码。

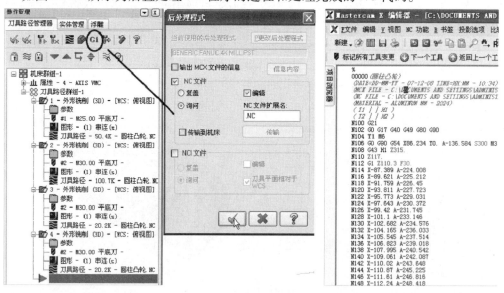

图 9-29　后置处理 NC 程序

注意:在前面选择机床类型时,如果 Mastercam 自带的机床类型中,有与实际加工机床一致的型号,那么后置处理出来的 NC 代码可直接传输到机床中,进行零件加工;如果没有与实际加工完全符合的机床型号,则需要将后置处理出来的 NC 代码进行手工修改,以符合加工机床的要求。

9.4 圆柱凸轮在数控仿真模拟器上的加工仿真

数控加工仿真系统的启动:单击"开始"→"程序"→"数控加工仿真系统",在弹出的登录用户对话框中,选择快速登录,进入数控加工仿真系统。

9.4.1 选择机床

如图9-30所示,单击菜单"选择机床" ![按钮图标] 按钮,出现选择机床对话框,在选择机床对话框中控制系统选择"FANUC"(图9-30中1)和"FANC 0i"(图9-30中2),机床类型选择四轴加工中心(图9-30中3),型号是JOHNFORD VMC-850(图9-30中4),并按"确定"按钮,此时仿真系统界面中的机床如图9-30(图中5)所示,机床选择结束。这是一台带有A轴的四轴加工中心。

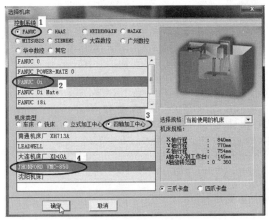
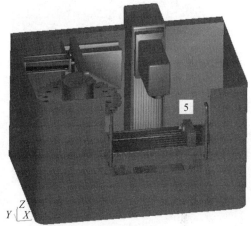

图9-30 选择机床类型

9.4.2 机床操作初始化

如图9-31所示,按下数控系统的"电源"按钮(图9-31中1),然后再按下"急停"按钮(图9-31中2),最后按下"系统启动"按钮(图9-31中3)。

9.4.3 机床回零

如图9-32所示,用鼠标将"模式选择"旋钮指向"参考点"(图9-32中1)。转动旋钮的方法是:鼠标停留在旋钮上,按鼠标左键,旋钮左转;按鼠标右键,旋钮右转。

Z轴回零:按下"+Z"按钮(图9-32中2)。Y轴回零:按下"+Y"按钮(图9-32中3)。X轴回零:按下"-X"按钮(图9-32中4)。A轴回零:按下"+A"按钮(图9-32中5)。

回零操作完成后,CRT中"机械坐标"坐标系的结果如图9-32中6所示。

注意:如果机床光栅尺为绝对坐标,就无需回零操作了。

图9-31　机床操作初始化

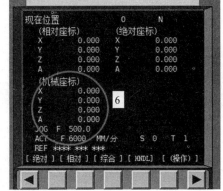

图9-32　机床回零操作过程

9.4.4　确定零件毛坯尺寸,完成零件装夹

1. 定义毛坯尺寸

如图9-33所示,单击菜单"零件/定义毛坯…"或按下"毛坯定义"按钮(图9-33中1),出现定义毛坯对话框,将毛坯形状改为轴型台阶(图9-33中2),然后输入毛坯各部位的尺寸(图9-33中3),输入完成,最后按下"确定"按钮,完成毛坯的定义。

2. 放置零件

如图9-34所示,单击菜单"零件/放置零件…"或按下"放置零件"按钮(图9-33中1),选取名称为"毛坯1"的零件(图9-33中2)。完成后,单击"安装零件"(图9-33中3)按钮。

3. 装夹零件

如图9-35所示,安装零件后,会发现零件方向不对(图9-35中1),通过调整"旋转"按钮(图9-35中2),让零件旋转,最终将零件装夹至合适位置(图9-35中3)。

9.4.5　确定工作原点,建立用户坐标系(G54)

按照自动编程中设置的原点位置,需要将毛坯大直径部分的中心,设置为编程原点,

图 9 - 33　定义毛坯尺寸

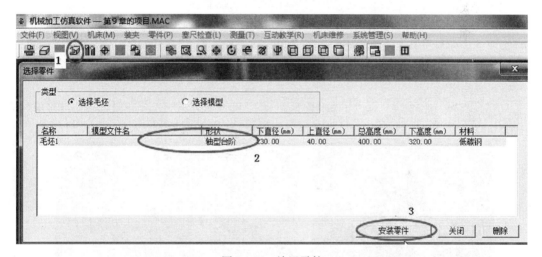

图 9 - 34　放置零件

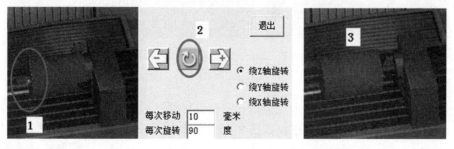

图 9 - 35　装夹零件

水平向右的方向为 X 的正向,垂直向上的方向为 Z 的正向,毛坯轴线位置定为 $Z0$。

　　下面选择基准工具,确定 X、Y 的用户坐标系。

　　如图 9 - 36 所示,单击菜单"机床/基准工具…"或单击"基准工具"按钮(图 9 - 36 中

1),在基准工具对话框中,选取"电子寻边器"(图9-36中2)。完成后,单击"确定"按钮。基准工具出现在机床主轴上(图9-36中3)。

图9-36　选择基准工具

使用基准工具是用来帮助建立用户坐标系,方便编制程序。

注意:基准工具只能确定 X 轴和 Y 轴的基准,而不能确定 Z 轴基准,Z 轴基准的确定,需要配合实际使用的刀具才行。

下面介绍电子寻边器确定零件 X 轴、Y 轴基准的步骤。

1. 快速接近

用鼠标将"模式选择"旋钮指向"快速机动"(图9-37中1),选择快速移动的轴向(图9-37中2、3、4),直到电子寻边器接近零件为止(图9-37中5)。

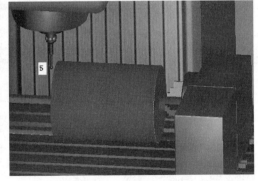

图9-37　电子寻边器快速接近工件

2. 确定 X 轴的基准

当电子寻边器接近零件后,为保证操作安全,必须使用手轮,用鼠标将"模式选择"旋钮指向"手轮",再单击"HAND"按钮如图9-38所示(图9-38中1),出现手轮面板,调节手轮控制轴向为 X 向(图9-38中2),转动手轮(图9-38中3),调节移动速度倍率(图9-38中4),转动方法是:鼠标停留在手轮上,按鼠标左键,手轮左转;按鼠标右键,手轮右转。

转动手轮,让电子寻边器从零件左边逐渐接近零件,此时,电子寻边器的指示灯是不亮的,如图9-39所示(图9-39中1)。向正方向,按下鼠标右键,顺时针转动手轮,电子

286

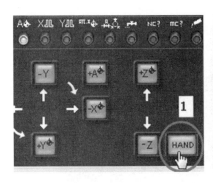

图 9 - 38　使用手轮

寻边器逐渐接近零件,在这过程中,需要从大到小调节移动速度倍率,即 X100→X10→X1,直至电子寻边器的指示灯亮起(图 9 - 39 中 2),此时机床"机械坐标"$X = -404.996$。

记下 $X_左 = -404.996$。

注意:不同的零件或位置不同,此值也不同。

毛坯左侧的机械坐标值找到了,接下来,就要寻找右侧的机械坐标值。需要注意的是此时不要移动 Y 轴,只能移动 X 轴和 Z 轴,如果不小心移动了 Y 轴,则需要移回原位置。

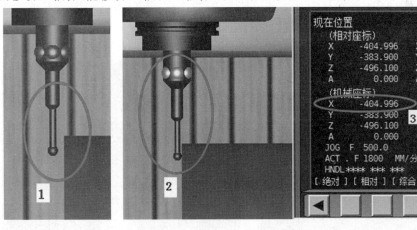

图 9 - 39　确定 X 左边基准

如图 9 - 40 所示,调整移动模式为快速移动(图 9 - 40 中 1),首先移动 Z 轴,将弹性样柱抬高到零件上方的安全高度,然后再移动 X 轴,将弹性样柱移动到零件的右边(图 9 - 40 中 2),从大到小调节手轮移动速度倍率,即 X100→X10→X1,让弹性样柱从零件右边逐渐接近零件,此时,电子寻边器灯是不亮的,向负方向,转动手轮,直至电子寻边器的指示灯亮起(图 9 - 40 中 3),此时机床"机械坐标"$X = -75.041$。

记下 $X_右 = -75.041$。

零件中心 X 轴的机床"机械坐标"值:

$$X_中 = (X_左 + X_右) \div 2 = (-404.996 - 75.041) \div 2 = -240.018$$

3. 确定 Y 轴的基准

单击菜单"视图/复位"并"放大视角",至合适大小。

使用手轮,移动 Z 向,将主轴提高到安全位置,然后移动 Y 轴,到零件的前方(靠近操

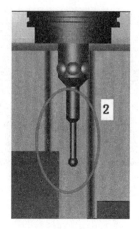
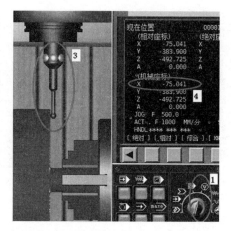

图 9 – 40　确定 X 右边基准

作者的方向）。再移动 Z 轴，将电子寻边器下移到如图 9 – 41 所示（图 9 – 41 中 1）的位置。

　　使用手轮，让电子寻边器逐渐接近零件，此时，电子寻边器灯是不亮的。向正方向，转动手轮，移动 Y 轴，注意从大到小调节移动速度倍率，即 X100→X10→X1，直至电子寻边器的指示灯亮起（图 9 – 41 中 2），此时机床"机械坐标" $Y = -476.346$。

　　记下 $Y_{前} = -476.346$ 。

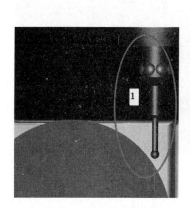
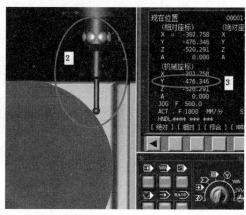

图 9 – 41　确定 Y 前面基准

　　注意：此时不要移动 Z 轴，只能移动 Y 轴和 X 轴。

　　首先移动 X 轴，将电子寻边器移动到零件左侧的安全位置，然后再移动 Y 轴，将寻边器绕过毛坯到毛坯的后边（远离操作者的方向），如图 9 – 42 所示，从大到小调节手轮移动速度倍率，即 X100→X10→X1，让电子寻边器从零件后边逐渐接近零件，如果不小心移动了 Z 轴，则需要移回原位置，使其与测 $Y_{前}$ 的 Z 值保持一致。此时，电子寻边器灯是不亮的（图 9 – 42 中 1）。向负方向，转动手轮，移动 Y 轴，直至电子寻边器的指示灯亮起（图 9 – 42 中 2），此时机床"机械坐标" $Y = -292.228$。

　　记下 $Y_{后} = -292.228$ 。

　　零件中心 Y 轴的机床"机械坐标"值

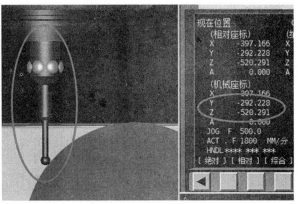

图 9 - 42　确定 Y 后面基准

$$Y_{中} = (Y_{前} + Y_{后}) \div 2 = (-476.346 - 292.228) \div 2 = -384.287$$

到这里,毛坯大直径部分的中心 X 轴和 Y 轴的机械坐标值都已经知道(-240.018,-384.287),这个值将放到用户坐标系(G54)中。

上述操作完成后,将电子寻边器,抬高到零件上方,安全的高度。单击菜单"机床"→"拆除工具"(图 9 - 43 中 1、2),将寻边器拆除,然后将手轮隐藏(图 9 - 43 中 3)。

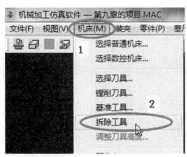

图 9 - 43　隐藏手轮与基准工具

由于 Z 轴基准的确定,需要配合实际使用的刀具才行。下面介绍用户坐标系的建立。

4. 建立用户坐标系(G54)

如图 9 - 44 所示,用鼠标按下"OFFSET　SETTING"(图 9 - 44 中 1),接着按下 CRT 中"坐标系"下面对应的软键按钮(图 9 - 44 中 2),进入用户坐标系,由于编程时是使用 G54 用户坐标系,所以移动光标(图 9 - 44 中 3),将零件中心的 X 轴和 Y 轴的机床"机械坐标"值,输入到 G54 坐标系中(图 9 - 44 中 4)。

注意:此时 G54 坐标系的 Z 值应该保持为零。

9.4.6　选择并安装刀具

根据工艺卡片和编程的要求,需要安装 2 把铣刀,如图 9 - 45 所示,单击菜单"机床/选择刀具…"或按"下选择刀具"按钮(图 9 - 45 中 1),出现选择刀具对话框。

(1) 选择刀具号码"序号 1"(图 9 - 45 中 2)。

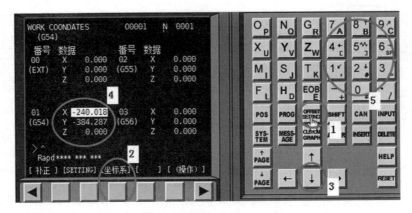

图 9 - 44　建立用户坐标系 G54

（2）在"所需刀具直径"对话框中输入："25"（图 9 - 45 中 3），按下"筛选"按钮（图 9 - 45 中 4）或回车。

（3）刀具库将按输入的刀具直径，过滤刀具，找到所需要的刀具后，用鼠标选取（图 9 - 45 中 5），完成 ϕ25mm 端铣刀的选择。

（4）重复步骤（1）~（3），选择完成刀具的选择。

完成后（图 9 - 45 中 6），单击"确认"按钮，所选刀具出现在刀库中。

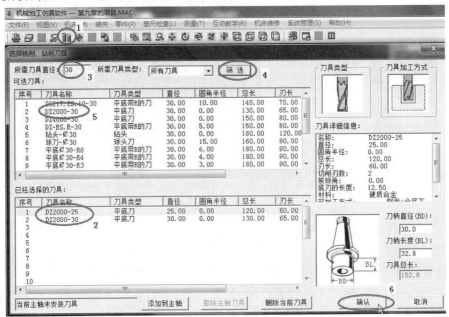

图 9 - 45　选择刀具对话框

9.4.7　刀具参数的登录

由于刀的长度各不相同，所以需要设置刀具参数，步骤如下：

1. 输入程序，将 T1 ϕ25mm 端铣刀换到主轴上

如图 9 - 46 所示，用鼠标将"模式选择"旋钮指向"编辑"（图 9 - 46 中 1），按下系统面板中的"PROG"按钮(图9-46中2)。

图9-46 进入编辑(EDIT)模式

按照图9-47中图标的顺序,按下系统面板中的相应按钮,输入命令:

O2

O₂ 2 INSERT EOBE INSERT

T1 M6;

T 1 M 6 EOBE INSERT

G90 G54 G0 X0 Y0;

G 9 0 G 5 4 G 0 X 0 Y 0 EOBE INSERT

M30;

M 3 0 EOBE INSERT

图9-47 输入程序

程序输入完成后,单击 RESET 按钮,让程序回到程序开头,程序录入就完成了。

如图9-48所示,用鼠标将"模式选择"旋钮指向"自动加工"(图9-48中1),CRT屏幕显示的结果如图9-48中2所示,接着按下程序"循环启动"按钮(图9-48中3)。

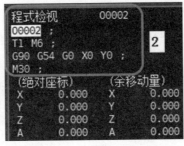

图9-48 启动换刀程序

虚拟机床自动将1号刀具换到主轴上,换刀完成后,主轴自动移动到工件上方,如图9-49所示。

如果刀具没有出现在毛坯加工部位的中心,则可能是前面找正操作时,出现了错误。

2. 确定1号刀具的长度补偿值(H_1)

单击菜单"视图/前视图"或按下 ⬚ "前视图按钮"。机床视图结果如图9-49所示。

用鼠标单击系统面板上 **POS** ,再单击CRT屏幕下方的 ⬚ "综合"软键,让CRT屏幕显示机床坐标系。

图 9 - 49　刀具在工件上方

如图 9 - 50 所示,用塞尺检测 Z 向高度的方法,确定 1 号刀具的长度补偿值。单击菜单"塞尺检查→100mm(量块)"(图 9 - 50 中 1、2)。

图 9 - 50　用塞尺检测 Z 向高度

用鼠标将"模式选择"旋钮指向"手轮"(图 9 - 50 中 3),单击手轮图标(图 9 - 50 中 4),显示出手轮(图 9 - 50 中 5)。调节轴向移动为 Z 轴,用鼠标左键,单击手轮,让刀具从零件上方逐渐接近零件。在这过程中,要注意调节移动倍率,由大到小,即 X100→X10→X1,直至屏幕提示塞尺检查的结果合适(图 9 - 51 中 1)。

此时,机床坐标系"机械坐标"中的 $Z = -381.179$(图 9 - 51 中 2)。则刀具长度补偿值中 H_1 的值是:

$$H_1 = Z - 量块 - R 工件半径 = -381.179 - 100 - 115 = -596.179$$

最后,单击菜单"塞尺检查/收回塞尺"。

3. 将 T2ϕ30 端铣刀换到主轴上

参考 H_1 的方法,可得到第 2 把刀长度补偿值中 H_2 的值是:$H_2 = -586.179$。

4. 登录刀具补偿值

将两把刀具的 H 登录到刀具长度补偿中,操作步骤如图 9 - 52 所示。

用鼠标连续按下"OFFSET SETTING"按钮(图 9 - 52 中 1),切换 CRT 界面为刀具补偿画面(图 9 - 52 中 2),在形状(H)项目下,依次将前面测量得到的 H_1 和 H_2 输入到屏幕中(图 9 - 52 中 3)。

注意: ①由于 CAM 软件编程时,软件计算刀路已经考虑刀具半径,这里无须设置刀具半径补偿值。②这种对刀方式,必须保持 G54 中的 Z 值为 0。

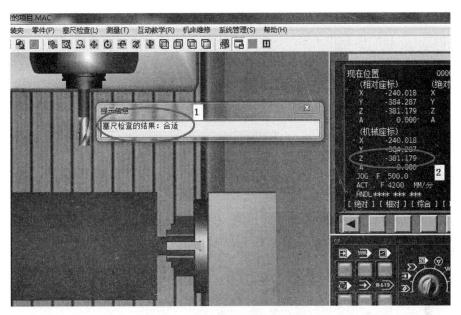

图 9 - 51　确定刀具长度补偿值(H_1)

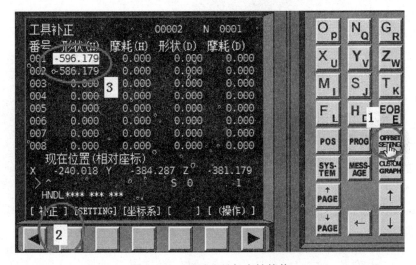

图 9 - 52　登录刀具长度补偿值

9.4.8　录入程序

步骤 1,如图 9 - 53 所示,用鼠标将"模式选择"旋钮指向"编辑"(图 9 - 53 中 1),按下系统面板中的"PROG"按钮(图 9 - 53 中 2),按下 CRT 界面中的"操作"下面的软键(图 9 - 53 中 3),CRT 界面中的软键切换成其他功能,按下图中向右的软键(图 9 - 53 中 4),可以看到"READ",在系统面板上输入程序在机床中的名字"01"(图 9 - 53 中 5),再按下 CRT 界面中的"READ"软键(图 9 - 53 中 6),CRT 界面中的软键切换成其他功能,按下 CRT 界面中的"EXEC"软键(图 9 - 53 中 7),出现"标头 SKP"的提示(图 9 - 53 中 8)。

步骤2,选择机床菜单"程序传送..."或按下"程序传送"按钮(图9-53中9),在弹出的打开文件对话框中,利用下拉菜单(图9-53中10)找到要传输的程序文件的路径,选择要传输的文件(图9-53中11),按下"打开"按钮(图9-53中12),程序被传输到仿真系统中,传输结果如图9-53中13所示。

如果有多个程序,重复步骤1和步骤2,就可以将所有的程序录入到仿真机床中。

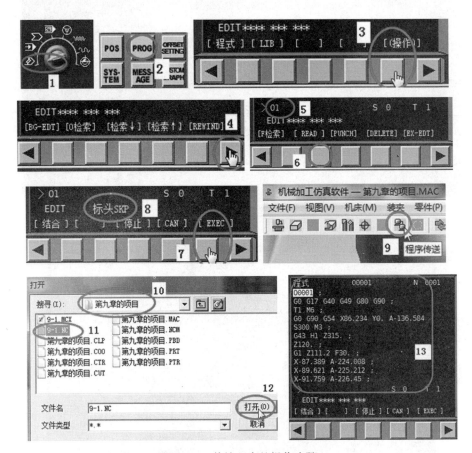

图9-53　传输程序的操作步骤

在实际机床操作中,这部分的操作同时涉及机床和与机床连接的计算机这两个设备,步骤1的内容是在机床上操作,仿真机床的操作与实际操作一致。

步骤2的内容应该是在与机床连接的计算机上操作,但由于无法同时仿真机床和计算机,这里的操作步骤与实际操作不一致。实际的操作是:机床出现"标头SKP"的提示后,在与机床连接的计算机上,启动传输软件(如CIMCO EDIT),如图9-54所示,单击"设置传输参数"按钮(图9-54中1),设置好相应的传输参数,例如"传输端口"、"波特率"、"停止位"、"数据位和奇偶位"(图9-54中2)和"传输控制方式"为"软件控制"(图9-54中3),然后打开要传输的NC文件(图9-54中4),点击传输当前文件按钮(图9-54中5),NC文件就被传输到机床上了。

注意:对于复杂曲面加工的程序如果很长,实际机床操作中可能是采用边传输边加工的在线加工方式(DNC),目前数控仿真软件还不能仿真这种传输模式。

图 9 - 54　传输软件的设置

9.4.9　自动加工

用鼠标将"模式选择"旋钮指向"自动",按下操作面板上的"循环启动"按钮,就进入了自动加工状态。

如图 9 - 55 所示,用鼠标单击"视图/选项⋯"或按下"选项"快捷键(图 9 - 55 中1),将弹出选项对话框。在这个对话框中,数控加工仿真系统提供了一个特殊的功能,即可以调整仿真速度倍率(图 9 - 55 中2),默认是"5"。此时的加工速度,与实际加工速度差不多。这个值最大是 100,修改这个值为 20,仿真系统将快速仿真零件的加工,这样可以尽快看到程序运行的结果,如果在切削过程中,机床外壳影响我们观察切削过程,可以将显示机床外壳的选项打勾去除(图 9 - 55 中3),完成后,选择"确定"按钮即可。

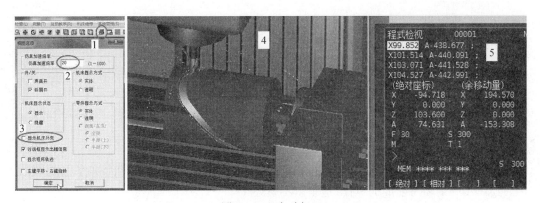

图 9 - 55　自动加工

在加工过程中,可以通过"视图"菜单中的"动态旋转""动态放缩""动态平移"等方式对零件加工的过程进行全方位的动态观察(图 9 - 55 中4),包括对应的加工代码(图9 - 55中5)。

9.4.10 保存项目文件

如图 9-56 所示，用鼠标单击菜单"文件"→"另存项目(A)"(图 9-56 中 1、2)，将弹出"另存为"对话框，选择"项目保存路径"(图 9-56 中 3)，输入项目文件目录名(图 9-56 中 4)，最后单击"保存"按钮。仿真软件会将前面所做的所有工作保存下来，包括机床类型、毛坯的定义、用户坐标系、刀具长度补偿值、加工程序和加工结果等内容。

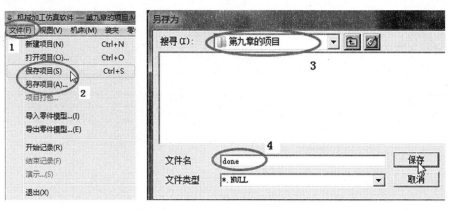

图 9-56　保存项目文件

如果需要再现整个加工过程，可以重新打开刚才保存的项目文件。

如图 9-57 所示，用鼠标单击菜单"文件"→"打开项目"(图 9-57 中 1)，在弹出的"打开"对话框中，找到保存项目的文件夹(图 9-57 中 2)，进入这个文件，选取项目文件"done.MAC"(图 9-57 中 3)，单击"打开"按钮(图 9-57 中 4)。

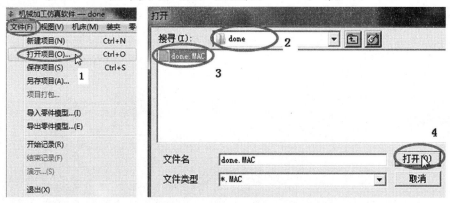

图 9-57　打开项目文件

项目文件被重新打开后，需要进行机床操作初始化和机床回零这两个操作后，才能使用。具体步骤请参考前面的操作，这里就不赘述了。

练　习

1. 编制排缆轴的四轴加工程序(图 9-58)。

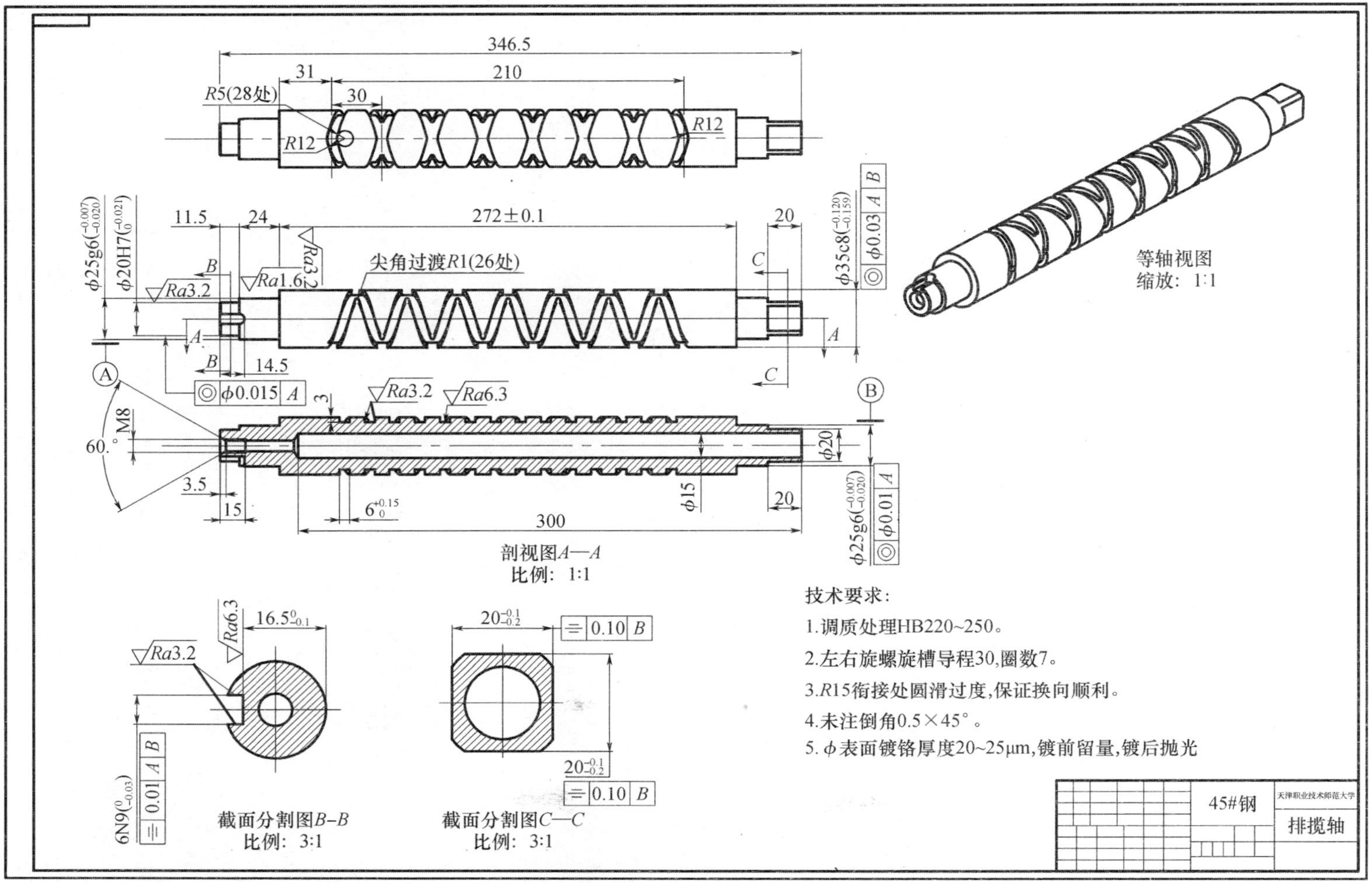
346.5
31
210
30
R5(28处)
R12
R12
11.5
24
272±0.1
20
尖角过渡R1(26处)
Ra3.2
Ra1.6
Ra3.2
B
B
A
A
C
C
14.5
ϕ25g6($^{-0.007}_{-0.020}$)
ϕ20H7($^{+0.021}_{0}$)
ϕ35c8($^{-0.120}_{-0.159}$)
◎ ϕ0.03 A B
◎ ϕ0.015 A
Ra3.2
Ra6.3
3
M8
60°
3.5
15
$6^{+0.15}_{0}$
300
ϕ15
ϕ20
20
ϕ25g6($^{-0.007}_{-0.020}$)
◎ ϕ0.01 A
剖视图A—A
比例：1:1
等轴视图
缩放：1:1
16.5$^{0}_{-0.1}$
Ra6.3
Ra3.2
6N9($^{0}_{-0.03}$)
⌯ 0.01 A B
截面分割图B–B
比例：3:1
$20^{-0.1}_{-0.2}$
⌯ 0.10 B
$20^{-0.1}_{-0.2}$
⌯ 0.10 B
截面分割图C—C
比例：3:1
技术要求：
1.调质处理HB220~250。
2.左右旋螺旋槽导程30,圈数7。
3.R15衔接处圆滑过度,保证换向顺利。
4.未注倒角0.5×45°。
5. ϕ表面镀铬厚度20~25μm,镀前留量,镀后抛光
45#钢
天津职业技术师范大学
排揽轴

图9–58　排缆轴

第10章 典型四轴零件异形轴的加工

实训要点:

- 掌握四轴加工的基本工艺
- 掌握典型四轴零件的自动编程步骤和数控仿真加工

10.1 异形轴加工图纸

图 10-1 所示为异形轴的图纸。

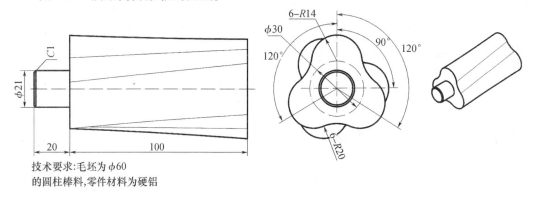

技术要求:毛坯为 φ60
的圆柱棒料,零件材料为硬铝

图 10-1 异形轴模型

10.2 研究分析零件图,确定加工工艺

分析图 10-1 可知,此零件曲面部分长度为 100mm,对工件两端面有具体尺寸要求,两端的截面形状相同,但绕工件轴心旋转了 90°,截面之间要求平滑过渡。

对于此类曲面零件,在加工余量不大的情况下,可以直接用四轴曲面加工策略完成粗加工、半精加工和精加工。

比较毛坯和零件图纸可知,该零件需要加工的部分有两大部分:①φ20mm × 20mm 的夹持端的粗、精加工;②100mm 长度周边曲面的粗、精加工。

工件毛坯为 φ60mm × 120mm 的圆柱铝棒料,φ20mm × 20mm 的夹持端的粗、精加工需要在车床上事先加工完毕,此处编程不予考虑。由于硬铝材质较软,加工刀具选择应用广泛的高速钢铣刀,粗加工采用端铣刀,精加工为球头铣刀。

加工参数如表 10-1 所列。

表 10 - 1 异形轴加工刀具参数表

刀具号码	刀具名称	刀具材料	刀具直径(圆角) /mm	零件材料为铝材			备注
				转速 /(r/min)	径向进给量 /(mm/min)	轴向进给量 /(mm/min)	
T1	端铣刀	高速钢	$\phi12$	1300	200	100	两轴半粗铣
T2	球头刀	高速钢	$\phi8R4$	2000	300	100	半精铣曲面
T2	球头刀	高速钢	$\phi8R4$	4500	600	300	精铣曲面

由于要保证工件轴线与刀具轴线互相垂直,对于立式机床来说,工件必须水平放置,夹具选择安装于 A 轴回转工作台上的自定心三爪卡盘,另外一头用顶尖支撑以增加工件刚度,避免切削时振颤。

考虑到零件水平放置,选择零件靠近 $\phi20$ 夹持端的端面为 XY 方向的编程原点,选择工件轴心为 Z0,即工件坐标系位于 $\phi20$ 夹持端的端面中心。

零件的工艺安排如下:

(1)装夹与工作坐标系设定。先于车床上将毛坯一端车削出夹持端,直径 20mm,长度为 20mm;然后在 A 轴回转工作台上放置三爪卡盘,三卡爪钳夹住此夹持端台阶,即可对全部工件外形进行加工。

(2)加工路线。按先粗后精的原则,以刀具顺序优先编程:四轴策略粗铣工件整体→四轴策略半精铣工件整体→精铣工件整体。

10.3 Mastercam 自动编程的操作过程

10.3.1 CAD 造型

由于铣削加工只加工整体外形曲面,故造型时不必绘制夹持端,只绘制加工所需的整体曲面即可。

1. 启动 Mastercam

双击桌面 Mastercam 图标,启动编程软件。

2. 两端截面线框的绘制

(1)切换视图和构图平面。按下 F9 键,以显示坐标中心线。由于工件绕 X 轴回转,两截面均位于 YZ 平面,单击 ⬡ "R 右视图(WCS)",切换视图和构图平面至 YZ 平面。

(2)绘制 $\phi30$ 中心圆。单击 ⊕ "圆心 + 点图标"(或下拉菜单"C 绘图"→"A 圆弧"→"C 圆心 + 点"),然后按屏幕提示,单击坐标原点作为圆心,然后在 ◈ D 直径栏中输入直径 30,按下"Enter"键 2 次,分别确定直径值和结束绘圆命令,即可完成 $\phi30$ 圆的绘制。

(3)3 条中心线绘制。单击 ⤢ "绘制任意线"图标,按屏幕提示,单击原点为直线第 1 点。然后在绘制任意线的工具栏中点击 ⬓ "A 角度"按钮,锁定为极坐标绘线方式,输入直线的角度为 90°,再输入线段长度为 20mm;完成第 1 条线的绘制。

重复操作两次,另两条直线起点仍然原点,直线角度为210°(90°+120°)和330°(210°+120°),绘制结果如图10-2所示。

视角:右视图 WCS:俯视图 绘图平面:右视图 ├──8.951─┤公制

图10-2　绘制完成的圆形和3条中心线

(4)轮廓圆绘制及倒圆角。单击 ⊕ "圆心+点"图标(或下拉菜单"C绘图"→"A圆弧"→"C圆心+点"),在绘圆工具栏 ◉ R半径栏中输入半径14,然后再单击前面的"半径"按钮,尺寸值区域变为红色,即锁定半径为14,再依次捕捉单击直线与圆的3个交点,确定即可完成R14轮廓圆的绘制(图10-3)。

再单击 ▊ "倒圆角"图标(或下拉菜单"C绘图"→"倒圆角"→"E倒圆角"),在倒圆角工具栏中输入倒角半径20,依次单击相邻的2个圆,因为此类倒圆角将会出现2个不同的结果(预览为黄色图形),需要用户按系统提示选择正确的倒圆角位置。操作3次后,直至倒角完成,一侧截面就绘制完毕了,如图10-4所示。

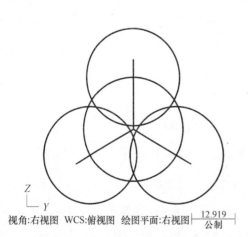

视角:右视图 WCS:俯视图 绘图平面:右视图 ├──12.919─┤公制

图10-3　绘制完成的3个轮廓圆

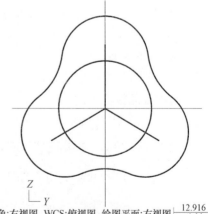

视角:右视图 WCS:俯视图 绘图平面:右视图 ├──12.916─┤公制

图10-4　倒圆角完成的一侧截面

(5)阵列平移及阵列旋转得到另一端截面

为便于查看,首先单击 ⬡ "I等角视图(WCS)"图标,转换至空间视图。

单击 ▦ "平移"图标(或下拉菜单"X转换"→"T平移"),屏幕将提示选择要平移的图素,选择刚绘制的截面轮廓,按下"Enter"键确认,随后将出现平移对话框,分别选择"复制",数目为"1","X 轴间距"为100mm,预览无误后按√按钮确认,对话框及阵列结果如图 10 – 5 所示。

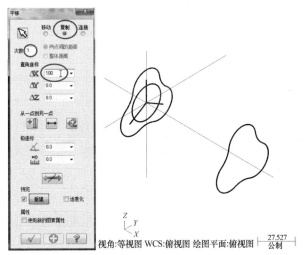

图 10 – 5　移动阵列对话框及阵列结果

在图纸中,第 2 个截面图形与第 1 个图形错位 90°,因此需要将复制后的图形旋转90°。单击 ⊕ 返回空间视图后,构图面也随着变为默认的俯视图,由于是在 YZ 平面中旋转图素,首先需要将当前构图平面切换至"右视图",否则会出现旋转方向错误的情况。

单击窗口下方的"平面"图标,将当前绘图面设定为"R 右视图(WCS)"。注意此时屏幕下方的绘图平面也应该变为"右视图"(图 10 –6)。

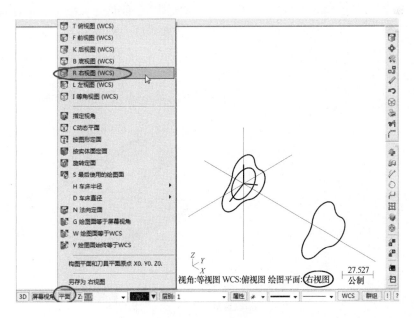

图 10 – 6　设定当前绘图平面为右视图

再单击 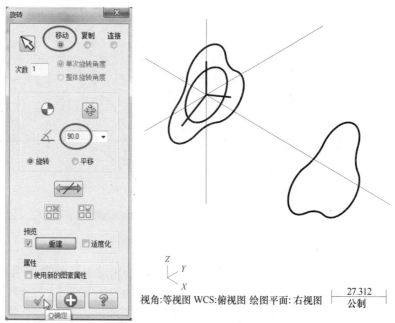"旋转"图标(或下拉菜单"X 转换"→"R 旋转"),屏幕将提示选择要旋转的图素,选择刚移动后得到的结果,按下"Enter"键确认,随后将出现旋转对话框,分别选择"Move(移动)"、数目为1、"间距夹角"为90°,预览无误后单击√按钮确认,对话框及阵列结果如图 10 - 7 所示。

图 10 - 7 旋转移动对话框及结果

3. 生成曲面

单击下拉菜单"C 绘图"→"U 曲面"→"L 直纹/举升曲面",弹出串联选择对话框后,依次选择两个截面,注意两截面的串联起始点位置和串联方向必须一一对应,串联起始点如图 10 - 8 左侧所示。生成后的曲面默认是以线框方式显示,如果计算机的速度很快,可以将曲面渲染,按下快捷键"Alt + S",曲面渲染效果如图 10 - 8 右侧所示。确认曲面符合图纸要求后,再次按下"Alt + S",曲面返回线框方式显示,以节省计算资源。

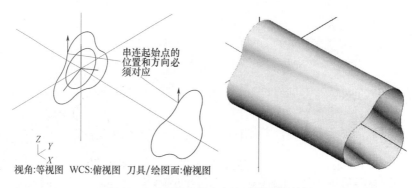

图 10 - 8 串联起始点与生成的曲面结果

至此 CAD 曲面造型完毕,可以开始 CAM 加工编程了。

10.3.2 CAM 自动编程

1. 用四轴加工策略完成曲面粗加工

1）建立新的机床组

使用四轴加工策略的刀具路径,需要首先设定机床为四轴,依次单击下拉菜单"M 机床类型"→"铣床"→"Mill 4 – AXIS VMC MM. MMD"(图 10 – 9 左侧),注意此时在刀具路径管理器中将建立新的四轴机床组,插入箭头位于新建的机床组处,表示此后的程序将按照四轴机床进行编制(图 10 – 9 右侧)。

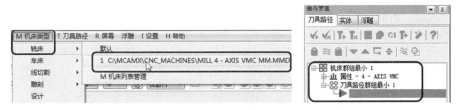

图 10 – 9　新建立的四轴机床组

2）建立四轴加工策略的粗加工刀具路径

依次单击下拉菜单"T 刀具路径"→"M 多轴刀具路径"→"R 旋转四轴加工"(图 10 – 10),系统弹出新建 NC 程序名的确认窗口,默认名字是 T,可以给四轴加工程序取个新的名字,然后确认即可。

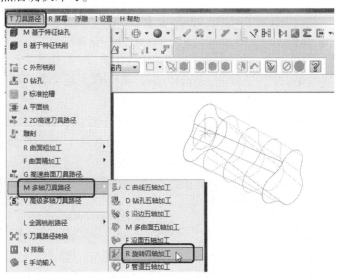

图 10 – 10　选择旋转四轴加工策略

接下来,系统提示选择被加工曲面,选择建立的曲面,按下"Enter"键确认。将弹出确认对话框,提示已有 1 个曲面被选择作为加工曲面,再单击"√"按钮确认即可,此后将弹出旋转四轴刀具路径参数对话框,如图 10 – 11 所示。

首先需要定义刀具,在刀具号码下方按鼠标右键,在右键菜单中,选择创建新刀具,然后定义粗加工刀具的各项参数。定义参数过程如图 10 – 11 所示。刀具参数定义完成后,如图 10 – 12 所示。

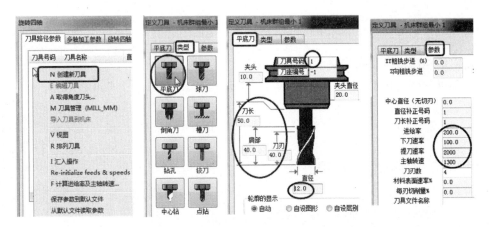

图 10 - 11　刀具定义及进给参数定义对话框

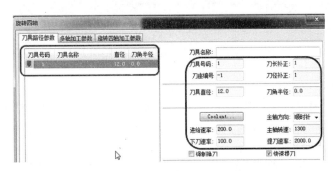

图 10 - 12　T1 刀具定义结果

定义刀具号码、刀长补正、刀径补正均为 1,刀具直径为 12;按表 10 - 1 的要求,定义刀具进给速率为 200、下刀速率为 100、主轴转速为 1300、提刀速率为 2000,其他参数不做改动。

切换至多轴加工参数,由于是多轴加工,Mastercam 不建议设置安全高度,设定参考高度为增量坐标系的 25.0,设定进给下刀位置为增量坐标系的 5.0,由于是粗加工,设定加工余量为 1mm,其他参数不做改动,如图 10 - 13 所示。

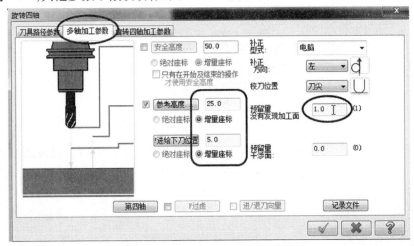

图 10 - 13　多轴加工参数定义对话框

切换至旋转四轴加工参数对话框,由于是粗铣,切削公差不做改动仍为 0.025mm,切削方式选择"沿着旋转轴切削",此时,沿着旋转轴切削参数被激活,设置最大角度增量为 10.0,起始角度为 0°,扫描角度为 360°,如图 10 - 14 所示。

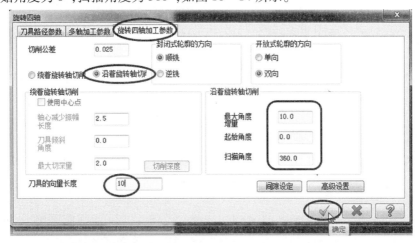

图 10 - 14   旋转四轴加工参数定义对话框

注意:沿着旋转轴切削,对用户机床 A 轴的要求最低,甚至可以使用分度头替代 A 轴,只要分度头可以转动出所设置的角度即可。

所有的参数定义确认完成后,Mastercam 将根据被加工曲面和设置的加工参数,按旋转四轴加工策略定义的算法,自动生成加工轨迹,如图 10 - 15 所示。

观察刀路轨迹,零件边缘的黄色线条是刀轴方向,每一道都指向零件轴心线,这是三轴加工刀路轨迹所没有的。多轴加工不仅要考虑刀尖接触的位置,还要考虑刀轴的方向。编程难度随着加工轴数的增加而增加,到了五轴编程会更加复杂。

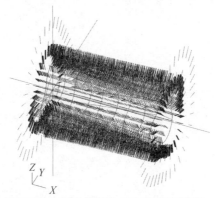

视角:不保存 WCS:俯视图 刀具/绘图面:俯视图

图 10 - 15   粗铣的刀路轨迹

注意:如果认为刀路显示影响后续操作,可以按下快捷键 Alt + T,关闭该刀路显示。再次按下 Alt + T,会重新显示该刀路。

3)仿真加工轨迹

加工轨迹以线框方式显示,密集的刀路轨迹,很难判断加工轨迹是否正确。利用

Mastercam 的实体仿真功能可以直观地看到加工刀具的移动,从而确认加工轨迹的正确性。

使用实体仿真功能,首先要定义一个正确的毛坯形状和尺寸。如图 10 – 16 所示,在左边的"机床群组"目录树中,展开"属性",双击"材料设置",弹出材料设置对话框,设置毛坯形状为圆柱体,以实体方式显示毛坯,毛坯的直径为 60,长度 100,坐标系的原点在 X0、Y0、Z0。

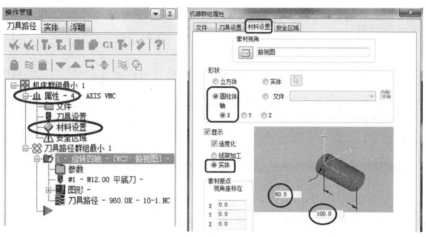

图 10 – 16   定义毛坯形状和尺寸

如图 10 –17 所示,单击左边的"验证已选操作"的按钮,出现"验证"对话框,单击"详细模式"按钮,将前面设置的毛坯材料,应用到实体仿真中,设置完成后,单击"执行"按钮。Mastercam 开始仿真刀具路径,仿真结果如图 10 –18 所示。

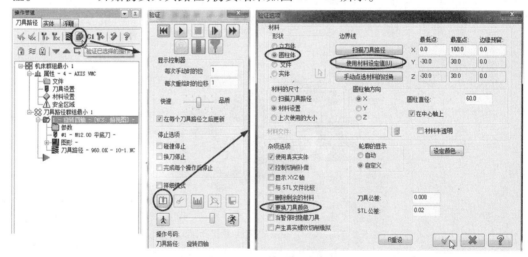

图 10 –17   实体仿真的参数设置

2. 半精加工

半精加工依旧使用旋转四轴加工策略。具体操作与粗加工相同,只需改变加工参数即可。

依次单击下拉菜单"T 刀具路径"→"M 多轴刀具路径"→"R 旋转四轴加工",系统提

图 10 – 18　粗加工的实体仿真结果

示选择被加工曲面,选择建立的曲面,按下"Enter"键确认。将弹出确认对话框,提示已有
1 个曲面被选择作为加工曲面,再按下"√"按钮确认即可,此后将弹出刀具路径参数对话
框,如图 10 – 19 所示。

　　按照加工工艺安排,半精加工的刀具使用 T2 刀具,按表 10 – 1 的要求,参考粗加工刀
具图 10 – 11 的定义过程,定义 T2 球头铣刀的相关参数,定义结果如图 10 – 19 所示。

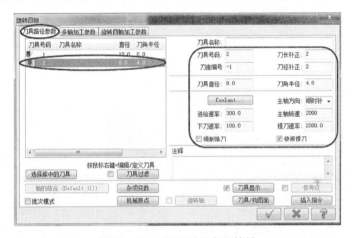

图 10 – 19　T2 刀具的定义结果

　　切换至"多轴加工参数",由于是半精加工,设定加工余量为 0.2mm,其他参数不做改
动,如图 10 – 20 所示。

图 10 – 20　半精加工的余量定义

307

切换至"旋转四轴加工参数"对话框。如图 10 - 21 所示,由于是半精加工,修改最大角度增量为3,其他参数不做改动。

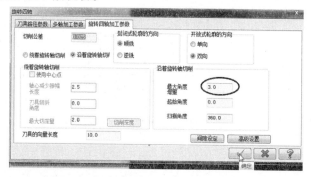

图 10 - 21 "旋转四轴"加工参数定义对话框

所有的参数定义确认完成后,选择"确定"按钮,Mastercam 将根据被加工曲面和设置的加工参数,按旋转四轴加工策略定义的算法,自动生成加工轨迹。

用实体仿真验证半精加工刀具路径,仿真结果如图 10 - 22 所示。

图 10 - 22 半精加工的实体仿真结果

观察实体仿真切削过程和结果,可以发现在切削量不大时,球头铣刀基本是用刀尖部分切削,相当于是一把小直径的铣刀,所以球头铣刀切削曲面时的转速通常比较高。

3. 精加工方式 1:用四轴加工策略完成曲面精加工

如果 A 轴不能与其他三轴联动加工,则精加工依旧可以使用旋转四轴加工策略。具体操作与半精加工相同,只需改变加工参数即可。

依次单击下拉菜单"T 刀具路径"→"M 多轴刀具路径"→"R 旋转四轴加工",系统提示选择被加工曲面,选择建立的曲面,按下"Enter"键确认。将弹出确认对话框,提示已有1 个曲面被选择作为加工曲面,再按下"√"按钮确认即可,此后将弹出刀具路径参数对话框,如图 10 - 23 所示。

按照加工工艺安排,精加工的刀具也是使用 T2 刀具,无须定义新的刀具。在图 10 - 23左侧的对话框中选择 T2 刀具作为精加工刀具,按表 10 - 1 的要求,直接修改刀具进给速率为600,下刀速率为300,主轴转速为4500,其他参数不做改动。

切换至"多轴加工参数",由于是精加工,设定加工余量为 0mm,其他参数不做改动,如图 10 - 24 所示。

切换至"旋转四轴加工参数"对话框,如图 10 - 25 所示。

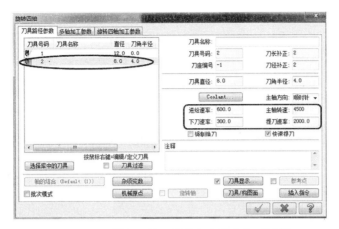

图 10-23　精加工的刀具路径参数定义对话框

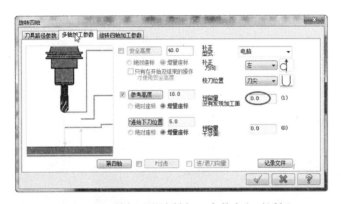

图 10-24　精加工的多轴加工参数定义对话框

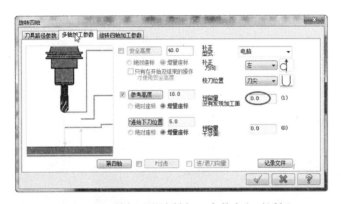

图 10-25　旋转四轴加工参数定义对话框

由于是精加工,切削公差改为 0.01mm。

实际加工的机床,如果第四轴 A 轴不能与 X 轴和 Z 轴联动切削,则切削方式可以选择"沿着旋转轴切削",只要将最大角度增量设置为 0.4,即切削行距为 0.2mm 左右即可。球头铣刀沿着 X 轴,往返切削曲面,每切削一次,工件旋转 0.4°,相当于铣刀向 Y 方向移动了 0.2mm,然后再沿着 X 轴,往返切削曲面,直至完成精加工。这种加工方式实际上是四轴两联动的加工方式,对机床要求最低。

如果 A 轴可以与 X、Y 轴和 Z 轴联动切削,则切削方式可以选择"绕着旋转轴切削",

此时,绕着旋转轴切削参数被激活,具体设置如图 10 - 26 所示。这种加工方式是铣刀绕着零件圆周切削,是四轴三联动的加工方式,对机床要求较高。

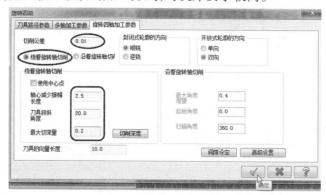

图 10 - 26　旋转四轴加工参数定义对话框

所有的参数定义确认完成后,Mastercam 将根据被加工曲面和设置的加工参数,按旋转四轴加工策略定义的算法,自动生成加工轨迹。

4. 精加工方式 2：用五轴加工策略完成曲面精加工

依次单击下拉菜单"T 刀具路径"→"M 多轴刀具路径"→"F 沿面五轴加工",如图10 - 27所示。系统弹出沿面五轴加工对象选择对话框,如图 10 - 28 所示。

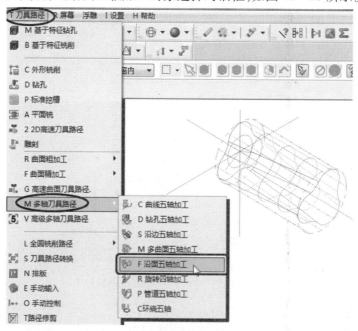

图 10 - 27　选择沿面五轴加工策略

在"沿面 5 轴加工策略"对话框中(图 10 - 28 左侧),首先输出格式必须选择"4 轴",这样该策略生成的加工程序,才能在 4 轴机床上使用。在切削的样板处,单击"曲面"按钮选择图 10 - 28 右侧指示的被加工曲面后,按下"Enter"键确认。系统弹出曲面流线设置对话框,如图 10 - 29 所示。

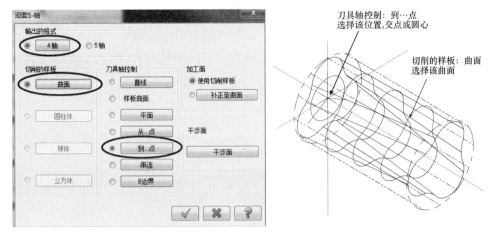

图 10 – 28　沿面五轴参数定义对话框

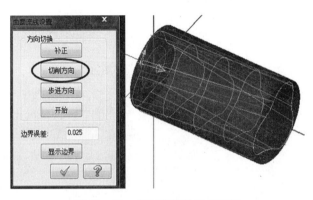

图 10 – 29　曲面流线设置对话框

　　曲面流线有 2 个方向，1 个沿着圆周，另 1 个沿着轴线方向（图 10 – 29 中两个箭头）。这个对话框设置加工按那个方向走，用"切削方向"按钮来切换，这里选择切削方向沿着轴线方向，即大的箭头指向轴线方向，再单击"√"按钮确认即可返回图 10 – 28。

　　刀具轴控制，要选择"到…点"按钮，该点位置是在图 10 – 28 右侧指示箭头指向的原点位置，选择时，系统提示该点为 2 条直线的交点。选择后，单击"√"按钮确认完成沿面五轴加工对象定义后，系统弹出沿面五轴加工参数定义对话框，如图 10 – 30 所示。

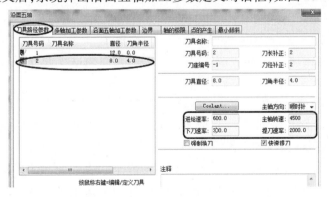

图 10 – 30　沿面五轴 – 刀具路径参数对话框

按照加工工艺安排,精加工的刀具使用 T2 刀具,无须定义新的刀具。按表 10 – 1 的要求,修改刀具进给速率为 600,下刀速率为 300,主轴转速为 4500,其他参数不做改动。

切换至"多轴加工参数",由于是精加工,设定加工余量为 0mm,其他参数不做改动,如图 10 – 31 所示。

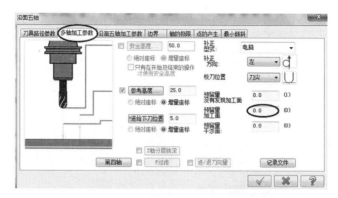

图 10 – 31　沿面五轴 – 多轴加工参数对话框

切换至沿面五轴加工参数对话框,如图 10 – 32 所示。

图 10 – 32　沿面五轴加工参数定义对话框

由于是精加工,切削公差改为 0.01mm。截断方向的控制按"距离 0.2"设置。其他页面的参数不做改动。

所有的参数定义确认完成后,Mastercam 将根据被加工曲面和设置的加工参数,按沿面五轴策略定义的算法,自动生成加工轨迹。

这种沿面五轴的加工策略生成的程序,铣刀将按照曲面纹理方向,往返切削,也是四轴三联动的加工方式,加工效率高,曲面加工后的质量不错。

前面三种曲面精加工编程方式,要根据实际机床的具体情况来选用。

至此所有加工路径生成完毕,可以进行下一步的后处理 NC 代码生成。

5. 将刀具路径转换成加工代码

多轴加工的程序,不仅需要注意刀尖的切削情况,还要注意刀轴的方向是否会超出机床的运动范围。为了便于检验程序是否正确,多轴加工程序建议每个工序的程序单独输出,而不是像三轴加工那样,一次输出所有的加工程序。

1）粗加工程序生成

在"刀具路径管理器"中，单击选中第1条粗加工的"刀具路径"，单击"刀具路径管理器"中的 **G1** "后处理"图标，然后在弹出的"后处理程序"对话框中选择"NC文件"，按下"√"按钮确认即可，如图10-33所示。

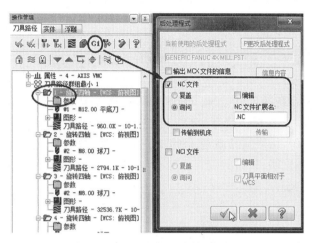

图10-33　粗加工后处理对话框

随后系统弹出输出部分加工程序的提示，选择"是"，系统会将所有加工程序一次输出；这里选择"否"，只输出选中的加工程序。随后弹出"文件路径"对话框，用户自行指定NC程序存放路径，程序命名为10-1-1. NC，该程序将用于粗加工工件。

打开"10-1-1. nc"程序，就可以看到加工内容。除了需要修改程序指令以适应机床格式之外，还要注意检验生成程序中的工作坐标系调用是否正确，以及程序首、尾部分、A回转轴回转过程中Z轴高度是否高于工件半径30等内容。

2）曲面半精加工程序的生成

在"刀具路径管理器"中，单击选中半精加工的"刀具路径"，再单击"刀具路径管理器"中的 **G1** "后处理"图标，然后在弹出的"后处理程序"对话框中选择"NC文件"，按下"√"按钮确认即可。随后弹出输出部分加工程序的提示，选择"否"，随后的文件路径对话框，将程序命名为10-1-2. NC，该程序将用于半精加工曲面。

3）曲面精加工程序的生成

根据实际加工机床的A轴的运动情况，在"刀具路径管理器"中，单击选中精加工的"刀具路径"，再单击"刀具路径管理器"中的 **G1** "后处理"图标，然后在弹出的"后处理程序"对话框中选择"NC文件"，单击"√"按钮确认即可。随后弹出输出部分加工程序的提示，选择"否"，随后的文件路径对话框，将程序命名为10-1-3. NC，该程序将用于精加工曲面。

6. 四轴零件自动编程小结

（1）Mastercam加工回转类零件，有2种加工方法，旋转四轴加工策略和沿面五轴加工策略，要根据实际机床的特性来选用。对于位于圆柱面周边的型腔凸台类的局部铣削

类的 A 轴间歇性进给的"三轴半"加工程序,则需要曲面编程和手工编程相结合,手工增加 A 轴定位角来编写完整的加工程序。

(2) 多轴加工的零件相对复杂,程序相对的更加复杂,除了需要保证程序格式正确无误之外应极力避免机床和刀具的误动作和干涉,否则将会出现刀具、夹具和工件之间的干涉与碰撞。多轴加工对编程提出了更高的要求,需要非常小心,以确保程序正确无误。

10.4　异形轴在数控仿真器上的加工仿真

数控加工仿真系统的启动:点击"开始"→"程序"→"数控加工仿真系统",在弹出的"登录用户"对话框中,选择快速登录,进入数控加工仿真系统。

由于前面章节中,已经完整叙述了四轴零件的加工操作步骤,包括四轴机床的选择,毛坯的定义,毛坯的安装,刀具的设置,用户坐标系的找正和设置,程序的输入等内容,这里只简单描述一些关键步骤。

10.4.1　选择四轴加工机床

如图 10 - 34 所示,加工机床选择了 FANUC 0i 系统的乔福 VMC - 850 立式四轴加工中心。

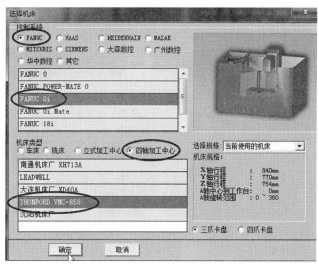

图 10 - 34　选择四轴加工机床

10.4.2　定义毛坯和安装毛坯

如图 10 - 35 所示,选择毛坯形状改为轴型台阶,然后输入毛坯各部位的尺寸。

10.4.3　安装毛坯

将毛坯安装到 A 轴上,如图 10 - 36 所示。

图 10 - 35　定义毛坯形状和尺寸

图 10 - 36　装夹毛坯

10.4.4　选择并安装刀具

刀具的选择和刀具参数,如图 10 - 37 所示。

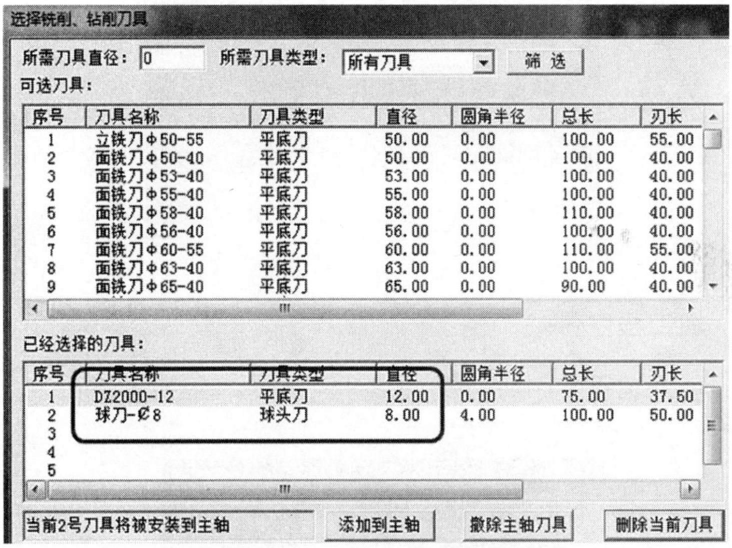

图 10 - 37　选择刀具对话框

10.4.5　找正零件并设置用户坐标系

具体找正过程这里就不赘述了,最后产生的用户坐标系(G54),如图 10 - 38 所示。

10.4.6　测量刀具长度,设置刀具长度补偿值

刀具长度的测量过程这里就不赘述了,长度补偿值的登录,如图 10 - 39 所示。

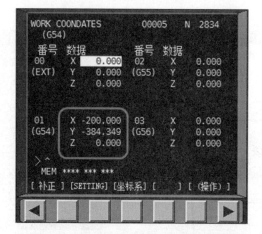

图 10-38　建立用户坐标系 G54

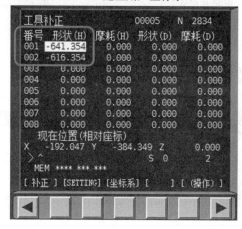

图 10-39　登录刀具长度补偿值

10.4.7　加工程序传输

参考前面章节传输程序的操作步骤,依次将所有加工程序传输到加工仿真系统中,如图 10-40 所示。

图 10-40　传入的加工程序

10.4.8　执行加工程序,观察加工过程

依次执行粗加工程序,半精加工程序和3个精加工程序,加工过程如图 10 - 41 所示。

图 10 - 41　自动加工

在加工过程中,可以通过"视图"菜单中的动态旋转、动态放缩、动态平移等方式对零件加工的过程进行全方位的动态观察,包括对应的加工代码,实际进给速度等内容。

10.4.9　四轴加工仿真小结

(1)观察粗加工的加工过程发现其加工余量很不均匀,在零件凹陷部位切削深度较大。实际加工时,要在此处适当降低进给速度 F 值。或者考虑重新编制粗加工程序,并采用分层切削的方式。半精铣程序的切削纹路清晰,观察4个加工坐标,发现粗加工和半精加工程序都是四轴两联动的加工方式,即 X、Z 联动,A 轴间歇转动,Y 轴保持不动。

(2)执行精铣程序,发现第1种精铣与粗铣和半精铣的加工方式相同,只是切削纹路更加密集。第3种精铣方式,程序相对较短,是四轴三联动的加工方式,即 X、Z、A 轴联动,Y 轴保持不动。但切削进给 F 值变化较大。

(3)第2种精铣方式,铣削出现重大问题,零件被铣烂。这说明 Mastercam 对沿着圆周切削的编程策略的后置处理上有错误。这种错误被检测出来,正是加工仿真软件的价值所在。

练　习

1. 编制变螺距双头螺杆四轴加工程序(图 10 - 42)。

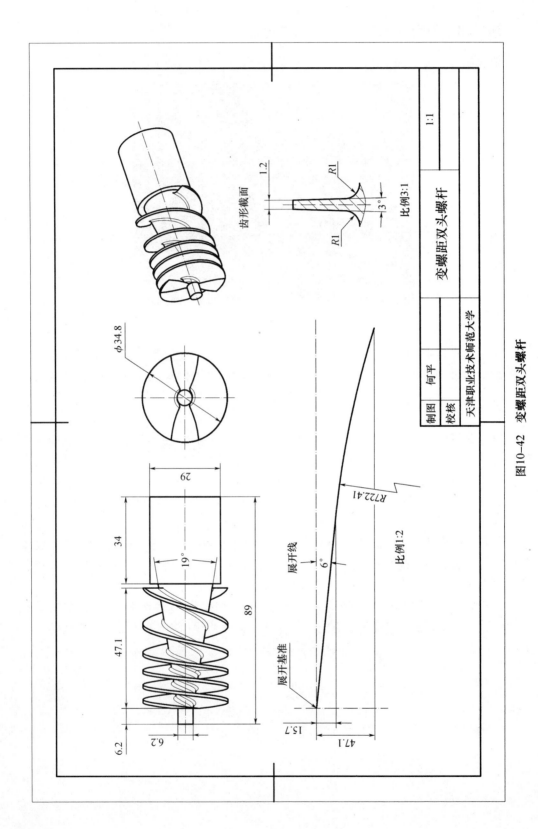

图10-42 变螺距双头螺杆

齿形截面

比例3:1

展开线

展开基准

比例1:2

ϕ34.8

R722.41

制图	何平				变螺距双头螺杆	1:1
校核						
	天津职业技术师范大学					

参 考 文 献

[1] 何平. 数控加工中心操作与编程实训教程[M]. 2 版. 北京:国防工业出版社,2010.

[2] 贺琼义. CAD/CAM 软件多轴数控编程[M]. 北京:国防工业出版社,2012.

[3] 方沂. 数控机床编程与操作[M]. 北京:国防工业出版社,1999.